KB264020

최신 정보전송공학

박승환 · 김한기 공저

Preface

　우리는 거대한 정보의 물결에 몸을 가눌 수 없을 정도의 최첨단 시대인 21세기를 살아가고 있습니다. 이러한 시대 상황 속에서 개인의 입장에서 볼 때 가장 중요한 점은 인간이 자연과 하나가 되어 살아가고 좀 더 편안한 생활을 살아가려는 욕구, 역시 점점 더 증대되고 있다는 것입니다. 인간과 자연의 조화, 이것이 요즘 우리가 흔히 말하는 신용어로서 "유비쿼터스 시대"라는 말로 널리 회자되고 있는 이유이며, 이는 개인에게 보다 더 다가선 방식의 조화로운 생활을 이루려는 정보통신의 가장 핵심 기술인 것입니다.

　최근 브루투스, 지그비(Zigbee), 와이브로(WiBro) 등과 같은 무선 네트워크 기술은 현재 정보화 시대에 밀접하게 통용되고 있을 뿐만 아니라 앞으로의 생활을 더욱 윤택하게 만들어주는 최첨단 기술 분야로 정보통신의 핵심기술이라 할 수 있습니다. 현재 정보통신은 전파와 전기전자, 생명(bio) 정보공학, 컴퓨터 등의 모든 과학분야가 맞물려 함께 어우러지는 거대한 시너지 효과를 창출하는 융합기술로서 최고의 멀티산업으로 발전을 거듭하고 있는 IT산업의 핵심 중의 핵심기술인 것입니다.

　최근 정보통신 관련 전문 인력의 수요는 급증하고 있는 현 상황 속에서, 취업을 앞둔 학생들과 이분야에 전공지식을 쌓으려는 대학의 관련학과 학생에게 조금이나마 보탬이 되고자, 그동안의 저자의 강의 경험을 토대로 이 책을 편찬하게 되었습니다. 아무쪼록 본서가 정보통신 분야의 전공지식을 함양하고 취업을 앞둔 학생들이 정보통신 기술을 쉽게 이해할 수 있는 기회로 주어진다면 더한 기쁨이 아닐까 합니다. 본서를 통해서 공부하신 학생 여러분들의 실력이 향상되어 취업 및 국가 기술 자격시험 등 합격의 길에 이르고 더 나아가서 자격취득을 통해서 현장 실무에 본서가 큰 역할을 하기를 기원하며 본서를 출간할 수 있도록 큰 도움을 주신 21세기사 사장님을 비롯한 편집부 직원과 기획부 그리고 임원진에게 진심어린 감사를 드립니다. 앞으로 끊임없는 노력으로 보다 유익한 책으로 여러분께 보답하고 계속해서 미비한 점들을 보충해 나가도록하겠습니다.

　끝으로 본서에는 일부 잘못된 부분이 있을 수 있으며, 잘못된 부분에 대해서는 발견 시 www.bp-digital.com의 게시판에 올려주시면 수정·보완하도록 하겠습니다. 감사합니다.

－ 저자 일동 －

Contents

제1장 정보통신 개론

1.1 정보통신

(1) 정보통신의 정의

요즘 정보통신이란 말은 이미 일반화되어 있다. 대화중에 정보통신이란 말을 자주 듣게 되지만 실제로 정보통신이 무엇인가 라고 정의를 내린다면 조금은 어려울 것이다.

정보통신이란 일반적으로 송신측 통신장비(휴대폰이나 컴퓨터, PDA 등)와 멀리 떨어져 있는 제 3자의 수신측 통신장비를 통신 회선(유·무선)을 이용하여 데이터 전송 및 처리 할 수 있도록 체계화된 형태를 지니면서 통신의 효율을 갖도록 하는 통신방법을 말한다. 즉 쉽게 말해서 내가 전달하고자 하는 제 3자에게 내 의사(데이터)를 정확하게 전달하고 전달된 데이터를 신속 정확하게 처리할 수 있는 체계를 정보통신이라 정의할 수 있다.

(2) 정보통신의 형태

우선 현재 사회에서 이용되고 있는 정보통신의 형태를 보면 직접 제 3자에게 까지 직접 통신회선을 연결하여 데이터를 전송하는 유선통신과 원거리간 통신에서 직접적인 통신회선 없이 전자파를 이용 공기나 해수와 같은 매질을 이용하여 데이터를 전달하는 무선통신으로 구분할 수 있다.

실제로 무선통신은 통신회선을 직접 상대방까지 연결할 필요가 없다는 장점 때문에 초기 투자비가 적고 또한 기술이 발전함에 따라 전기적인 신호를 선에 실어서 보내는 유선통신에 비해 속도도 빨라 이용률 면에서 유선통신보다 앞서고 있다. 그렇다면 앞으로의 발전은 모든 통신형태가 전부 무선화 되지 않을 까 하지만 통신의 안전성 측면과 전파 자원의 한계성(유한성) 측면에서 본다면 아직 통신의 근본은 선을 상대방까지 직접 연결하여 전기적인 신호를 전달하는 형태를 뛰는 유선통신이 정보통신의 기본이라 할 수 있다. 그러므로 유선통신에서도 무선만큼 빠르게 데이터를 전달할 수 있는 방법을 찾게 된 것이 빛을 이용한 광(光)통신이라 할 수 있는데 현재 많이 활용 화 되고 있다.

대표적인 예가 우리가 쉽게 접할 수 있는 광랜이나 FTTH, FTTO Metro Network 등을 들 수 있다.

(3) 정보통신의 특징

정보통신이 가지고 있는 가장 일반적인 특징은 시간과 장소의 제한을 받지 않고 내가 전달하고자 하는 제 3자에게 내 의사(데이터)를 정확하게 전달하고 전달된 데이터를 신속 정확하게 처리할 수 있는 것이다. 또한 대형 서버 컴퓨터의 고도의 기능을 다수의 일반 사용자들이 단말장치를 통해 대용량의 데이터를 저장, 관리, 활용 할 수 있으며 여러 사용자들과 데이터를 공유할 수 있는 등 정보통신 시스템의 생산성을 극대화 시킬 수 있다는 것이다.

1.2   정보통신 시스템

(1) 정보통신 시스템의 구성도

정보통신 시스템은 정보의 근원지(송신지)로부터 정보의 최종 도착지(목적지)까지 정확하고, 신속하고, 안전하게 데이터를 전달하기 위한 시스템으로 각각의 시스템 구성요소들이 서로 유기적으로 결합된 것을 의미한다. 정보통신 시스템의 구성은 크게 실제 내가 전달하고자 하는 데이터를 안전하고, 정확하게 목적지까지 전달해 주는 기능을 담당하는 DTE(Data Terminal Equipment), DCE(Data Communication Equipment), CCU(Communication Control Unit)로 구성된 데이터 전송계와 전달된 데이터를 생성, 변환, 저장 및 처리 할 수 있는 HOST Computer로 구성된 데이터 처리계로 구성된다.

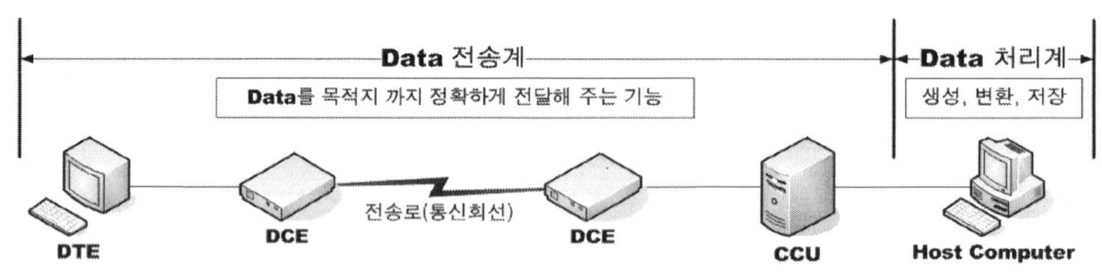

그림[1-1] 정보통신 시스템 구성도

① 데이터 전송 계

데이터 전송 계는 정보 송신지에서 정보 목적지까지 정보를 정확하게 전달하기 위한 시스템의 구성요소들의 결합체로서 실제 정보를 송신지 또는 최종 정보의 목적지 역할을 하는 단말장치

DTE와 데이터를 전송 회선 상에 보내기 알맞은 신호로 변환해 주는 신호 변환장치 DCE, 여러 가지 데이터 통신에 있어서 제어를 담당하는 통신 제어장치 CCU로 구성된다.

■ DTE(Data Terminal Equipment)
실제 통신에 있어서 전달하고자 하는 데이터를 발생시켜 주는 정보의 근원지로서 전화기의 송화기, 컴퓨터의 입력장치 등과 전달된 데이터를 실제 사용자가 받을 수 있는 목적지 전화기의 수화기, 컴퓨터의 출력장치 등에 해당되는 장비를 의미한다.

결국 DTE장비는 최초 출발지와 최종 종착지에서 수행하는 송·수신 기능과 입·출력 기능을 수행하는 장비이다.

■ DCE(Data Communication Equipment)
단순히 우리말로 번역하면 데이터 통신 장비를 의미하는데 실제 정보의 출발지(DTE)에서 발생된 데이터를 통신회선 상에 전송하기 알맞은 신호로 변환해주는 장비를 의미한다.

실제로 통신을 하기 위해서는 보내고자 하는 정보를 전기적인 신호로서 표현하여 전달하게 되는데, 전기적인 신호로 표현할 때 연속적인 신호로 표현하는 아날로그와 단순히 0과 1로 구성된 이산적 신호인 디지털신호로 표현할 수 있다. 그리고 실제 데이터가 전달되는 통신회선은 그 회선의 특성에 따라 아날로그 신호를 전달할 수 있는 아날로그 회선과 0과 1의 이산적인 신호만을 전달할 수 있는 디지털 회선이 존재한다.

이렇게 실제 발생되는 정보를 표현하는 신호와 실제 통신회선을 통해 전달되는 신호가 다를 수가 있는데 이러한 서로 다른 신호를 적절히 변환하여 정확히 데이터를 전달 또는 신호 처리를 할 수 있게 해주는 기능을 가지고 있다.

결국 DCE장비는 단말장치를 통해 발생되는 신호를 통신 회선 상에 보내기 적합한 신호형태로 바꾸어 주는 기능을 수행하는 신호 변환장비인 것이다.

신호 변환에 따른 DCE 장비는 다음 표와 같이 구분할 수 있다.

정보(Data)	신호(Signal)	DCE 장비
아날로그(Analog)	아날로그(Analog)	교환기
아날로그(Analog)	디지털(Digital)	codec
디지털(Digital)	아날로그(Analog)	MODEM
디지털(Digital)	디지털(Digital)	DSU(Digital Service Unit)

표[1-1] DCE 장비

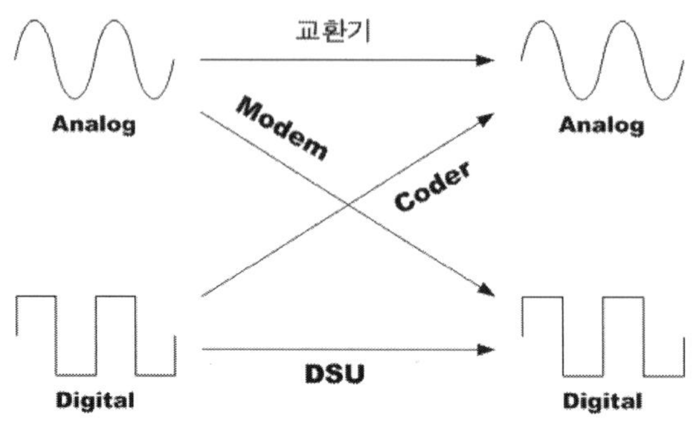

그림[1-2] 정보 신호와 DCE장비

■ CCU(Communication Control Unit)

CCU는 통신제어장치로서 Host Computer와 연결하여 컴퓨터가 실제 전달된 데이터를 처리하기 알맞은 형태로 변환시켜 주고, 실제 컴퓨터가 통신 기능을 수행할 수 있도록 도와주는 통신전용 컴퓨터라고 할 수 있다.

즉 네트워크에 존재하는 여러 컴퓨터와 이들 컴퓨터 간의 전송매체 결합으로 컴퓨터가 처리할 수 있는 기능을 대신한다.

따라서 통신회선과 컴퓨터 중앙처리 장치를 결합하는 장치로 통신 제어 장치의 주된 기능은 다음과 같다.

- 정보 전송을 위한 전송회선과의 전기적인 결합기능
- 전송 문자, 메시지 조립과 분해 기능
- 전송제어 및 버퍼링 기능
- 전송에러 검출 및 에러 제어 기능
- 전송속도의 변환기능

② 데이터 처리 계

일반적으로 컴퓨터 시스템을 의미하며 중앙 처리장치(CPU)와 주변장치 등으로 구성되어 데이터를 생성, 변환, 저장할 수 있는 장치이다.

■ 중앙처리장치(Central Processing Unit)

데이터의 연산, 제어, 주 기억 장치로 구성되며 전달된 정보를 특정 목적에 따라서 정확하게 처리하는 기능을 수행하는 장치이다.

■ 주변장치

보조기억장치(하드 디스크, 플로피 디스크, CD)를 이용하여 중앙처리장치에서 처리되어 온 정보를 저장하거나, 출력하는 기능을 수행하는 장치이다.

1.3 정보통신의 이용

(1) 데이터 통신 시스템에 따른 분류

① 온라인 시스템(On Line System)

정보의 전송과 원격지 단말장치사이에 사람이 직접 개입하지 않고, 전송매체인 통신회선을 거쳐서 통신하는 방식으로 실시간 처리(Real-Time Processing)에 이용되는 시스템이다.

실제 통신회선을 통해 데이터가 빠르고 신속하게 전달되므로 통신제어 장치가 필요하다.

이용되는 분야에는 은행 업무, 기차나 항공 좌석 예약, 전화 교환 등에 이용된다.

② 오프라인 시스템(Off Line System)

정보의 전송과 원격지의 단말장치 사이에 사람이나 기계장치의 개입이 필요한 방식으로 실시간 데이터 처리가 불가능한 형태의 시스템을 의미한다.

직접 통신회선을 사용하지 않고 사람이 자기 테이프등의 기록 매체를 이용하므로 통신제어 장치가 필요 없다.

일반적으로 일괄처리(Remote Batch Processing) 방법에 이용되며, 급여 계산, 세금 계산, 경영자료 작성 등에 이용된다.

(2) 통신 처리 방식에 따른 분류

① 실시간 처리(Real-Time Processing)

컴퓨터에 의한 처리 결과를 요구 시 즉시 처리할 수 있는 방식을 말한다. 즉 데이터가 발생하는 즉시 정보를 처리하는 형태이다.

이용되는 분야로는 조회 및 문의 업무, 좌석 예약, 은행업무 등에 사용된다.

② 일괄처리(Remote Batch Processing)

단말장치에서 발생한 정보를 일정시간, 일정량을 모았다가 한꺼번에 정보를 처리하는 방식으로 정보를 일정기간 수집한 다음 처리하는 일괄처리(Batch Processing)방법과 데이터가 단말장치에서 발생할 때 마다. 단말에서 입력하여 한건 씩 처리하는 트랜잭션 처리(Transaction Processing)방법 등이 있다.

이용되는 분야로는 긴급을 요하지 않는 과학기술 계산, 급여계산 등에 사용된다.

(3) 데이터 버퍼(buffer)에 따른 분류

① 비트 버퍼 방식(Bit Buffer Mode)

비트 단위의 데이터만 처리하는 방식으로 기능이 매우 단순하여 소수회로를 한정하여 사용된다.

② 문자 버퍼 방식(Character Buffer Mode)

비트를 모아 문자를 조합, 분해시키는 방식으로 문자의 조립, 분해 버퍼를 가지고 있다.

③ 블록 버퍼 방식(Block Buffer Mode)

조립된 문자를 모아 하나의 메시지를 만들어 컴퓨터에 전송하는 방식으로 Host Computer의 부하가 경감되며 하드웨어 비용이 절감된다.

④ 메시지 버퍼 방식(message Buffer Mode)

일정량의 Block을 모아 메시지를 만들어 컴퓨터에 전송하는 방식으로 컴퓨터와 부하가 경감되며 하드웨어 비용이 절감된다.

(1) 정보통신

통신의 목적 : 내가 전달하고자 하는 정보를 제 3자에게 내 의사를 정확하게 전달하는 것

통신의 형태 : 전기적 신호를 선이라는 전송매체로 한 유선통신과 전자파를 선 없이 공기라는 매질을 전송매체로 한 무선통신으로 구분

따라서 정보통신이란 일반적인 통신 형태에 Computer라는 처리 장치를 혼합하여 데이터 통신을 행하는 것의 총칭이다.

(2) 정보통신 시스템의 구성도

정보통신 시스템은 DTE와 DCE, CCU, 처리 장치인 Host Computer로 구성된다.

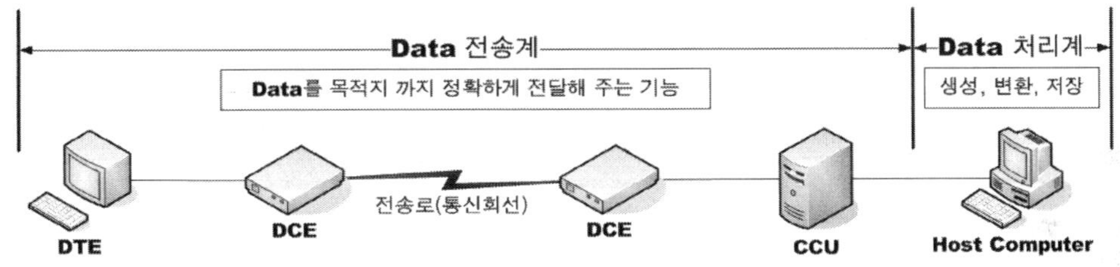

① DTE(Data Terminal Equipment)

데이터 단말 장치

입출력 기능과 송·수신 기능 제공

② DCE(Data Communication Equipment)

데이터 통신 장치

송신측에서 보내려는 정보 신호(아날로그, 디지털)를 전송로에 보내기 적합한 다른 신호로 바꾸어 주는 기능 제공

신호 변환 장치 또는 회선 종단 장치라고 부른다.

③ CCU(Communication Control Unit)

통신 제어 장치

신호 레벨 변동을 감시(에러 검출 및 제어 기능 제공)

문자 조립/분해 및 직병렬 데이터 변환 기능 제공

전송 속도 변환 기능(흐름제어)

(3) DCE 장비

아날로그 신호를 아날로그 신호로 변환 → 교환기

아날로그 신호를 디지털 신호로 변환 → Codec(코덱)

디지털 신호를 아날로그 신호로 변환 → Modem(변복조기)

디지털 신호를 디지털 신호로 변환 → DSU(디지털 서비스 유닛)

※ DSU(Digital Service Unit)

디지털 신호인 0과 1을 그대로 전송하지 않고 전송로에 알맞게 다른 디지털 신호로 변환시켜

주는 장치(단극성 신호를 양극성 신호로 변환)

제2장 디지털 신호 처리 방식

2.1 신호(Signal)

신호란 정보 발생지(단말기)에서 송출된 일련의 자료를 정보통신 시스템을 통해 전송형태로 바꾸어 놓은 것을 의미한다.

신호는 크게 연속적인 물리량을 나타낼 수 있는 아날로그(Analog)신호와 논리적으로 '0'과 '1' 두 가지 상태만을 나타내는 이산적신호인 디지털(Digital)신호로 구분할 수 있다.

(1) 아날로그 신호(Analog Signal)

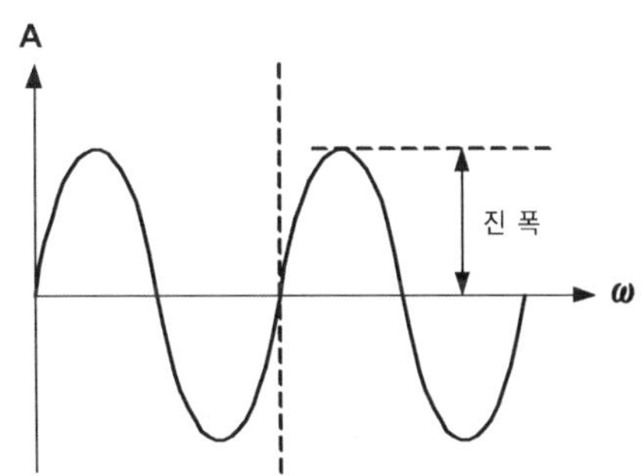

그림[2-1] 아날로그 신호의 형태

아날로그 신호는 주어진 전기적인 신호가 연속적으로 변하는 형태의 물리량을 표현하는 신호로서 전류, 전압등과 같은 값을 표현 하거나 측정하는데 사용한다.

방송이나 전화는 전통적으로 아날로그 신호를 사용해 왔으며 컴퓨터의 디지털 신호를 전화선을 통하여 데이터를 보내려면 컴퓨터의 디지털 신호를 아날로그로 바꾸어 전송하고 다시 수신 단에서는 아날로그 신호를 디지털 신호로 바꾸어 주는 모뎀(MODEM)이 필요하다.

아날로그 신호를 그림[2-1]에서 보는 바와 같이 진폭(Amplitude), 주기(Interval), 주파수(Frequency), 위상(Phase)으로 구성되며 각각의 특성은 다음과 같다.

① 진폭(Amplitude)

진폭은 어떤 파의 전기적인 신호의 높이를 의미하는데 보통은 전압(Volt)을 표현할 때 사용되며 단위는 없다.

② 주기(Interval)

주기는 어떠한 신호가 한 사이클을 완성하는데 걸리는 시간을 의미하며 단위는 초(second)이다.

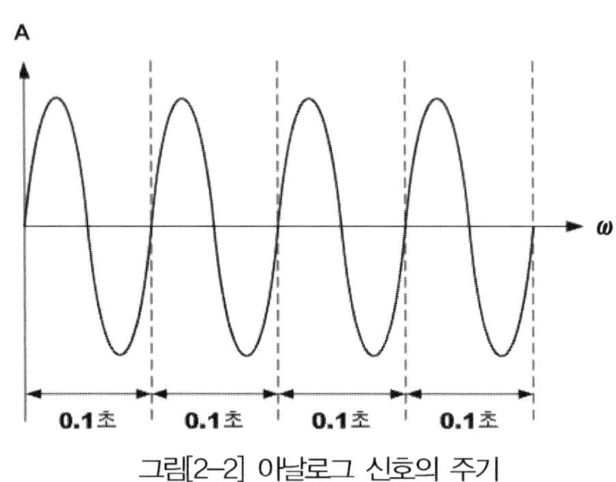

그림[2-2] 아날로그 신호의 주기

예를 들어 그림[2-2]에서 보면 신호가 한번 시작해서 원래 상태로 되돌아오는데 걸리는 시간이 0.1초이다. 그러면 주기가 0.1초가 되는 것이다.

③ 주파수(Frequency)

주파수는 1초 동안에 신호가 반복되는 횟수를 의미하는데 단위는 Hz(헤르츠)이다.

즉 신호가 1초 동안에 몇 번 진동했는가를 나타내는 것으로 예를 들어 그림[2-2]를 보면 신호가 한번 진동하는데 0.1초씩 걸렸다 그렇다면 1초 동안에는 똑같은 신호가 몇 번 반복해서 진동했겠는가? 아마도 10번은 진동해야 1초가 될 것이다. 결국 1초 동안에 신호가 10번 반복되므로 10Hz라고 표현할 수 있는 것이다.

그렇다면 주파수를 구하는 공식이 있지 않을까?

주파수는 보통 frequency의 약자를 따서 f 라고 표기하며 $f = \dfrac{1}{T}$로서 구할 수 있다. 여기서 T는 주기를 의미하며 결국 주기와 주파수는 반비례 관계가 성립된다.

④ 위상(Phase)

위상은 시간 축을 따라서 앞 또는 뒤로 이동될 수 있는 양을 말하며 각도나 라디안을 단위로 사용한다. 예를 들어 360도 만큼 위상을 이동하면 원래의 신호와 같은 신호가 1주기 이동되는 것이고, 180도 만큼 위상을 이동하면 원래 신호의 반전된 신호가 반주기 이동되는 것이다.

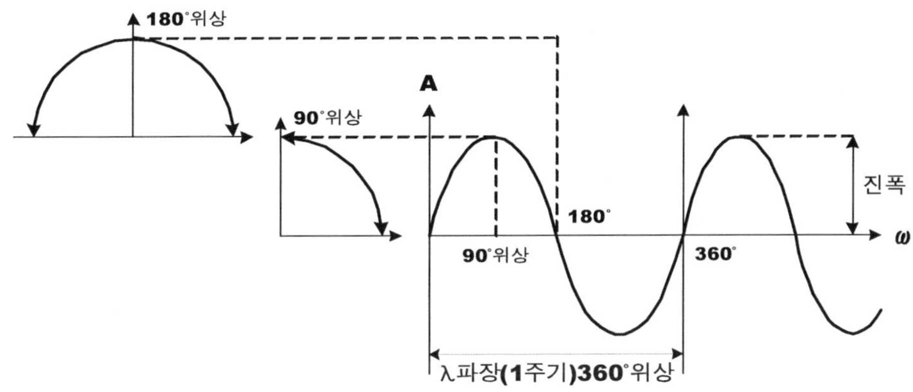

그림[2-3] 아날로그 신호의 위상

(2) 디지털 신호(Digital Signal)

디지털 신호는 이산적인 값으로 0과 1의 두 가지 상태만을 가지고 보통은 숫자로 표현한다.

디지털 신호로 전송되거나 저장되는 데이터는 0과 1이 연속되는 하나의 스트링으로 표현하며 주기 대신 비트 간격을 사용하며 주파수 대신 비트 율을 사용한다.

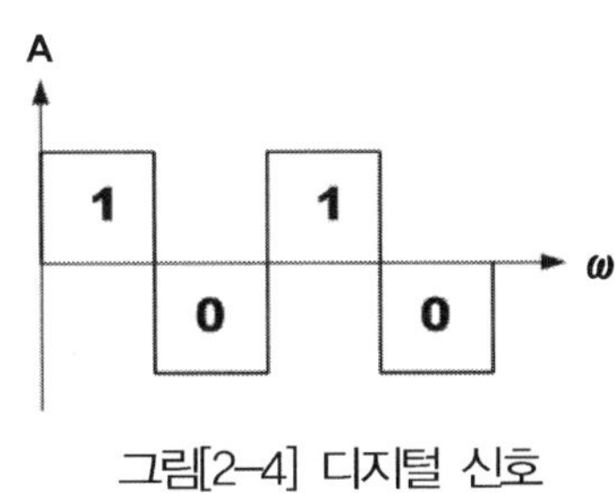

그림[2-4] 디지털 신호

① 비트 간격

하나의 bit를 전송하는데 걸리는 시간

② 비트 율

초당 비트 간격의 수를 의미한다.

2.2 변조(Modulation)

(1) 변조의 의미

변조란 정보의 송신지에서 보내고자 하는 데이터를 신호로 표현하여 반송파라는 고주파(높은 주파수)의 진폭(Amplitude), 주파수(Frequency), 위상(Phase) 등에 실어 보내는 전송방식을 말하는 것으로서 신호의 주파수 스펙트럼을 높은 쪽으로 옮기는 조작이라 할 수 있다.

즉 원래의 신호(원신호)를 전송로(통신회선)상에 보내기 적합한 신호로 변환시키는 과정을 말하는 것이다.

예를 들어보면

음성신호의 경우 음성도 일종의 파의 성분을 가지고 있으므로 공기 중이나 특정 회선을 통해서 보낼 경우 멀리까지 원래의 신호가 그대로 전달되지 못한다. 즉 여러 가지 저항성분으로 인하여 파가 멀리까지 전달되지 못하고 일정 거리를 지날 때 마다 파의 세기(진폭)가 줄어들고 변형도 생기게 된다.

이렇게 파의 세기가 줄어드는 것을 방지하기 위해 일정거리마다 증폭기를 설치하여 파를 원래의 신호로 증폭을 시키게 되는 것이다. 그렇다면 파가 줄어들 때 파를 원래 상태로 키워서 다시 전달시키면 과연 멀리까지 전달될 수 있을까?

음성의 경우 파의 전달 속도가 340m/s이다. 만약 340km를 이동할 경우에는 1000초(약 15분)라는 시간이 소요된다.

즉 변조를 하지 않고 순수 음성만을 송신측에서 그대로 전송할 경우에는 파가 감소되는 현상은 물론이고 전달 속도가 너무 느려서 원거리 통신을 하지 못한다는 것이다. 그래서 원래의 신호를 좀 더 속도가 빠른 고주파 성분을 가지고 있는 반송파에 실어서 보내는 것을 변조라 한다.

결국 변조란 원래의 신호를 높은 주파수를 가지는 반송파에 포함시켜서 원래의 신호를 높은 주파수대로 옮겨 고주파 신호로 바꾸는 것을 말한다.

(2) 변조의 목적

① 원거리 전송을 하기 위함

음성 그 자체로는 파가 멀리가지 못하므로 주파수가 높은 반송파에 포함시켜 변조할 경우 높은 주파수로 신호가 바뀌어 원래의 신호보다 좀 더 빠르게 멀리까지 신호를 전달 할 수 있다.

② 각종 잡음과 간섭을 줄이기 위함

원래의 신호는 주파수가 낮아 잡음에 상당히 약하지만 변조를 할 경우에는 주파수가 높아지므로 각종 잡음과 간섭의 영향을 덜 받게 되어 S/N비가 향상될 뿐 아니라 회로 소자가 단순화되고 시스템이 소형화된다.

③ 주파수 분할 다중화를 하기 위함

주파수가 높을수록 대역폭이 넓어져서 좀 더 여러 음성신호를 다중화시켜 전송하는 것이 가능하게 된다.

④ 송 · 수신 안테나의 길이를 해결하기 위함

보통 무선을 이용하여 신호를 전달 할 경우 안테나를 이용하게 되는데, 안테나의 길이는 파장(파의 길이)에 비례한다. 하지만 파장은 주파수와 반비례하여 주파수가 낮을수록 파장이 길어지고 주파수가 높을수록 파장이 짧아진다.

결국 변조를 하게 되면 신호의 주파수가 높아져 안테나의 길이를 줄일 수 있다.

(3) 변조의 종류

변조라 함은 앞장의 변조의 의미에서 알아보았듯이 원래의 신호를 고주파인 반송파에 실어 보내는 것을 변조라 하였다.

변조된 신호파(피변조파) = 원래의 신호(예 : 음성) +반송파라고 말할 수 있다.

여기서 원래의 신호를 변조할 때 사용하는 반송파 신호를 어떠한 신호로 사용하느냐에 따라서 변조도 달라진다.

즉 반송파 신호를 연속적 신호인 연속함수로 사용하느냐 아니면 이산적신호인 펄스함수로 사용하느냐에 따라서 반송파를 연속함수로 사용하면 연속변조(Continuos Modulation)라 하고, 펄스함수로 사용하여 변조하면 펄스변조(Pulse Modulation)라 한다.

반송파 \ 원래의 신호	아날로그 신호	디지털 신호
연속함수 (연속 변조)	아날로그(Analog)연속 변조	디지털(Digital)연속 변조
	AM(진폭 변조) FM(주파수 변조) PM(위상 변조)	ASK(진폭 천이 변조) FSK(주파수 천이 변조) PSK(위상 천이 변조) QAM(직교 천이 변조)
펄스함수 (펄스 변조)	아날로그(Analog)펄스 변조	디지털(Digital)펄스 변조
	PAM(펄스 진폭 변조) PWM(펄스 폭 변조) PFM(펄스 주파수 변조) PPM(펄스 위치 변조)	PCM(펄스 부호 변조) PNM(펄스 수 변조) DPCM(차분 펄스 부호 변조) DM(델타 변조)

표[2-1] 변조의 종류

2.3 PCM(Pulse Code Modulation)

음성정보와 같은 Analog신호를 Digital신호인 Pulse Code로 변환하여 전송하고, 수신 단에서는 전송된 Digital 신호를 다시 음성정보와 같은 Analog신호로 되돌리는 방식이다.

Analog신호가 Digital신호로 변환되기 위해서는 표본화(Sampling), 압축(Compression), 양자화(quantization), 부호화(Encoding)과정을 거치게 되는데 그 중 표본화, 양자화, 부호화를 PCM의 3단계라 부른다.

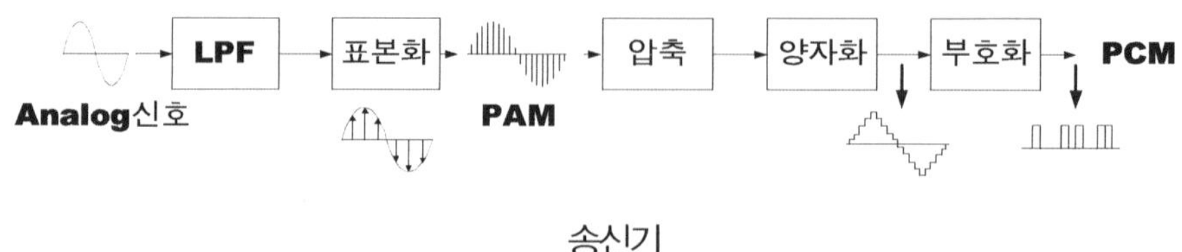

송신기

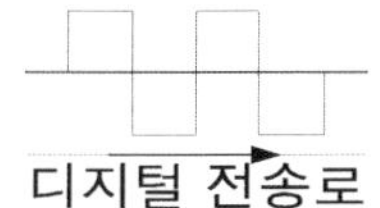

디지털 전송로를 통해 원거리 전송을 행한다.

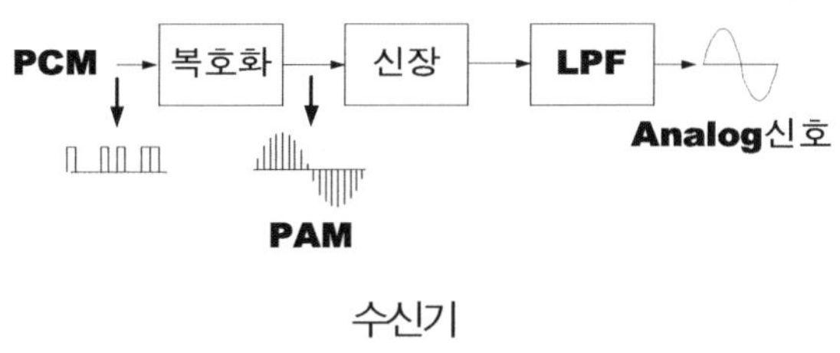

그림[2-5] PCM 구성도

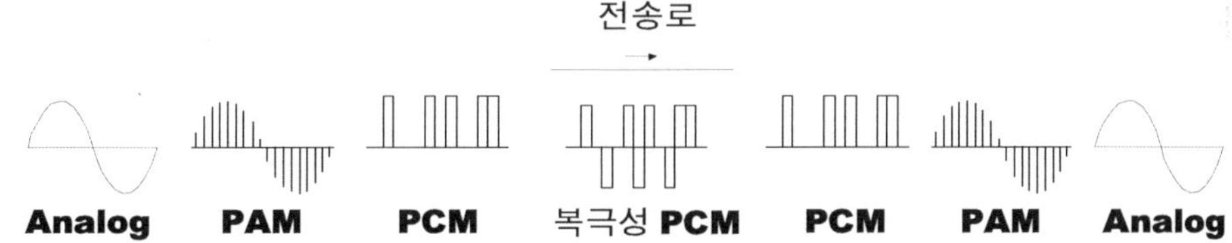

그림[2-6] PCM방식의 신호 형태

PCM은 위의 그림[2-5]과 그림[2-6]에 보는 바와 같이 송신기에 입력되는 Analog신호를 LPF(Low Pass Filter)를 거쳐서 잡음을 억제하고, 표본화 과정을 거쳐 PAM신호를 만들게 된다.

이렇게 만들어진 PAM파는 양자화 과정을 거쳐 계단형태의 근사파형을 생성하고, 부호화 과정을 거쳐서 완전한 2진 부호 형태의 Digital Pulse Code로 생성한다.

이렇게 만들어진 Digital Pulse Code는 오차가 적은 그레이(Gray)코드로 변환하여 Digital 전송로를 통해 원거리 전송하고, 수신측에서는 전송된 PCM신호를 복호화 하여 원래의 신호인 Analog신호를 얻어낸다.

(1) 표본화(Sampling)

표본화는 연속적으로 변화하는 아날로그 신호의 파형을 일정 주기의 펄스파의 진폭으로 대표시키는 과정으로 입력신호를 대표 할 수 있는 대표 값을 뽑아내는 과정을 말한다.

즉 입력되는 신호전체를 전부 그대로 다 전송할 경우에는 전송할 Data량이 많아져서 효율적이지 못하다. 하지만 전체 신호를 전부 보내지 않고 특정 신호에서 대표 값만 취하여 보내도 원 신호

회복이 가능하다는 것이다.

다음 그림[2-7]표본화 파형을 참고하기 바란다.

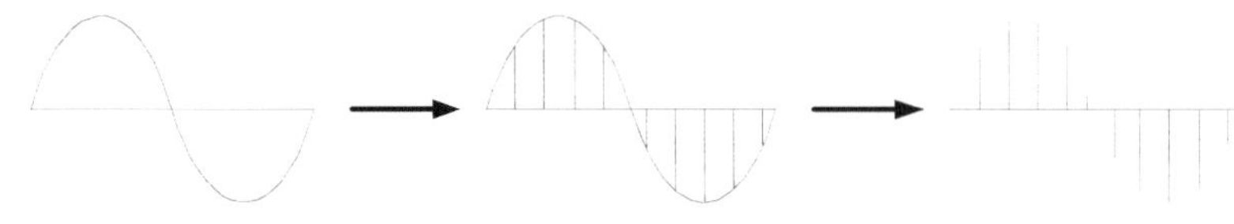

그림[2-7]표본화 파형

그림[2-7]표본화 파형에서 보듯이 연속적인 아날로그 신호를 그대로 전송하지 않고, 일정 주기로 대표 값만을 발췌하여도 원래의 신호와 비슷하게 구현이 가능하다는 것을 알 수 있다.

그러므로 대표 값을 뽑아내는 주기를 좁혀 나간다면 즉, 좀 더 많은 대표 값을 발췌한다면 거의 완벽하게 원래의 아날로그 신호를 구현할 수 있을 것이다. 하지만 그렇게 된다면, 전송해야할 Data 량이 방대해져서 효율적이지 못하게 된다. 또한 대표 값의 주기를 넓게 하여 발췌한다면 전송할 Data량이 적어지지만 원래의 아날로그 신호를 완벽하게 복원할 수 없게 된다.

그리하여 전송할 Data량을 줄이면서 최적의 대표 값만 발췌하여 원래의 아날로그 신호를 복원 할 수 있는 방법을 스웨덴의 Nyquist가 정리하였는데 이를 표본화 정리 혹은 Nyquist 정리라 한다.

① 표본화 정리(Sampling 이론)

특정 신호가 가지고 있는 최고 주파수(f_m)으로 대역 제한된 신호 $f(t)$가 있을 때 이 $f(t)$ 신호를 $T_s\,(T_s \leq \dfrac{1}{2f_m})$초 간격으로 발췌하여 전송하여도 원래의 신호 $f(t)$가 가지고 있는 정보 전달에는 이상이 없으며 주어진 원래의 신호를 정확히 복원할 수 있다는 이론이다.

이 이론은 Nyquist에 의해서 정리되었다 하여 Nyquist 이론 이라고도 부른다.

예를 들어 음성 신호는 300Hz ~ 3400Hz의 주파수 대역을 가지고 있다. 여기서 $f(t)$ 신호는 음성이 되고 최고 주파수(f_m)는 3400Hz가 된다.

T_s는 Sampling 주기 또는 Nyquist 주기라고 부르며 2배의 f_m 분의 1로서 구할 수 있다.

즉 $T_s \leq \dfrac{1}{2f_m}$ 되고, 여기서 $2f_m$ 은 Sampling 주파수 또는 Nyquist 주파수라 하고 f_s라 표현한다면 $f_s \geq 2f_m$ 되어야 한다. 결국 음성의 경우 $f(t)$ = 음성, f_m = 3400Hz가 되고 $f_s \geq$ $2 \times 3400\text{Hz} = 6800\text{Hz}$, $T_s \leq \dfrac{1}{2f_m} = 1/6800\text{Hz} = 147[\mu s]$ 이므로 대표 값은 최소 147μs 간

격으로 발췌하고, 1초 당 sampling은 6800번 이상 되어야 주어진 원래의 음성신호를 정확히 복원할 수 있다는 의미이다. 하지만 실제 음성신호의 sampling 주파수(f_s)는 8000Hz를 사용하고 있으며 sampling 주기(T_s)는 125μs(T_s = 1/8000Hz)간격으로 sampling한다.

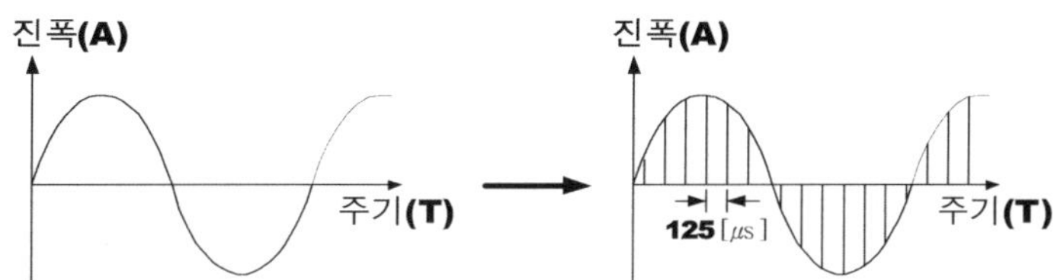

그림[2-8]sampling 파형

② 표본화 오차

원래의 신호를 일정한 간격으로 대표 값을 뽑아내는 과정에서 정확히 sampling되지 않고 약간의 오차가 발생할 수 있다. 이러한 오차를 표본화 단계에서 발생한 오차라 하여 표본화 오차라 한다.

그렇다면 표본화 오차에는 어떤 것들이 있는지 알아보자.

■ Aliasing(엘리어싱)오차

아날로그 신호를 T_s간격으로 표본화 할 때 spectrum이 겹쳐져서 발생하는 오차(잡음)으로 f_s가 Nyquist 주파수 $2f_m$보다 작은 경우에 발생한다.

즉 표본화 정리에서 $f_s \geq 2f_m$이 되어야 하는데 이 조건을 만족하지 않아 Nyquist 주기(T_s)의 간격이 넓어져서 spectrum이 중첩되어 원래의 spectrum에 왜곡이 생기는 현상을 말한다.

sampling은 원래의 신호에서 대표 값을 뽑아내기 위해 그림[2-9]의 특별한 파(함수)를 이용한다.

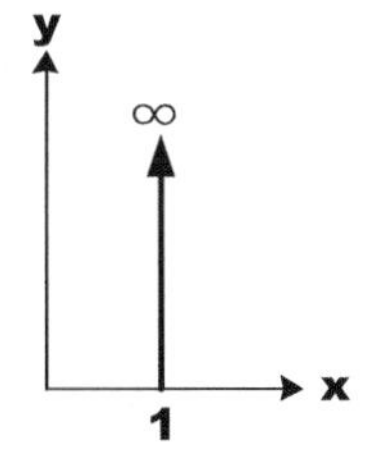

그림[2-9] impulse파

시간에 따라 파의 넓이는 없고 크기가 ∞이며 그 면적이 1인 특별한 함수(파)를 impulse 파라고 한다. 하지만 실제로 이러한 파는 존재하지 않는다. 대신 일반적인 진폭이 1인 pulse 파에서 파의 넓이를 줄여나가 impulse파와 가깝게 만들 뿐이다. 이렇게 만들어진 impulse파를 T_s간격으로 발생시켜 원래의 신호와 곱하여 sampling하게 된다. 일반적으로 수학에서 보면 1에다가 임의의 수를 곱하여도 항상 곱한 임의의 수 그대로 나온다고 한다.

즉 impulse함수는 크기가 1이므로 원래의 신호와 곱하게 되면 신호의 크기(진폭)가 그대로 출력으로 나오게 되는 것이다. 그러게 되면 impulse함수가 발생되는 간격이 표본화 주기가 되며 그 주기마다 신호의 진폭으로 표본화가 된다.

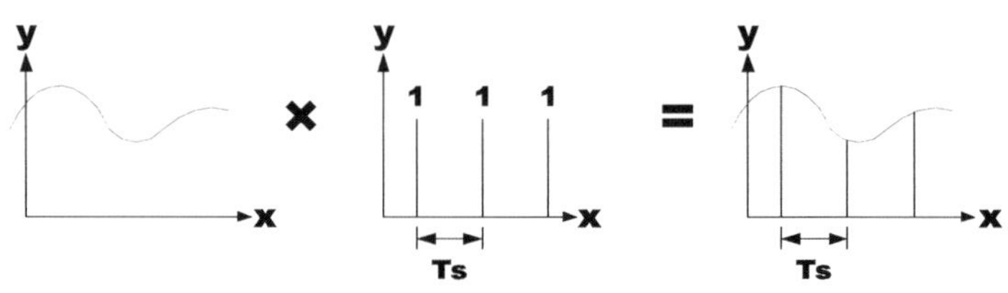

그림[2-10] 표본화 과정

$$f(t)(원신호) \times \delta(t)(\text{impulse파}) = \text{PAM파}$$

하지만. 모든 신호(파)는 시간을 기준으로 해석 할 경우 너무 빠른 시간에 신호가 지나가버리는 현상이 발생하므로 시간 축에서는 신호의 해석이 불가능하다. 그래서 신호를 해석하기 위해 신호 해석법인 퓨리에 변환을 이용한다.

퓨리에 변환은 시간 영역의 함수를 주파수 영역의 함수로 변환시키는 것으로 신호 파형을 분석하기 위해 사용하는 변환방식이며 그 역 변환이 가능하므로 신호해석에 유용하다.

원래의 신호$f(t)$와 impulse함수 $\delta(t)$ 모두를 퓨리에 변환 시킨다. impulse함수 $\delta(t)$를 퓨리에 변환 시키면 역시 크기는 같고, 파의 간격 T_s는 $\dfrac{2\pi}{T_s}$로 바뀐 impulse함수가 그대로 나온다.

이렇게 퓨리에 변환된 신호 $f(t)$와 impulse 함수$\delta(t)$를 $\dfrac{2\pi}{T_s}$ 간격으로 곱하게 되면, 그림 [2-11]에서 보는 바와 같이 impulse함수를 중심으로 에너지 영역(spectrum)이 생성되게 된다.

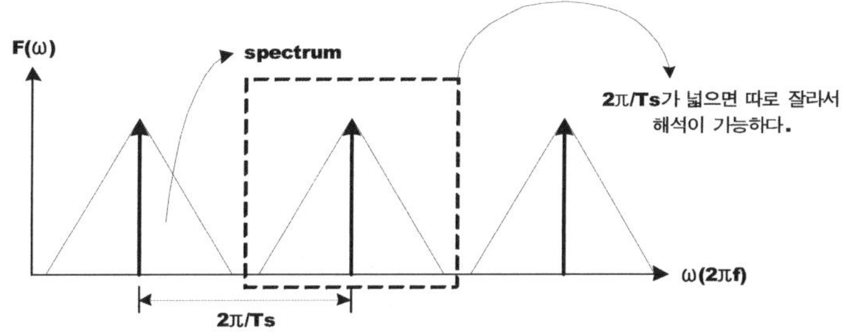

그림[2-11] 에너지 영역(spectrum)

만약 위의 그림[2-11]에서 $\dfrac{2\pi}{T_s}$ 간격이 넓으면 상관없지만. $\dfrac{2\pi}{T_s}$ 간격이 좁으면 impulse함수 간의 spectrum이 겹치는 현상이 생기게 되고, 따라서 파를 따로 Filtering하는데 있어서 파의 왜곡이 생기게 된다.

이러한 오차(잡음)을 Aliasing(엘리어싱)이라 한다.

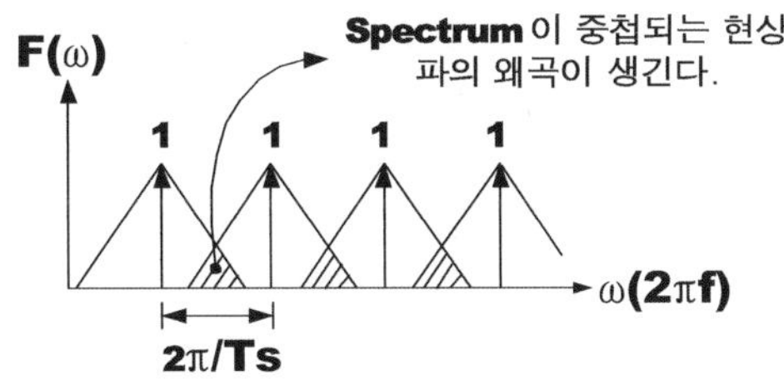

그림[2-12] Aliasing(엘리어싱)현상

표본화 과정에서 발생하는 Aliasing(엘리어싱)현상을 감소시키는 방법으로는

㉠ 표본화 전 단계에서 잡음을 걸러 줄 수 있는 LPF(Low Pass Filter)를 이용하여 고조파 성분을 감소시킨다.

　만일에 LPF를 거치지 않게 되면 송신측에서 발생되는 고조파 성분으로 인하여 신호파의 최고 주파수(f_m)가 높아지고, 그러면 sampling 주기(T_s)의 간격이 기존보다 더 좁아져야한다. 그러므로 spectrum이 겹치는 현상인 Aliasing이 발생할 수 있다.

㉡ Nyquist주파수 $f_s \geq 2f_m$ 와 Nyquist 주기 $Ts \leq \dfrac{1}{2f_m}$ 의 조건을 만족시킨다.

■ 절단오차
표본화의 전제조건은 표본 값이 무한한 시간에 걸쳐 발생하나 실제 system에서 취급하는 신호는 유한한 것이기 때문에 생기는 오차를 말한다.

■ 반올림 오차

연속적인 신호를 표본화를 통해 PAM신호로 만드는 과정에서 생기는 오차로서 표본화를 하기 위해 impulse함수를 이용하여 순간적으로 뽑아내면(순시 표본화라 한다) 아주 이상적인 PAM파를 만들 수 있다. 하지만 실제로 가장 이상적인 impulse 함수를 만들 수 없으므로 가장 이상적인 PAM파는 이론상만 존재한다.

그래서 순간적으로 impulse함수를 발생시킨 다음 파의 끝에서 한동안 Hold 시켜 impulse 함수가 일정 주기를 갖도록 하는 flat top 방식이 실제로 사용되고 있다.

flat top방식을 이용할 경우 sampling된 파의 진폭을 일정시간 Hold시켜 일반적인 Digital Pulse파형과 비슷하게 만들게 되는데 이때 발생되는 오차를 반올림 오차라 한다.

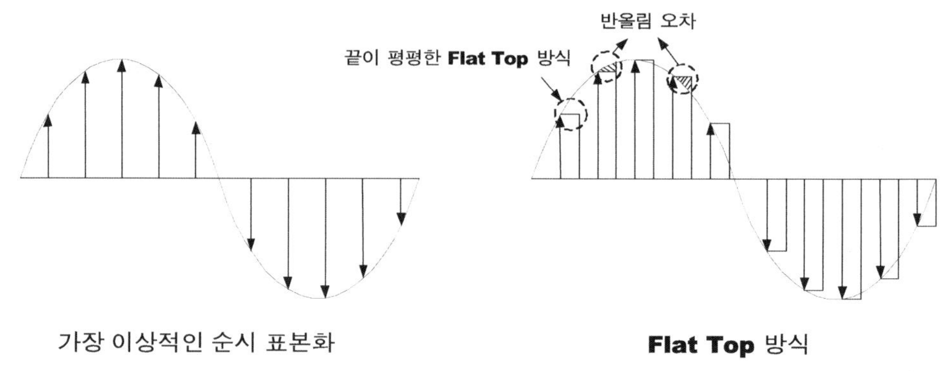

그림[2-13] 반올림 오차

이러한 반올림 오차는 표본화 하는 과정에서 어쩔 수 없이 발생하는 오차(잡음)로써 이 잡음을 방지하기 위해서는 impulse함수를 가한 후 Hold시키지 않고 자연스럽게 원래의 입력 신호를 따라가게 하는 Natural방식을 이용 할 수 있으나, 시스템 구성이 복잡해지고 고도의 기술이 요구된다.

이러한 방식을 이용해서 표본화 과정을 거치게 되면 PAM파가 생성된다.

(2) 양자화(Quantization)

PCM과정의 표본화 단계를 통해 발생된 PAM파의 진폭을 이산적 신호인 디지털 양으로 변환하기 위하여 계단 모양의 양자화 레벨(2^n)에 근사화 시키는 과정으로서 PAM파의 진폭의 최저 레벨과 최고 레벨 사이를 양자화 레벨(2^n)로 등분하여 계단 모양의 근사 파형으로 만드는 과정을 말한다.

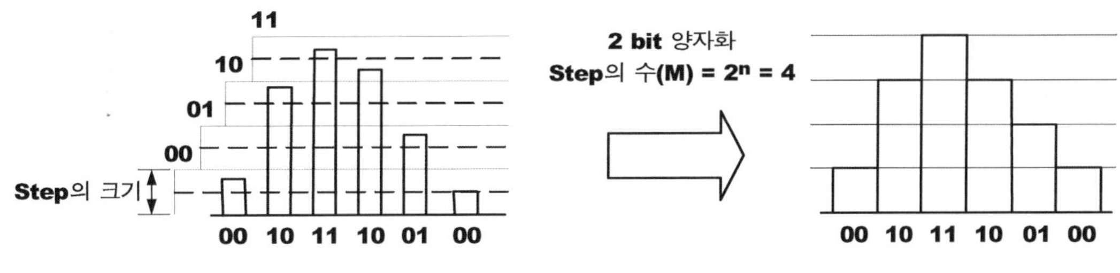

그림[2-14] 양자화 파형

여기서 양자화 레벨(2^n)은 계단 모양의 근사파형에서 Step의 수를 의미하며, n은 양자화 시 사용되는 bit수를 말한다.

양자화 스텝(Step) 수(M) = 2^n　　　n : 양자화 시 사용된 bit 수

예를 들어 그림[2-14]에서 보면 양자화 스텝(Step)의 수 즉 계단의 수는 2^n = 4가 되고, n이 양자화 시 사용된 bit수 이므로 2bit 양자화 한 셈이다.

① 양자화 방법

■ 선형 양자화(Linear Quantization)
입력되는 신호의 크기에 관계없이 양자화 스텝의 크기를 항상 일정하게 양자화 하는 방식으로 입력신호의 크기가 일정한 경우에 사용하는 방식이다.

■ 비선형 양자화(Non-Linear Quantization)
입력되는 신호의 크기에 따라서 양자화 스텝의 크기를 달리하는 방식으로 입력 신호의 진폭이 큰 경우에는 스텝의 크기를 크게 하고, 진폭이 작은 경우에는 스텝의 크기를 작게 하여 전 입력 신호에 걸쳐 신호 대 잡음비(S/N)를 균일 하게 할 수 있는 방식이다.

② 양자화 오차
양자화 오차는 표본화 과정을 거쳐 나온 PAM파의 진폭을 양자화 레벨(2^n)에 근사화 시키는 과정에서 PAM의 진폭의 크기가 특정 양자화 레벨에 근접하지 않을 경우 약간의 오차가 발생할 수 있는데, 이 때 발생하는 오차를 양자화 오차라 한다.

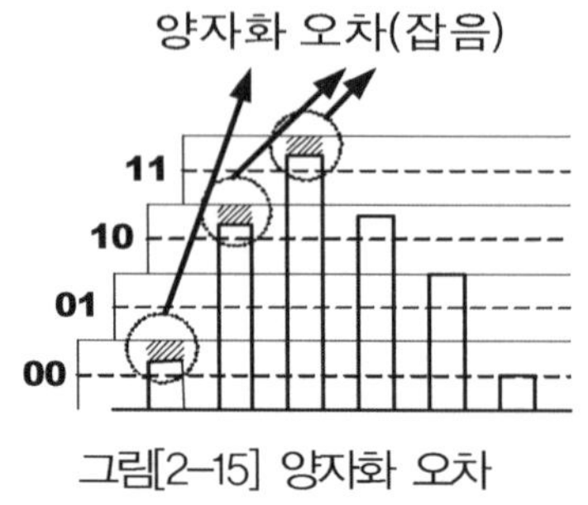

그림[2-15] 양자화 오차

※ 양자화 시 생기는 오차를 줄이는 방법(잡음 개선책)

■ 양자화 시 스텝(Step)의 수를 증가시킨다.

단순히 생각하면 양자화 시 사용되는 bit수를 늘려서 스텝(Step)의 수를 늘리면 그만큼 오차를 줄일 수 있다. 하지만 양자화 시 사용되는 bit수를 늘리게 되면 전송해야할 정보량이 많아져서 효율적이지 못하다.

그러므로 양자화 시 사용할 bit의 수는 입력되는 신호에 맞게 적절히 지정되어야 한다.

> 양자화 스텝 수의 크기와 적용 형태를 보면 다음과 같다.
> ㉠ 음성신호　　　 － 　3bit, 　8step 양자화($2^3 = 8$)
> ㉡ TV 영상 신호 － 　5bit, 　32step 양자화($2^5 = 32$)
> ㉢ 전화　　　　　 － 　7bit, 128step 양자화($2^7 = 128$)
> ㉣ PCM-24　　　 － 　8bit, 256step 양자화($2^8 = 256$)
> 예를 들어 음성신호를 3bit에서 4bit로 양자화 하면 양자화 잡음이 반(1/2)로 감소된다.

■ 비선형 양자화를 한다.

■ 양자화 전단에 압신 기를 사용한다.

입력 신호의 진폭이 작은 경우에는 증폭을 하고, 큰 진폭에 대해서는 압축을 행하여 압축기와 수신측에서 복호화된 신호를 다시 환원 시키는 신장기가 1조로 하여 압신기라 한다.

즉 표본화 과정을 거쳐서 나온 PAM파의 진폭을 압신기를 통하여 압축한 다음 양자화 레벨(2^n)에 맞추어 등분하면 그만큼 더 조밀해서 오차를 줄일 수 있다.

압축 방식은 크게 유럽 방식과 북미 방식으로 나누어지는데, 유럽 방식은 A-Law Type으로 신호의 진폭이 작은 부분은 선형적으로 신호의 진폭이 큰 부분은 대수적으로 행하는 방식이며, 북미 방식은 μ -Law Type으로 신호의 크기에 상관없이 모두다 대수적으로 행한다. 여기서 유럽방식의 A와 북미 방식의 μ 는 압축량을 나타내는 단위로서 A = 87.6, μ = 255의 값을 사용하고 있다.

양자화 잡음과 양자화 step수와의 관계를 알아보기 위해 양자화 잡음을 전력으로 표시하면 양자화 잡음 전력 $(P) = \dfrac{S^2}{12}$ 가 된다. 여기서 S는 스텝(step)의 크기를 나타내며, ΔV 로도 표시한다.

$$P = \frac{S^2}{12} = \frac{(\Delta V)^2}{12}$$

위의 양자화 잡음 전력 공식에서도 볼 수 있듯이 양자화 잡음은 step의 크기의 제곱에 비례 하다는 것을 알 수 있다. 반대로 스텝(step)의 크기를 작게 하면 양자화 잡음도 적어진다. 그러므로 양자화 시 사용되는 bit수를 늘리면 스텝(step)의 간격은 줄어들게 되고, 결국 양 자화 시 발생하는 잡음을 줄일 수 있는 것이다.

실제로 양자호시 사용되는 bit수를 한 bit씩 증가시킬 때 마다 S/N비는 약 6[dB]씩 개선된다.

(3) 부호화(Encoding)

양자화를 거쳐 나온 0과 1의 부호 열 신호를 전송로 상에 보내기 알맞은 Digital Pulse부호로 바꾸는 과정으로 오차가 적은 그레이 코드(Gray Code)를 이용한다.

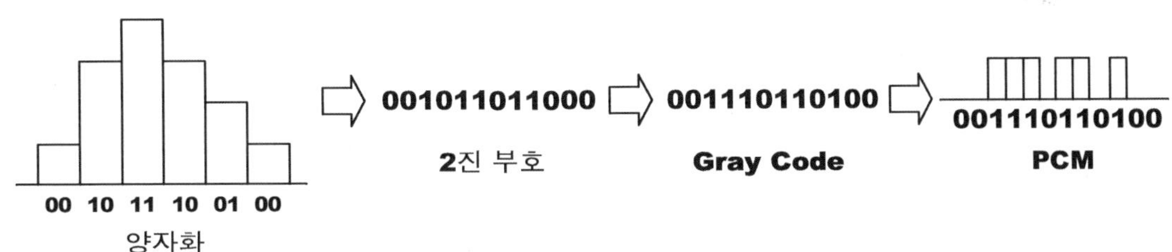

그림[2-16] 부호화 과정

부호화 과정을 거쳐서 나온 Digital 신호는 전송로를 따라 목적지로 전달된다.

한편 수신측에서는 수신된 Digital 신호를 부호화의 반대 과정인 복호화 과정을 거쳐 PAM펄스로 만들고, 다시 아날로그 신호로 재생시킨 후 LPF(Low Pass Filter)를 거쳐서 원래의 신호로 복원 시킨다.

(4) 디지털 중계기의 3R 기능

PCM전송에 있어서 전송로 상에는 Digital Pulse 부호 열이 전송되는데, 이렇게 전달된 신호는 전송로상의 각종 잡음, 감쇠, 누화, Jitter(위상의 흔들림)등으로 인하여 전송되는 신호에 손상을 입히게 되는데, 신호가 심한 손상을 받기 전에 일정한 간격으로 중계기를 설치하여 신호를 원래의 Digital Pulse파형으로 재생시킴으로서 송신측에서 송출된 최초의 파형을 그대로 목적지까지 전송할 수 있게 된다. 이렇게 전송로 상에는 감쇠와 여러 가지 잡음들이 존재하는데 이러한 잡음들을 제거하기 위하여 일정 거리마다 중계기를 두게 되는데, 아날로그 전송로에는 아날로그 중계기를 디지털 전송로에는 디지털 중계기가 사용된다.

그럼 아날로그 중계기와 디지털 중계기의 차이점을 고려하면, 아날로그 중계기는 약해진 신호를 증폭, 중계만을 하는데 반해 디지털 중계기는 신호의 증폭, 중계뿐만 아니라 파형을 재생시키는 역할도 담당한다.

즉 아날로그 중계기에 없는 재생기능이 존재하는데, 재생기능에는 파형재생(Reshaping), 식별재생(Regeneration), 타이밍 재생(Retiming)재생 등이 있다.

이렇게 3가지 재생기능이 모두 영문자 R로 시작한다고 하여 3R 기능이라고도 한다.

① 재생기능(3R 기능)

■ **파형 재생**(Reshaping)

각종 잡음과 감쇠에 의해서 왜곡된 파형을 다시 재생시켜주는 기능을 제공한다.

■ **식별 재생**(Regeneration)

송신된 Digital Pulse 신호의 0과 1을 식별하여 송신 신호와 같은 크기로 증폭, 재생하는 기능

■ **타이밍 재생**(Retiming)

전송되는 신호의 bit 구분을 명확히 하기 위한 동작으로서 전송되는 디지털 신호로부터 clock을 추출한 후 다시 타이밍 파를 만들어 신호의 위상을 재생하는 위상재생을 말한다.

만일에 신호의 동기가 맞지 않으면 bit열의 구분이 명확하지 않아 타이밍이 맞지 않게 되고 이런 현상이 누적되면 펄스열의 왜곡으로 타이밍회로의 동조가 부정확하여 위상의 흐트러짐이 생겨 잡음이 발생하는데 이를 타이밍 편차 또는 Jitter잡음 이라 한다.

이렇게 디지털 신호가 전송되는 디지털 전송로에는 아날로그 중계기가 가지지 않는 재생기능이 디지털 중계기에는 존재하여 아날로그 전송에 비해 훨씬 더 잡음에 강하다는 것을 알

수 있다.

(5) PCM의 특징

① PCM방식의 장점
- PCM방식은 디지털 신호를 전송하는 방식으로서 각종 잡음에 강하며 S/N가 우수하다.
- 누화나 혼선에 강하다.
- 전송로 상에 존재하는 각종 잡음에 강하므로 저질의 전송로에서도 신호 전송이 가능하다.
- 디지털 중계기의 재생기능으로 인하여 전송구간에 각종 잡음이 누적되지 않는다.

② PCM방식의 단점
- 채널 당 점유 주파수 대역폭이 넓다.
- PCM고유의 잡음인 표본화, 양자화 잡음 등이 발생한다.

2.4 다중화(Multiplexing)

다중화란 하나의 단말이 하나의 회선 전체 용량을 모두 사용하는 방식이 아니라, 복수 개의 단말에서 발생되는 많은 량의 데이터를 하나의 회선에 동시 다발적으로 전송하는 방법을 다중화라 한다.

즉 하나의 단말이 한 회선을 모두 사용할 경우 다른 단말들은 통신을 할 수 없게 되는데, 이러한 현상을 막기 위해 복수개의 단말에서 발생되는 많은 량의 데이터를 하나의 회선에 모아서 주파수 대역 또는 시간 영역 등을 나누어 전송하는 방식으로 통신의 이용 효율성을 극대화 시킨 방식을 말한다.

예를 들어 원거리에 존재하는 다수의 단말들을 모두 각각 통신회선으로 연결하게 되면 비용이 높아지게 되어 경제적인 통신을 구축하기 어렵게 된다. 그래서 다수의 단말들을 일정 지역별로 나누어 복수개의 저속회선으로 연결한 다음 하나의 고속회선으로 전송하고, 다시 저속회선으로 분할하는 방식이 다중화 방식이다.

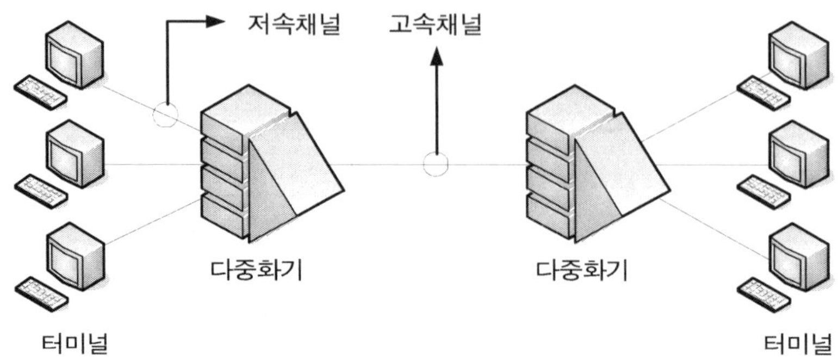

그림[2-17] 다중화기

다중화 하는 방법에는 크게 주파수를 분할하여 다중화 하는 주파수 분할 다중화(FDM : Frequency Division Multiplexing)와 시간을 분할하여 다중화 하는 시분할 다중화(TDM : Time Division Multiplexing)그리고, TDM보다 한 단계 발전된 STDM방식이 있다.

(1) FDM(Frequency Division Multiplexing) – 주파수 분할 다중화

주파수 분할 다중화란 사용가능한 주파수 대역을 분할하여 다중화 하는 방식으로 일정 크기의 주파수 대역폭을 여러 개의 작은 대역폭으로 나누어 각각의 단말과 연결된 각 채널을 서로 다른 반송파를 사용하여 변조 한 다음 송신하고, 수신측에서는 BPF(Band Pass Filter)를 통해 각 채널별로 복조(검파)함으로서 원래의 신호를 얻어내는 아날로그 다중화 기술이다.

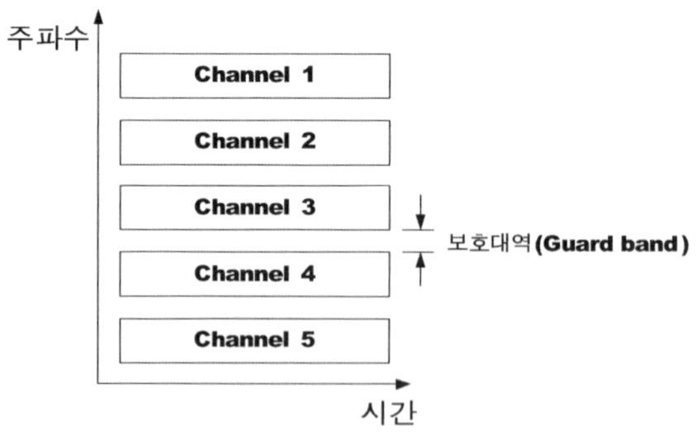

그림[2-18] 주파수 분할 다중화 방식의 형태

※ 주파수 분할 다중화의 특징

FDM은 사용 가능한 주파수 대역을 분할하여 다중화 하는 방식으로 전송하려는 신호의 대역폭보다 전송매체의 유효 대역폭이 큰 경우에 사용하는 방식이다. 보통 FSK방식이 사용되며, 각 채널 간 간섭을 줄이기 위해 완충지역인 보호대역(guard band)이 필요하다. 이렇게 사용된 보호대역은 사용가능한 대역폭의 낭비를 가져와 채널 이용률을 낮게 하는 요인이 된다.

① 이용가능한 주파수 할당 대역폭이 넓을 때 사용가능하다.

② 누화와 혼선이 발생하지만 광대역 전송이 가능하다.

③ 비동기식 방식에 사용되며 동기는 필요치 않다.

④ 각 채널 간 완충지역인 보호대역(guard band)이 있으며 이로 인해 주파수 낭비를 초래한다.

(2) TDM(Time Division Multiplexing) – 시분할 다중화

시분할 다중화란 사용가능한 시간대역을 분할하여 다중화 하는 방식으로 각 채널에 정보신호를 전송할 수 있는 Time Slot을 할당하여 전송하고 수신측에서 전체 망 동기를 통해 희망 채널 신호를 Time Gate를 이용하여 수신함으로서 원래의 신호를 얻어낼 수 있는 디지털 다중화 기술이다.

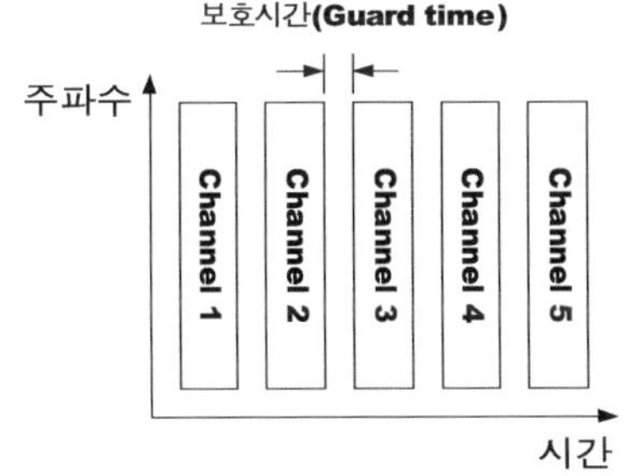

그림[2-19] 시분할 다중화 방식의 형태

※ 시분할 다중화의 특징

TDM은 전송로를 통한 데이터 전송 시간을 나누어서 각 채널에 차례대로 분배하여 다중화 하는 방식으로 channel 1부터 channel N번까지 동일하게 시간을 할당하여 할당된 시간만큼 데이터를 전송하고 다시 channel 1부터 channel N번까지 반복하면서 전송하게 된다.

그래서 다중화 되는 채널수가 증가되면, 한 채널당 할당할 수 있는 시간 폭이(time slot)이 좁아지게 되고, channel간 반복되는 주기가 길어져서 시간적 지연(Delay)이 생길 수 있다. 그러므로 정보통신 기술과 정보처리 기술이 발달해야 채널을 많이 나눌 수 있으며 무조건적으로 채널을 많이 할당하면 시간적 지연(Delay)이 생기므로 다중화면에서만 본다면 FDM이 더 유리하다 할 수 있다.

① 이용가능한 주파수 할당 대역폭이 좁을 때 사용가능한 방식이다.

② 채널수가 증가되면 단위 채널당 할당되는 시간 폭(time slot)이 좁아져서 시간적 지연

(Delay)이 생긴다.

③ 송·수신 간에 동기를 맞추어 주어야 하는 동기식 방식에 사용된다.

④ 각 채널 간 시간 폭(time slot)이 중복되는 것을 막기 위해 보호시간(guard time)이 있다.

⑤ 어느 한 시간상에는 하나의 채널만이 전송되므로 채널 간 간섭이 없고, 각종 잡음에 강하다.

(3) STDM(Asynchronous TDM) - 비동기식 TDM

비동기식 TDM은 일반적인 동기식 TDM방식과 달리 모든 채널에게 정적으로 시간 폭(time slot)을 할당하는 방식이 아니라 실제로 데이터를 전송해야 할 단말에게만 시간 폭(time slot)을 할당하는 방식으로 일반적인 TDM은 하드웨어 방식이지만 비동기식 TDM은 Software적으로 시간 폭(time slot)의 배정이 가능해졌기 때문에 지능형 다중화 장치 또는 통계적 TDM 장치(STDM)라고도 부른다.

※ 비동기식 TDM의 특징

일반적인 동기식 TDM의 경우에는 모든 채널에게 정적으로 시간 폭(time slot)이 할당되기 때문에 실제 데이터 전송이 없는 단말에게도 시간 폭(time slot)할당되어 실제 전송되는 데이터 없이 시간만 낭비되는 현상이 많다. 하지만 비동기식 TDM은 실제 시간 폭(time slot)을 전송할 데이터가 있는 단말에게만 동적으로 할당 하므로 나머지 시간에 새로운 전송 채널 주기를 이룰 수 있고, 시간적 지연 없이 동일시간에 많은 량의 데이터 전송이 가능하다. 그러므로 동기식 TDM에 비해 전송효율이 더욱더 한층 향상된다.

(4) FDM과 TDM방식의 비교

FDM방식은 주파수 대역을 분할하여 다중화 하는 방식으로 각 채널이 서로 다른 주파수를 가지고, 전송 시간이 겹쳐서도 전송이 가능하지만, TDM 방식은 시간을 분할하는 방식으로 각 채널이 동일한 주파수를 사용하며, 각 채널 에 할당된 시간만 전송이 가능하다.

이것 말고도 여러 가지 차이점이 있는데 전체적인 FDM과 TDM의 차이점은 다음과 같다.

	FDM	TDM
다중화	주파수 대역폭이 넓으면 TDM에 비해서 다중화가 용이하다.	많은 채널이 할당되면 시간적 지연(Delay)이 생길 수 있어 기술적 제한을 받는다.
동 기	필요치 않다.	필요하다.
누화(혼선)	누화(혼선)가 많이 발생한다.	누화(혼선)가 발생하지 않는다.
상호변조	있다.	없다.
통화 회선	대역폭에 따라 회선수를 얼마든지 증가 시킬 수 있다.	증가 시킬 수 있는 통화 회선 수에 제한을 받는다.
시스템 구조 (단국장치)	시스템 구조가 비교적 간단하고, 저렴하다.	복잡하고 고가이다.
통신망 형태	multipoint 통신망에 적합하다.	point-to-point 통신망에 적합하다.

[표 2-2] FDM과 TDM의 비교

(5) 다중화 계위

다중화 기술이 발달함에 따라 데이터 전송 기술이 활발해 지기 시작하였고 따라서 통신의 수요 또한 점점 늘어나는 추세가 되었다. 이렇게 점차 늘어나는 통신의 수요를 충족시키면서 회선의 효율성과 데이터 전송 대역폭을 높이기 위한 다중화 방식의 필요성이 대두되게 되었으며 이에 따라 다중화 장치를 각 계층적으로 두어 서비스하는 계층적 다중화 방식이 개발되기 시작하였고, 이러한 계층적 다중화 방식을 다중화 계위라 부른다.

다중화 계위는 크게 주파수를 분할하여 계층적으로 다중화 하는 아날로그 계위(Analog Hierarchy 또는 FDM Hierarchy)와 시간(Time)을 분할하여 다중화 하는 디지털 계위(Digital Hierarchy 또는 TDM Hierarchy)방식으로 나뉘어 진다.

① 아날로그 계위(Analog Hierarchy 또는 FDM Hierarchy)

아날로그 계위란 아날로그 신호를 사용하여 FDM다중화 방식을 효율적으로 수행하기 위한 계층적 다중화기법을 말하며, 일반적으로 한 개의 아날로그회선을 이용하여 데이터를 전송할 경우 10[KHz]이상을 기대 할 수 없으나, 여러 개의 통화로(Channel)를 계층적으로 다중화 하여 기초군 대역(60KHz ~ 108KHz), 기초초군 대역(312KHz ~ 552KHz) 또는 기초주군대역(812KHz 2,044 KHz)등의 넓은 주파수 대역폭을 이용 데이터를 다중 전송함으로서 대용량 데이터 전송이 가능해 졌으며 이러한 아날로그 계위의 다중화 계층 구조는 다음과 같다.

FDM 다중화 계위 구조

계 위	기 호	채널(CH)수	주파수 대역	대역폭	구 성
통화로 (Channel)	CH	1채널	0.3 ~ 3.4KHz	3.1KHz	
전 군 (Pre Group)	PG	3채널	12 ~ 24KHz	12KHz	CH × 3
군 (Group)	G	12채널	60 ~ 108KHz	48KHz	PG × 4
초 군 (Super Group)	SG	60채널	312 ~ 552KHz	240KHz	G × 5
주 군 (Master Group)	MG	300채널	812 ~ 2,044KHz	1,232KHz	SG × 5
초주군 (Super Master Group)	SMG	900채널	8,516 ~ 12,388KHz	3,872KHz	MG × 3
거 군 (Jumbo Group)	JG	3600채널	42,612 ~ 59,684KHz	17,072KHz	SMG × 4

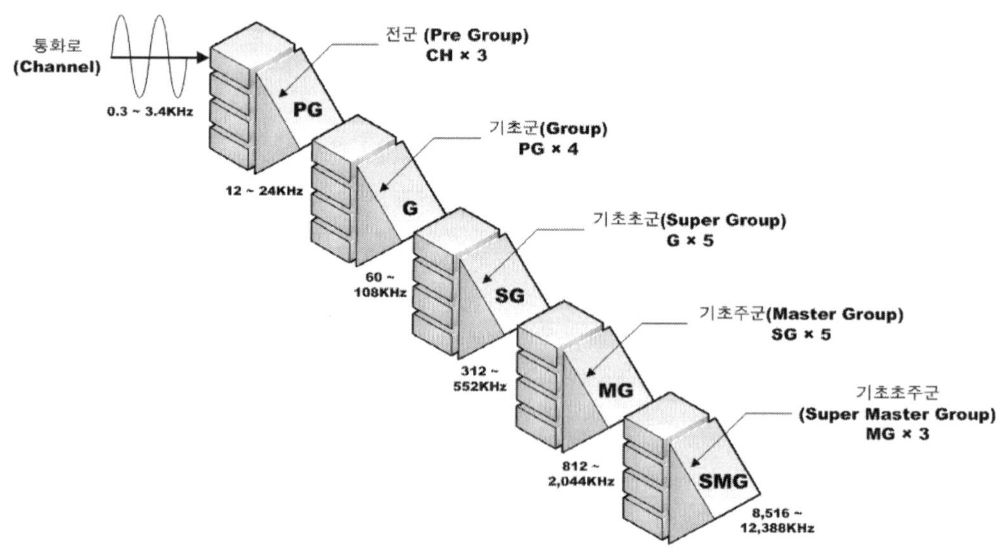

② 디지털 계위(Digital Hierarchy 또는 TDM Hierarchy)

디지털 계위란 디지털 신호를 사용하여 TDM다중화 방식을 효율적으로 수행하기 위한 계층적 다중화기법으로 디지털 계위는 크게 비동기식 디지털 계위(PDH : Plesiochronous Digital Hierarchy)와 동기식 디지털 계위(SDH : Synchronous Digital Hierarchy)로 구분된다.

■ 비동기식 디지털 계위(PDH)

초기의 디지털 다중화 방식으로 디지털 전송 장치간의 상호 호환성 문제와 국제간 디지털 전송망의 상호 접속과 관련된 기술적 미약으로 각 국가마다 서로 규정을 달리하여 구성된 계층적 구조로 북미 방식과 유럽방식으로 크게 구분되어 지며, 국내(우리나라)에서는 미국과 유럽의 디지털 계위를 혼합하여 사용되어 지고 있다.

1) 북미식 디지털 계위

북미방식의 디지털 계위는 음성 채널 수 24채널을 기본으로 하여 1.544Mbps(24CH)에서 ~ 6.312Mbps(96CH) ~ 44.736Mbps(672CH)로 3차군까지 정의되어 있다.

2) 유럽식 디지털 계위

유럽방식의 디지털 계위는 음성 채널수 30채널을 기본으로 하여 2.048Mbps(30CH)에서 8.448Mbps(120CH) ~ 34.368Mbps(480CH) ~ 139.264(1,920CH)로 4차군까지 정의되어 있다.

3) 국내 디지털 계위

우리나라의 디지털 계위는 북미방식의 디지털 계위를 기본으로 채택하여 사용하여 왔다가 1986년 4차군 139.264Mbps로 추가로 확장하였고, 1989년 기본 디지털 계위 신호인 1차군을 북미방식의 1.544Mbps에서 유럽방식인 2.048Mbps로 전환하여 현재는 음성 30채널을 기본으로 하는 유럽방식의 2.048Mbps(30CH)에서 6.312Mbps(90CH) ~ 44.736Mbps(630CH) ~ 139.264Mbps(1,890CH)로 확정되어 사용되어지고 있다.

우리나라에서 사용되는 비동기식 디지털 계위

계 위	채널 수	전송속도
0 차군	1CH	64Kbps
1 차군	30CH	2.048Mbps
2 차군	90CH (1차군 × 3)	6.312Mbps
3 차군	630CH (2차군 × 7)	44.736Mbps
4 차군	1890CH(3차군 × 3)	139.264Mbps
5 차군	7560CH(4차군 × 4)	564.992Mbps

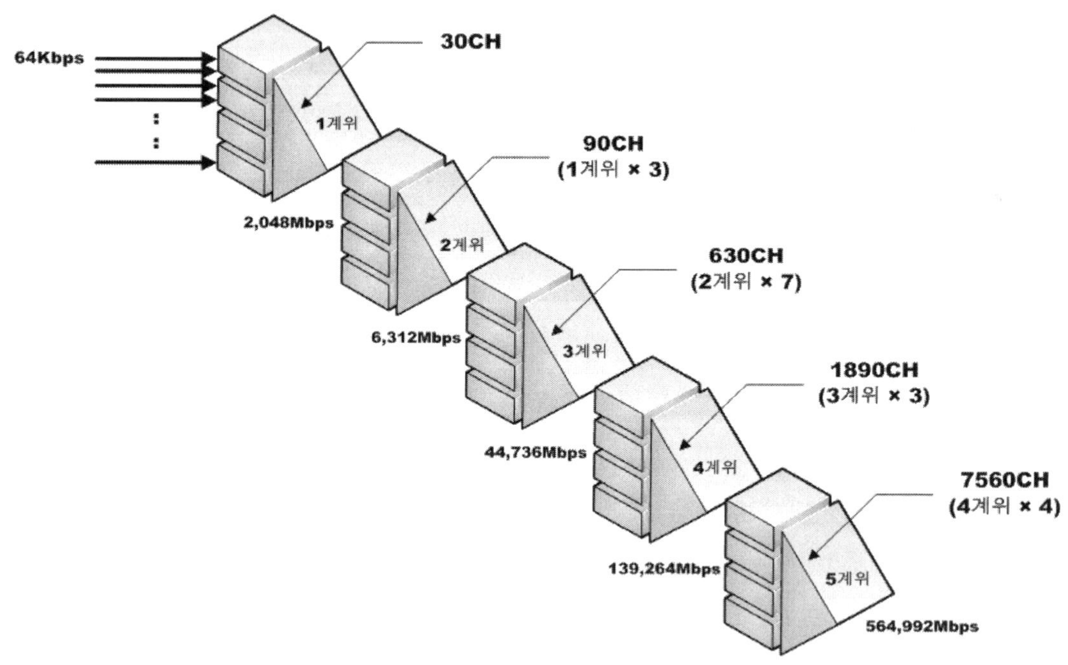

■ 동기식 디지털 계위(SDH)

앞에서 설명한 비동기식 전송 구조는 다단계 다중화 구조로 전송 속도를 증가 시키는 것이 쉽지 않았고, 디지털 전송망의 현대화와 전송망의 소프트웨어 연동 및 네트워크 실현 등의 많은 제약 사항을 가지고 있어서 따라서 이러한 단점을 보완하기 위하여 ITU-T에서 일 단계 다중화로 표준화 한 것이 동기식 디지털 다중화 계위(SDH)이며 이는 비동기식 북미 방식의 3차군과 유럽 방식의 4차군까지 모두 수용 가능한 고속의 STM-N(여기서 N은 1, 4, 16, 64, 256등의 계위를 말한다.) 광신호로 TDM을 기본으로 다중화 하는 계층적 구조이다.

SDH의 기본 전송 속도 155.520Mbps이며, 고차군 계위의 전송 속도는 기본 전송 속도의 4정수배인 622.080Mbps ~ 2.488.320Gbps ~ 9.953.280Gbps로 표준화 되어 있다.

계 위	전송속도
STM-1	155.520Mbps
STM-4	622.080Mbps
STM-16	2.488.320Gbps
STM-64	9.953.580Gbps
STM-256	39.813.120Gbps

2.5 PCM/TDM

아날로그 정보를 디지털 신호로 바꾸어 전송하는 PCM방식은 TDM 다중화 방식이 이용되는데 전 세계적으로 북미식과 유럽식 2가지 방식이 사용된다.

북미 식은 24채널로 구성되며 보통은 T1, NAS방식으로도 불리고, 유럽식은 32채널로 구성되며 보통은 E1, CEPT방식으로도 불린다.

북미식, 유럽식 모두 8bit양자화를 수행한다.

전체적으로 북미 방식과 유럽 방식의 차이점은 다음과 같다.

		PCM-24ch / TDM(북미방식) T1반송 system (DS1)	PCM-32ch / TDM(유럽방식) E1반송 system (DE1)
표본화 주파수		8_{KHz}(음성의 경우)	8_{KHz}(음성의 경우)
표본화 주기		$125\mu s$	$125\mu s$
1Frame Channel 수	음성 채널 수	24 채널 → 24 채널	32 채널 → 30 채널
	신호용 채널	각 채널의 마지막 1bit	16번째 채널
	동기용 채널	frame의 마지막 1bit	1번째 채널
1Frame당 bit 수		24ch(채널 수) × 8bit(1채널 당 bit 수)+1bit(동기용 bit) = 193bit	32ch(채널 수) × 8bit(1채널 당 bit 수) = 256bit
Time Slot (1frame에서 1bit가 차지하는 시간)		$125\mu s ÷ 193bit = 0.648\mu s$	$125\mu s ÷ 256bit = 0.488\mu s$
정보전송량[bps] (1ch의 전송속도)		한 채널의 비트 수(8bit) × 표본화 주파수(8_{KHz}) = 64Kbps	$8bit × 8_{KHz} = 64Kbps$
Pulse 전송속도 (1Frame의 전송속도)		1 frame의 총 비트 수(193bit) × 표본화 주파수(8_{KHz}) = 1.544Mbps	$256bit × 8_{KHz} = 2.048Mbps$
압신특성		μ-Law μ = 255, 15절선식	A-Law A = 87.6, 13절선식

[표 2-3] PCM/TDM방식

2.6　PCM과 관련된 변조방식

　PCM과정에서 양자화 단계는 표본화를 통해서 만들어진 PAM파의 진폭을 이산적 신호인 디지털 양으로 변환하기 위하여 계단 모양의 양자화 레벨(2^n)에 근사화 시키는 과정으로서 PAM의 진폭의 크기가 특정 양자화 레벨에 근접하지 않을 경우가 발생하게 되는데 이것이 양자화 잡음이라 하였다.

　앞단의 PCM과정에서의 그림 [2-15]를 참고하기 바란다.

　그렇다면 이렇게 양자화 시 발생하는 잡음을 경감시키는 방법은 무엇이 있을까? 그것은 우리가 앞단에서 배웠듯이 양자화 시 사용되는 bit수를 늘려서 스텝(Step)의 수를 증가시키는 방법이었다. 하지만 이 방법은 양자화 시 발생하는 오차는 경감시킬 수 있지만 보내야할 정보량이 많아지게 된다.

　그래서 보낼 정보량도 줄이면서 양자화 오차도 늘어나지 않는 방법이 필요하다는 것이다.

　그것이 바로 PCM과 관련된 또 다른 변조 방식이다.

　PCM과 관련된 변조방식에는 대표적으로 DPCM과 DM방식이 있고, DPCM과 DM에 적응기를 사용한 ADPCM과 ADM등이 있다.

(1) DPCM(Differential PCM : 차동 펄스 부호 변조방식)

　DPCM방식은 표본값과 그 다음 표본값의 차이만을 양자화 하는 방식으로 어떤 표본값이 있으면 그 다음의 표본값을 예측하여 그 예측값과 그 다음의 실제 표본값의 차이를 양자화 하는 방법이다. 즉 이전의 표본값을 기준으로 입력된 신호를 예측하고, 예측된 표본값과 실제 표본값의 오차를 부호화 하므로 정보량이 감소된다.

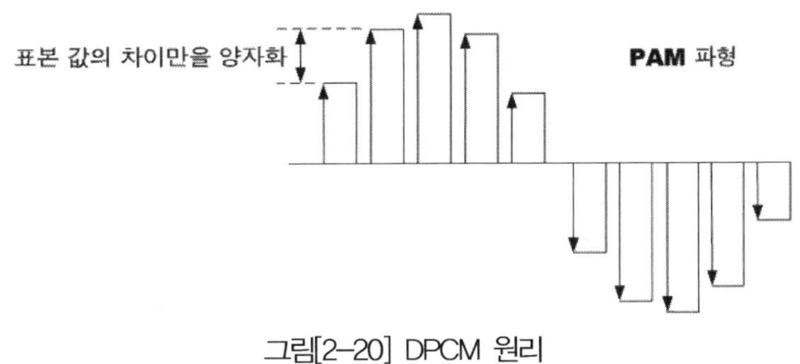

그림[2-20] DPCM 원리

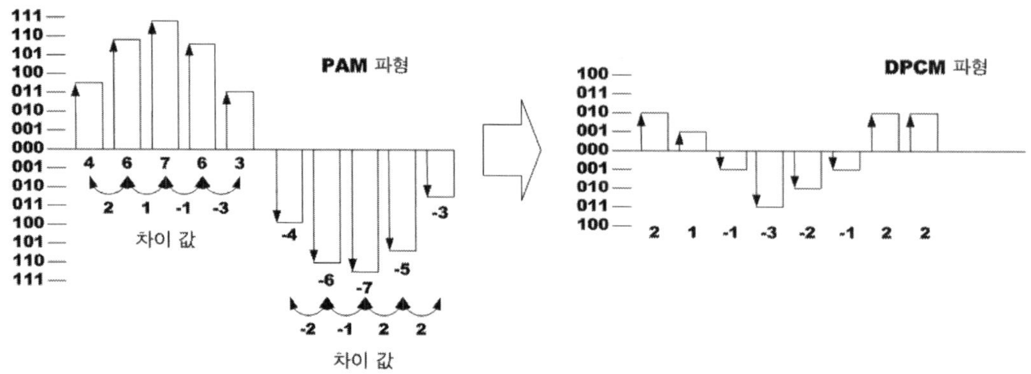

그림[2-21] DPCM 방식

DPCM방식은 5bit 양자화를 수행하므로 앞으로 배울 DM에 비해 신호대 잡음비(S/N)는 개선되며, 정보 전송량도 PCM방식(8bit 양자화)에 비해 감소되어 전송속도를 향상시킬 수 있다.

(2) DM(Delta Modulation : 델타 변조방식)

DM은 양자화 시 사용되는 bit수를 대폭 줄인 방식으로 1bit만으로 양자화를 수행한다. 즉 현재의 표본 값과 예측 치와의 차이를 비교하여 예측 값이 전의 표본값 보다 크면("+")이면 1로 하고, 예측값이 작으면("−")이면 0으로 1bit로 하여 전송하는 방식이다.

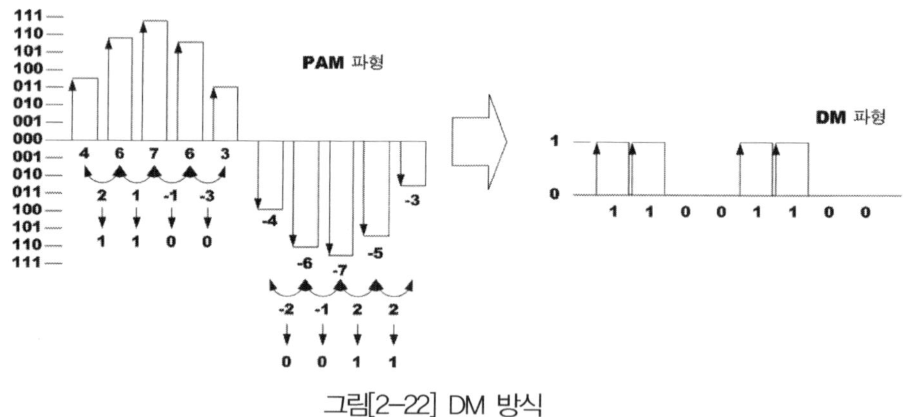

그림[2-22] DM 방식

따라서 DM은 표본 값의 차이만을 1bit로 하여 전송하므로 정보 전송량이 가장적은 방식으로 회로 구성이 간단하고, 가격도 저가이다. 하지만, DPCM방식과 PCM방식에 비해 신호 대 잡음비(S/N)가 감소하여 에러발생률이 높다.

또한 DM은 아날로그 신호가 급격이 변하는 경우 그 변화를 따라가지 못하여 경사 과부하 잡음(slope over load noise)이 발생하고, 반대로 아날로그 신호의 변화가 거의 없어 완만하게 신호가 발생할 경우 그래뉴러(Granular) 잡음이 발생할 수 있다.

그러므로 PCM과 DPCM가 DM의 신호 대 잡음비(S/N)의 관계를 보면 PCM방식이 가장 S/N비가 우수하고, DM이 가장 적으므로 다음과 같이 나타낼 수 있다.

$$S/N비 : PCM > DPCM > DM$$

결국 양자화 시 사용되는 bit수를 늘릴수록 양자화 오차(잡음)를 줄일 수 있고, 원신호 회복이 좋다는 것이다.

하지만 전송해야할 정보량이 많아진다는 단점을 가지고 있다.

그 다음으로 PCM과 DPCM과 DM의 전송 대역폭의 관계를 보면 PCM이 8bit로 가장 많은 대역폭이 필요하고, 반면에 DM이 1bit로 가장 적은 대역폭이 사용된다.

$$전송 대역폭 : PCM > DPCM > DM$$

DM이 가장 적은 대역폭이 필요하지만 에러(잡음)이 발생할 확률이 가장 높은 방식이다.

(3) ADM(Adaptive Delta Modulation : 적응형 델타 변조방식)

ADM 변조 방식은 기존의 DM(델타 변조)방식에 적응기를 이용한 방식으로 양자화의 스텝 크기를 입력신호에 따라 변화시키는 변조방식이다.

즉 DM(델타 변조)방식 사용할 경우 다음 그림[2-23]과 같이 입력신호가 급격이 변화하는 경우 그 신호를 따라가지 못해 발생하는 경사 과부하 잡음(Slope Over Load Noise)과 입력 신호의 변화가 거의 없이 완만하게 변화는 경우 그래뉴러(Granular) 잡음이 발생한다.

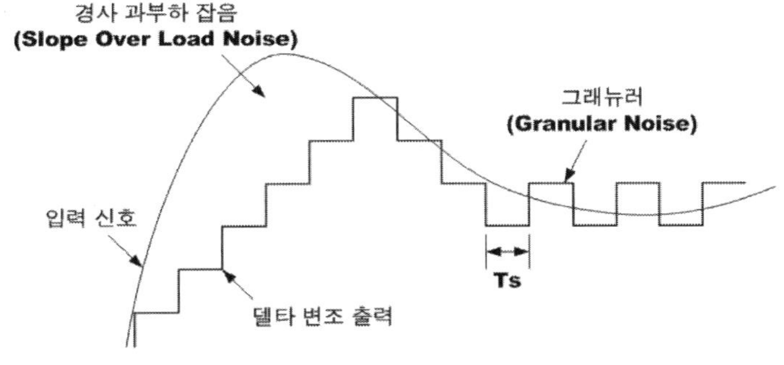

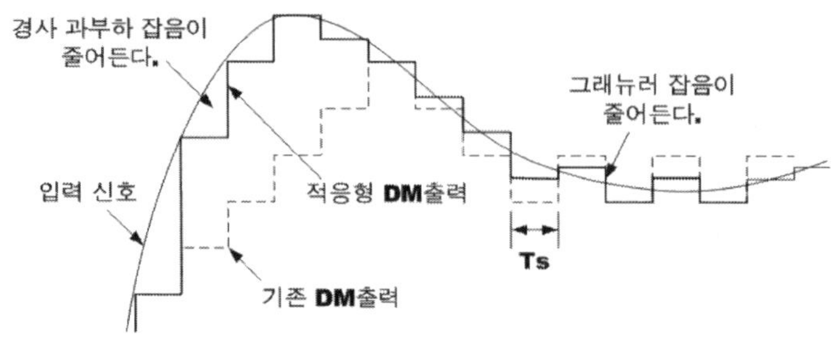

그림[2-23] DM방식에서의 잡음

이에 따라 입력신호의 기울기가 급격하게 변화하는 경우 양자화 스텝의 크기를 증가시켜 경사 과부하 잡음(Slope Over Lord Noise)을 감소시키고, 입력신호가 서서히 변화하거나 변화가 거의 없을 경우에는 양자화 스텝의 크기를 감소시켜 그래뉴러(Granular)잡음을 감소시키는 방식이 ADM(Adaptive DM)이라 한다.

양자화의 계단의 크기를 적용적으로 변화시켜서 잡음을 감소시키는 방법이다.

(4) ADPCM(Adaptive Differential Pulse Code Modulation : 적응형 차분 부호 변조)

ADM 방식은 양자화 스텝 크기를 적용적으로 변화시키는 적응 양자화 방법을 사용하는 방식이며, DPCM에서는 예측기를 사용한 예측 부호화 방법을 사용 하므로 이들의 기본적인 개념을 조합하여, 적응 양자화와 예측 부호화 개념을 동시에 사용하는 방식이 적응 차분 펄스변조(ADPCM)이다.

ADPCM의 예측 부호와 방식은 음성 신호의 경우 서로 상관성이 큰 특성을 이용하여 음성신호를 직접 양자화 하지 않고, 예전의 음성 신호의 sample를 기준으로 하여 다음에 들어올 신호의 크기를 예측하고 실제 입력되는 신호로부터 빼줌으로서 오차 신호를 양자화 하는 방식이다.

보통 오차 신호의 진폭은 입력 음성 신호의 진폭에 비해 훨씬 더 작기 때문에 그 만큼 양자화 레벨의 수도 감소되어 동일한 성능을 갖게 될 경우 전송속도를 PCM에 비해 약 1/3 정도로 감소시킬 수 있다.

따라서 ADPCM특성을 요약하면

① 기존 64Kbps PCM과 직접 연결이 가능하다.

② 음성속도가 32Kb/s로서, 기존PCM(64Kbps)에 비해 1/2로 감소되어, PCM에 비해 2배 정도의 정보 운반이 가능하다.

③ 음성 정보 이외의 음성 대역 데이터 및 Tone 신호까지도 부호화 할 수 있다.

④ 시스템 구조는 복잡하지만 정보 전송량이 적고, 신뢰도가 높아 파형 부호화의 효율이 매우 좋은
  방식이다.

구 분	ADM	ADPCM
표본화 주파수	Nyquist rate의 2 ~ 4배 (16 ~ 32[KHz])	8[KHz]
PCM 비트수	1[bit]	4[bit]
양자화 스텝 수	2	16
전송 속도	16[Kbps] ~ 32[Kbps]	32[Kbps]
시스템 구성	간단	복잡
적용분야	일반 공중 통신용	군사용, 이동통신, 특수 분야
S/N비	5Kbps이하에서 양호	35Kbps이상에서 양호

[표 2-4] ADM과 ADPCM의 특성 비교

부호화 방식	Sample Rate[KHz]	Sample당 bit수	Bit Rate[Kbps]
PCM	8	7 ~ 8	56 ~ 64
DPCM	8	4 ~ 6	32 ~ 48
ADPCM	8	3 ~ 4	24 ~ 32
DM	64 ~ 128	1	64 ~ 128
ADM	48 ~ 64	1	48 ~ 64

[표2-5] 음성 부호화 방식 비교

(1) 변조(Modulation)

보내고자 하는 정보 신호를 반송파의 진폭, 주파수, 위상에 실어 보내는 과정

원 신호를 전송로에 보내기 적합한 신호로 변환시키는 과정

① 변조의 목적

원거리 전송을 하기 위해서

송수신 안테나 길이를 해결하기 위해서

FDM(주파수 분할 다중화)를 하기 위해서

각종 잡음이나 간섭에 영향을 덜 받게 하기 위해서

② 변조의 종류

반송파 ＼ 원래의 신호	아날로그 신호	디지털 신호
연속함수 **(연속 변조)**	아날로그(Analog)연속 변조	디지털(Digital)연속 변조
	AM(진폭 변조) FM(주파수 변조) PM(위상 변조)	ASK(진폭 천이 변조) FSK(주파수 천이 변조) PSK(위상 천이 변조) QAM(직교 천이 변조)
펄스함수 **(펄스 변조)**	아날로그(Analog)펄스 변조	디지털(Digital)펄스 변조
	PAM(펄스 진폭 변조) PWM(펄스 폭 변조) PFM(펄스 주파수 변조) PPM(펄스 위치 변조)	PCM(펄스 부호 변조) PNM(펄스 수 변조) DPCM(차분 펄스 부호 변조) DM(델타 변조)

(2) PCM(Pulse Code Modulation)

아날로그 정보를 디지털 펄스 코드로 바꾸어 전송하고 다시 아날로그 정보로 되돌리는 방식

변조 방식 중 디지털 펄스 변조 방식에 속하는 변조 방식이다.

① PCM 구성도

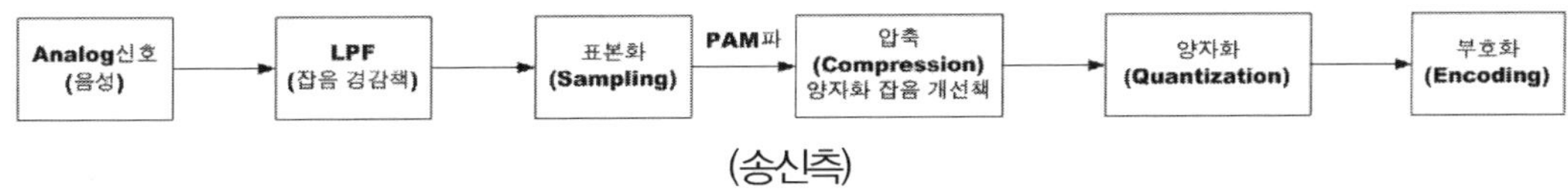

(송신측)

부호화된 디지털 신호를 디지털 전송로를 통해서 원거리 전송을 한다.

원거리 전송 중 발생할 수 있는 각종 잡음이나 감쇠현상을 보상해 주기 위해 전송로 중간 중간에 중계기(Repeater)를 설치

중계기의 기능 : 중계, 증폭, 재생

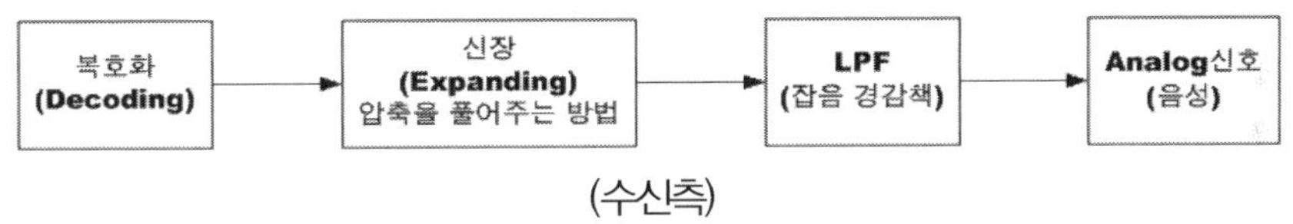

(수신측)

② PCM 과정

PCM의 3단계 : 표본화, 양자화, 부호화

표본화 : 대표값을 뽑아내는 과정

양자화 : PAM파를 0과 1의 이산적 신호로 바꾸는 과정

부호화 : 0과 1의 이산적 신호를 0과 1에 해당되는 펄스의 조합으로 바꾸는 과정

③ 표본화(Sampling)

대표값을 뽑아내는 과정

원 신호를 전부 전송하면 좋지만 전송해야 할 데이터 량이 많아지므로 원 신호 전체를 보내지 말고 보내려는 신호의 대표되는 값만 보내도 원 신호 회복이 가능하다는 것(Nyquist)

■ 표본화 정리

신호가 가지고 있는 최고 주파수(f_m)으로 대역 제한된 신호(f_t)가 있을 때 이(f_t)를 T_s 간격으로 발췌하여 전송하여도 f_t가 가지고 있는 정보 전달에는 이상이 없으며 주어진 원신호를 정확히 회복할 수 있다

음성 신호의 경우 f_t는 음성이고, f_m은 3400Hz 가 된다.

$$f_s \geq 2f_m \quad f_s \geq 3400 \times 2 = 6800Hz$$

$$T_s \leq \frac{1}{2f_m} \quad = \quad T_s \leq \frac{1}{3400 \times 2} = 147\mu\sec$$

실제로는 $f_s = 8\text{kHz}$ 이고 $T_s = 125\mu\sec$ 이다.

■ 표본화 오차

- aliasing(엘리어싱)

  $f_s \geq 2f_m$ 을 만족하지 못했을 때 생기는 오차

  대책으로는 $f_s \geq 2f_m$ (표본화 주파수)를 만족시킨다. LPF를 설치한다.

- 절단오차

  표본화의 전제 조건은 표본 값이 무한한 시간에 걸쳐 발생하나 실제 시스템에서 취급하는 신호는 유한한 것이기 때문에 생기는 오차

- 반올림 오차

  연속적인 신호를 표본화를 통해 PAM신호로 만드는 과정에서 생기는 오차

④ 양자화(Quantization)

PAM파를 이산적 신호인 0과 1의 값으로 바꾸는 과정

■ 양자화 오차

개선책

- 양자화 Step수를 증가 시킨다.
- 비선형 양자화를 한다.
- 압축과 신장(압신기)을 사용한다.

압축은 양자화 시 사용되는 비트 수를 작게 하여 정보량을 줄이기 위해서 사용

입력신호의 대소에 관계없이 일정한 S/N비를 얻을 수 있다.

■ 양자화 잡음 전력

$$P = \frac{S^2}{12}$$

여기서 S는 Step의 크기를 나타내며 $\triangle V$라고도 한다.

⑤ 부호화(Encoding)

양자화를 거쳐 나온 0과 1의 부호 열 신호를 전송로 상에 알맞은 펄스 부호로 바꾸는 과정

부호화 할 때 사용되는 코드로는 Gray Code(그레이 코드)가 있다.

⑥ 디지털 중계기의 재생기능(3R 기능)

디지털 중계기에는 아날로그 중계기에 없는 재생 기능이 있다. 이러한 재생기능으로는 3가지가
있으며 모두 영문자 R로 시작하므로 다른 말로는 3R기능 이라고도 한다.

- ■ 파형 재생(Reshaping)

- ■ 식별 재생(Regeneration)

- ■ 타이밍 재생(Retiming)

⑦ PCM 특징

- ■ 장점
  - 각종 잡음에 강하다.
  - 누화 혼선에 강하다.
  - 전송 구간에 잡음이 누적되지 않는다.
  - 저질의 전송로에도 사용이 가능하다.

- ■ 단점
  - 점유 대역폭이 넓다.
  - PCM고유 잡음이 있다.(표본화 잡음, 양자화 잡음 등)

(3) 다중화

많은 량의 데이터를 하나의 채널에 전송하는 것을 말한다.

① FDM(주파수 분할 다중화)

사용가능한 주파수 대역을 분할하여 다중화 하는 방식으로 각 채널을 서로 다른 반송파를 사용
하여 변조한 다음 송신하고, 수신측에서는 BPF를 사용 각 채널별로 복조(검파)함으로써 원신
호를 얻어낸다.

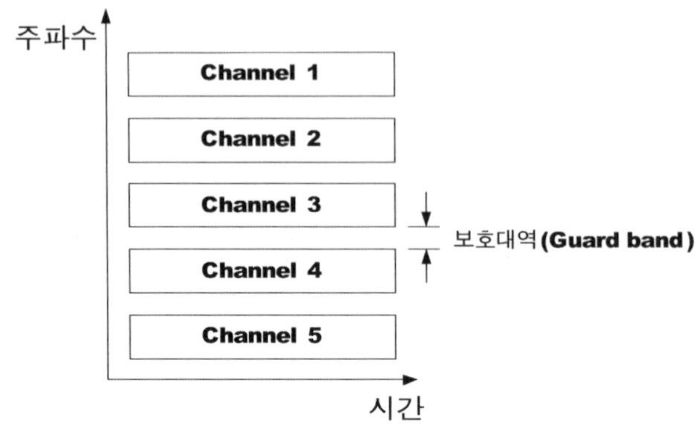

- ■ 특징
  - 주파수 할당 대역폭이 넓을 때 사용
  - Guard band로 인해 주파수 낭비 초래(채널의 이용 효율을 낮춘다)
  - 장치가 복잡하다
  - 잡음 및 간섭에 약하다.
  - 비동기 방식에 사용한다.

② TDM(시 분할 다중화)

사용가능한 시간 대역을 분할하여 다중화 하는 방식으로 각 채널에 정보 신호를 전송할 수 있는 시간인 Time Slot을 할당하여 전송하고 수신측에서 전체 망 동기를 통해 희망 채널 신호를 수신함으로서 원 신호를 얻어낸다.

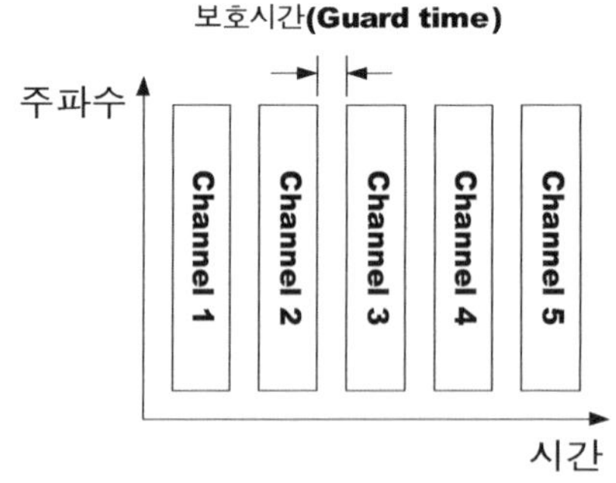

- ■ 특징
  - 주파수 할당 대역폭이 좁을 때 사용가능
  - 가입자(각각의 채널)가 증가하면 시간적 지연(delay)이 생긴다.
  - 동기를 맞춰 주어야 한다.(동기식 방식에 사용)

- 단국장치는 FDM보다 간단하다.

③ PCM/TDM

		PCM-24ch / TDM(북미방식) T1반송 system (DS1)		PCM-32ch / TDM(유럽방식) E1반송 system (DE1)	
표본화 주파수		8KHz(음성의 경우)		8KHz(음성의 경우)	
표본화 주기		125μs		125μs	
1Frame Channel 수	음성 채널 수	24 채널	24 채널	32 채널	30 채널
	신호용 채널		각 채널의 마지막 1bit		16번째 채널
	동기용 채널		frame의 마지막 1bit		1번째 채널
1Frame당 bit 수		24ch(채널 수) × 8bit(1채널 당 bit 수)+1bit(동기용 bit) = 193bit		32ch(채널 수) × 8bit(1채널 당 bit 수) = 256bit	
Time Slot (1frame에서 1bit가 차지하는 시간)		125μs ÷ 193bit = 0.648μs		125μs ÷ 256bit = 0.448μs	
정보전송량[bps] (1ch의 전송속도)		한 채널의 비트 수(8bit) × 표본화 주파수(8KHz) = 64Kbps		8bit × 8KHz = 64Kbps	
Pulse 전송속도 (1Frame의 전송속도)		1 frame의 총 비트 수(193bit) × 표본화 주파수(8KHz) = 1.544Mbps		256bit × 8KHz = 2.048Mbps	
압신특성		μ-Law μ = 255, 15절선식		A-Law A = 87.6, 13절선식	

(4) PCM관련 변조 방식

① DPCM(Differential PCM) 차동 펄스 부호 변조 방식

이전의 표본값을 기준으로 입력된 신호를 예측하고, 예측된 표본 값과 실제 표본 값의 오차를 부호화 하는 방식

PCM에 비해 전송되는 정보량이 감소된다.(실제로 DPCM은 5bit 양자화를 수행한다.)

② DM(Delta Modulation) 델타 변조 방식

현재의 표본 값과 다음의 표본 값의 차이를 1bit로 하여 전송하는 방식으로 두 표본 값의 차가
양수이면 1로 음수이면 0으로 부호화 한다.

※ PCM DPCM DM의 S/N비

PCM $>$ DPCM $>$ DM

※ PCM DPCM DM의 전송 대역폭

PCM $>$ DPCM $>$ DM

제3장 디지털 변복조 방식

3.1 디지털 통신 방식

디지털 통신이란 정보의 발생지(단말)에서 발생되는 디지털 신호의 0과 1을 전송로 상에 보내기 알맞은 신호로 변환하여 전송하는 방식으로서, 전송로가 아날로그 전송로인 경우 단말에서 발생된 디지털 신호를 아날로그 반송파의 진폭, 주파수, 위상에 대응시켜 전송하고, 디지털 전송로 인 경우에는 디지털 신호를 그대로 전송하거나, 또는 전송로에 알맞게 전송부호를 변환하여 전송한다.

이렇게 전송로를 통해 전달되는 신호의 형태에 따라 디지털 신호를 특정 전송부호에 대응시켜 전송부호를 변환하게 되는데, 전송부호를 변환시키는 방식에는 크게 두 가지 방식으로 구분할 수 있다.

(1) 기저대역 전송방식(Baseband Transmission)

기저대역 전송방식은 전송로가 디지털 전송로인 경우에 전송하는 방식으로 단말(컴퓨터)에서 발생되는 신호 0과 1의 디지털 신호를 변조하지 않고 원 신호 그대로 전달하거나, 또는 전송로의 특성에 알맞은 전송부호로 변환하여 전송하는 방식이다.

이 방식은 디지털 신호인 원 신호를 다른 신호로 변조하지 않고, 디지털 신호 그대로를 전달하기 때문에 전송되는 신호의 품질이 좋다는 장점을 가진다. 반면에 디지털 신호를 그대로 전달할 경우에는 직류성분을 포함하기 때문에 감쇠나 왜곡 등의 잡음이 발생할 수 있어 원거리 전송에는 부적합하다는 단점을 가진다. 따라서 디지털 신호를 전송로 상에 전송 할 때에는 전송로 특성에 적합한 신호로 부호화하여야 하는데 이것을 전송부호라 한다.

대표적인 장치로는 DSU(Digital Service Unit)가 있다.

(2) 반송대역 전송방식(Broadband Transmission)

반송대역 전송방식은 전송로가 아날로그 전송로인 경우에 전송하는 방식으로 단말에서 발생되는 디지털 신호의 0과 1의 신호에 따라 아날로그 반송파의 진폭, 주파수, 위상을 변환시켜 전송하는 방식으로 즉 디지털 변조를 수행하는 방식이다.

이 방식은 디지털 신호를 아날로그 신호인 반송파에 따라 디지털 변조하여 전송하므로 기저대역 전송방식보다 더 빠르고, 또한 여러 가지의 디지털 신호를 서로 다른 주파수로 변조하여 하나의 전송로를 통해 동시에 전송할 수 있다는 장점을 가진다.

반면에 전송로 상에 아날로그 신호가 전송되므로 각종 잡음, 왜곡에 민감하다는 단점을 가진다.

대표적인 장치로는 디지털 신호를 아날로그 신호로 바꾸어주는 모뎀(Modem)이 있다.

3.2   전송부호

기저대역 전송방식에서 디지털 신호를 그대로 전송로를 통해 전송할 경우 각종 여러 가지 잡음에 의해 전송되는 신호의 파형이 본래의 파형에서 벗어난 왜곡 파형이 발생할 수 있는데, 이러한 왜곡 파형이 발생되는 것을 방지하기 위해 전송로 상에 적합한 특정 신호로 부호화하는 것을 전송부호라 한다.

즉 전달되는 디지털 신호를 잡음에 강한 다른 형태의 펄스 부호로 변환시키는 것으로 디지털 신호의 0과 1을 다른 여러 형태의 펄스 파형으로 대응시키는 것을 의미한다.

결국 디지털 신호를 전송로 상에 전송할 때에는 전송 선로 특성에 적합한 특정 전송부호로 변환하는데, 여기서 전송부호가 갖추어야 할 조건을 고려하면 다음과 같다.

※ 전송 부호가 갖추어야 할 조건
　① 전송 부호는 DC(직류)성분이 포함되지 않아야 한다.
　② 전송 부호에 동기 정보가 충분히 포함되어 있어야 한다.
　③ 전송되는 주파수 대역폭이 작아야 한다.
　④ 전송과정에서 발생할 수 있는 각종 에러 검출과 정정이 용이하여야 한다.
　⑤ 전송 부호의 제작이 간단해야 하고, 부호 열이 짧아야 한다.
　⑥ 전송부호 형태에 제한을 받지 않고, 투명성을 가져야 한다.

그렇다면 이번에는 전송부호에는 어떠한 것들이 있는지 알아보자.

일단 기저대역 전송방식에서 사용되는 대표적인 디지털 신호방식은 크게 두 가지로 구분할 수 있는데, 그 중 하나는 한 가지 극성만으로 신호를 구분하는 단류방식과 두 번째는 두 가지 극성(+극성, −극성)을 이용하여 디지털 신호를 구분하는 복류 방식이 있다.

우선은 단류 방식과 복류 방식에 대해서 한번 알아보자.

(1) 단류방식

한 가지 극성만으로 디지털 신호를 표현하는 방식으로 디지털 신호에서 0은 전압 0[V]로 표현하고, 1은 (+)전압 또는 (−)전압으로 표현하여 신호를 전송하는 방식이다.

한 가지의 극성만으로 표현하여 단극 펄스 방식이라고도 부른다.

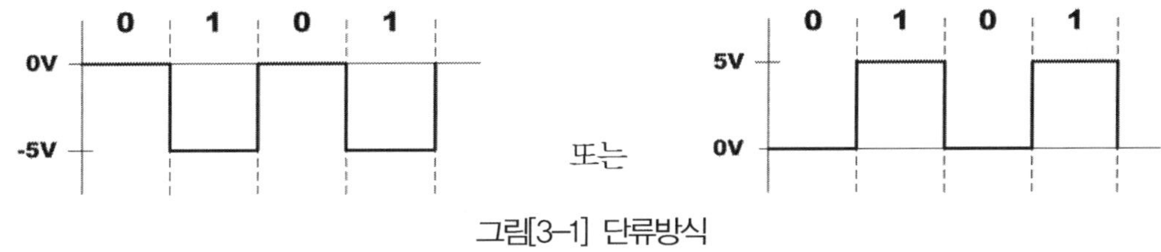

그림[3-1] 단류방식

단류 방식은 디지털 신호에서 가장 단순히 표현하는 방식으로 펄스를 만들기 쉽게 시스템 구조가 간단하다는 장점은 가지나, 원거리 전송에 따른 각종 잡음의 영향에 민감하여 신호 Level의 변동에 약하고 신호의 감쇠에 대해 0과 1의 판정이 어렵다는 단점을 가진다.

그래서 단류 방식의 단점을 극복하기 위해서 나온 것이 0과 1을 각각 서로 다른 극성으로 대응시키는 복류 방식이다.

(2) 복류 방식

단류 방식의 단점을 보완한 방식으로서 디지털 신호의 0과 1에 대해 두 가지 극성(+극성, −극성)으로 대응시켜 신호를 전송하는 방식이다.

이 방식은 0은 −전압으로 1은 +전압으로 표현하거나 또는 0은 +전압, 1은 −전압으로 표현하므로 복극 펄스 방식이라고도 부른다.

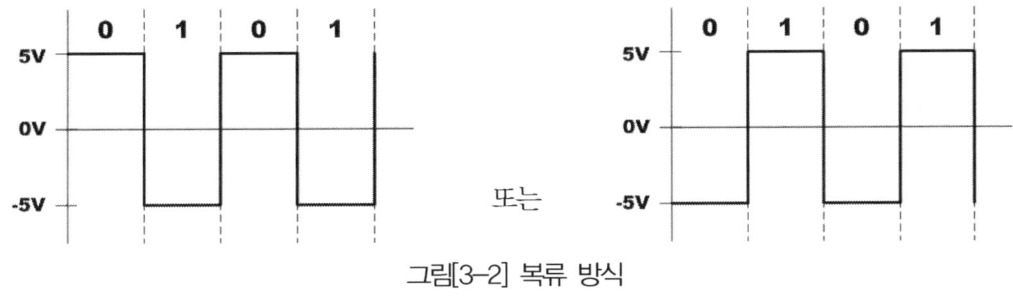

그림[3-2] 복류 방식

이 방식은 극성이 두 가지로 표현되므로 단류 방식에 비해 시스템 구조가 다소 복잡하나, 잡음에 대하여 면역성이 강하며 신호 감쇠에 대한 0과 1의 펄스 구분이 용이하고 신호 Level 변동에도 강하다는 장점을 가진다.

그래서 일반적으로 디지털 통신에서는 단류 방식보다는 복류 방식을 주로 이용한다.

하지만 복류 방식도 잡음에는 강하지만, 그것 외에 한 가지 중요한 문제점을 가지고 있는데 그것이 바로 송·수신간의 동기 유지가 다소 용이하지 않다는 것이다.

즉 단말 간에 디지털 신호로 데이터를 송·수신 할 경우 0과 1의 bit 구분이 명확해야 하고 bit 펄스 주기도 정확히 일치하여야 하는데, 0이 일정기간 연속되거나 1이 연속될 경우에는 수신측에서 bit 펄스 간의 구분이 어려워진다는 것이다.

잘 이해가 되지 않는다면 다음 그림을 참조하기 바란다.

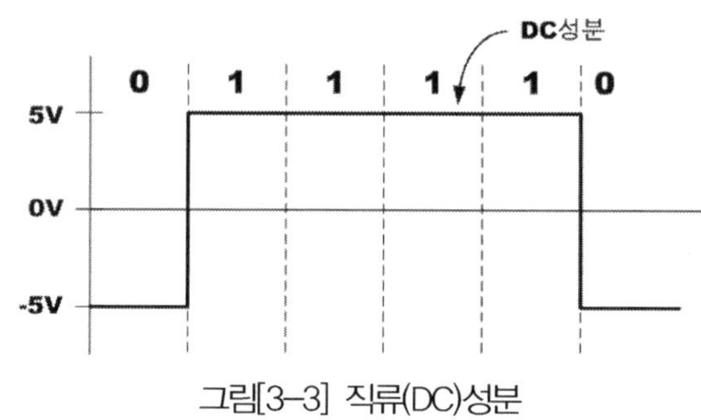

그림[3-3] 직류(DC)성분

위의 그림 [3-3]을 보면 1의 개수가 일정 주기 동안 연속된다는 것을 알 수 있다. 이렇게 한 가지 bit가 연속되어서 나타날 경우 한 가지 극성만 연속되어 나타나게 되므로 직류 성분(DC성분)이 나타나게 된다.

이렇게 직류성분(DC성분)이 나타날 경우에는 수신측에서 bit 펄스 간의 구분이 되지 않아 문제를 발생시킬 수 있고, 또한 정확한 데이터 전달이 되지 않아서 통신 장애를 발생시킬 수 있다.

그래서 이러한 직류성분(DC성분)을 제거하고 동기화 문제를 해결하기 위해 여러 가지 전송부호가 사용되어지고 있다.

그렇다면 어떠한 전송부호 등이 있는지 이제부터 하나씩 알아보자.

(3) RZ(Return to Zero)방식

RZ방식은 위에서 보던 복류 방식의 동기화 문제를 해결한 방식으로 각 디지털 bit 펄스 사이에 일정기간동안 반드시 0전위를 유지시킨 뒤 다음 신호를 보내는 방식이다.

즉 하나의 bit를 표현할 경우 한 bit전체 펄스 주기의 50%는 +전압 또는 −전압으로 표현하고, 나머지 50%의 주기 동안은 0전위로 되돌아가는 방식이다.

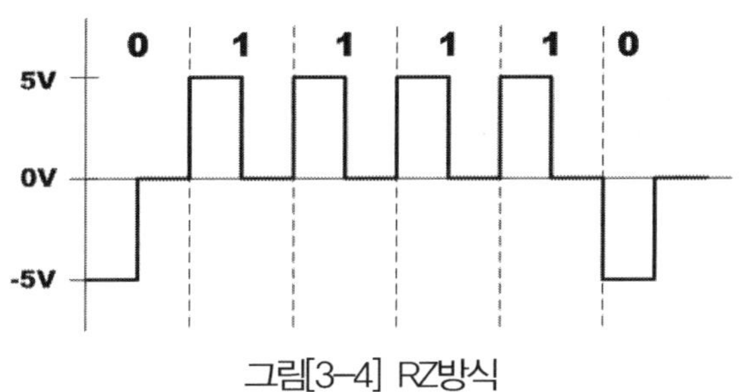

그림[3-4] RZ방식

위의 그림[3-4]를 보면 각 bit펄스마다 일정기간 0으로 다시 되돌아간다는 것을 볼 수 있다. 그래서 다시 0으로 돌아간다 하여 Return to Zero(RZ)라 불리 우는 것이다.

반면에 단순히 위에서 보았던 복류방식은 0으로 되돌아오지 않으므로 Non Return to Zero(NRZ)라 불리 운다.

이렇게 RZ방식은 한 가지 극성만으로 bit를 구분하는 NRZ방식에 비해 직류성분이 제거 되고, 동기 유지가 용이하다는 장점을 가지지만 반면에 전송 대역폭이 더 많이 필요하다는 단점을 가진다.

(4) 바이폴라(Bipolar)방식

바이폴라 방식은 RZ방식을 변형시킨 형태로 RZ방식이 대역폭이 많이 필요하다는 단점을 보완하기 위해서 나온 방식으로 0(space)일 때에는 상태변화 없이 0V로 표현하지만, 1(Mark)일 때는 +전압과 −전압이 교대로 나타나는 방식이다.

즉 0일 때는 0V로 상태변화 없이 유지하지만, 1일 때는 한번은 +전압으로, 한번은 −전압으로 교대로 전압을 반전시켜 표현하는 형태이다.

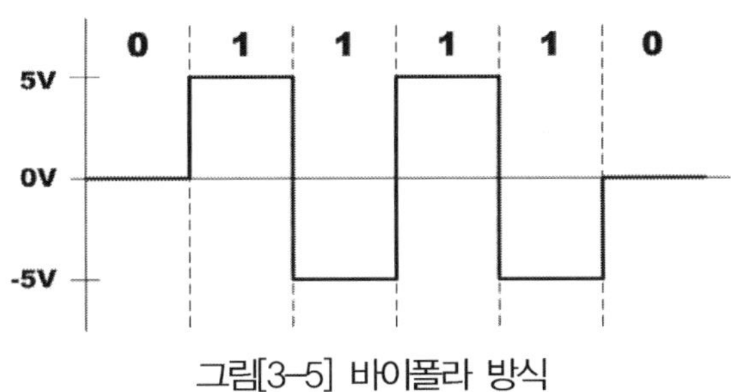

그림[3-5] 바이폴라 방식

이 방식은 위 그림[3-5]에서 보다시피 1(Mark)일 때만 전압이 교대로 반전하므로 다른 말로는 AMI(Alternative Mark Inversion)라고도 불리 우며, 1부호에 대해 한 bit 에러 검출이 가능하고 동기 유지가 용이하며, RZ방식에 비해 필요 대역폭이 작다는 장점을 가지지만, 0부호에 대해서는 직류 억압기능이 없어서 0이 연속될 경우에는 동기유지가 어렵다는 단점을 가진다.

이 바이폴라 방식은 디지털 교환망이나 고속 디지털 전송방식, ISDN등에 실제로 사용되어지고 있는데, 위와 동일한 방식이 그대로 사용되는 것은 아니고, 0부호 직류 억압 기능을 추가한 HDB3이나 B8ZS등 기존 바이폴라를 조금 변형시킨 방식이 이용되어 지고 있다.

바이폴라방식을 변형시킨 HDB3과 B8ZS방식에 대해서는 조금 뒤에 알아보도록 하고, 나머지 전송부호에 대해 계속 알아보도록 하자.

(5) 맨체스터(Manchester)

맨체스터 방식은 바이폴라 방식이 0부호 직류 억압기능이 없어서 이를 보완하기 위해서 나온 방식으로 0은 +전압에서 −전압으로, 1은 −전압에서 +전압으로 극성을 변화시켜서 전송하는 방식이다.

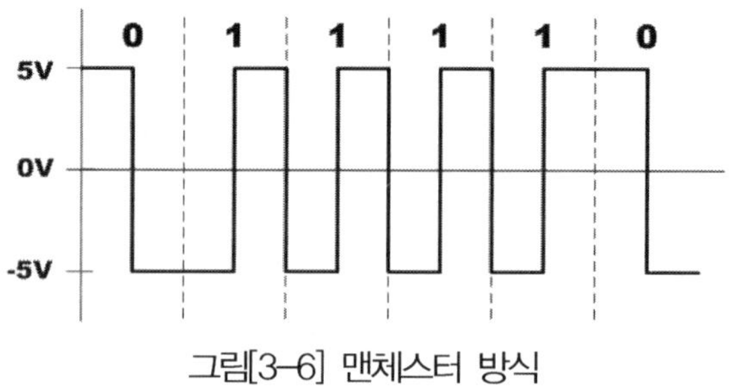

그림[3-6] 맨체스터 방식

이 방식역시 RZ방식과 마찬가지로 각 bit펄스에 대해 직류성분을 제거시켰고, 동기유지도 용이하나 전송대역폭이 많이 필요하다는 단점을 가지고 있다.

(6) CMI(Coded Mark Inversion)방식

CMI방식은 각 bit펄스에 대해 직류성분도 제거 시키고, 동기유지도 용이하면서 전송대역폭도 줄이기 위해 바이폴라 방식과 맨체스터 방식을 합쳐 놓은 형태로, 0부호는 맨체스터 방식으로 1은 바이폴라 방식으로 적용시켜 전송하는 방식이다.

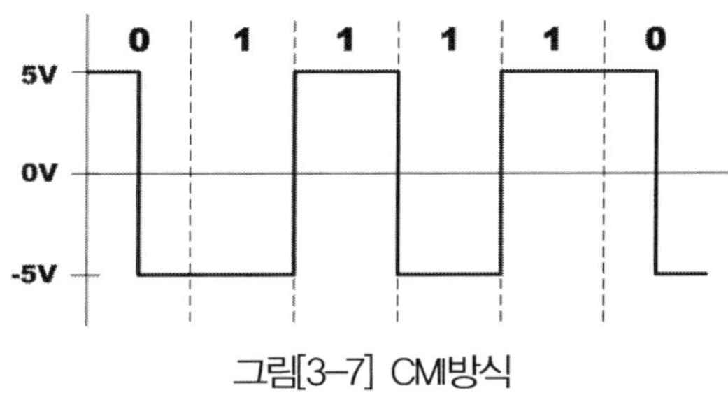

그림[3-7] CMI방식

이 방식 또한 광섬유 매체를 이용한 고속 디지털 전송에 이용되는 방식이다.

(7) 차동부호(Differential)방식

차동부호 방식은 +전압, −전압 등 극성에 상관없이 상태 변화만은 가지고 판단하는 방식으로 극성의 변화가 있을 때는 0으로 극성의 변화가 없을 경우에는 1로 규정하여 전송하는 방식이다.

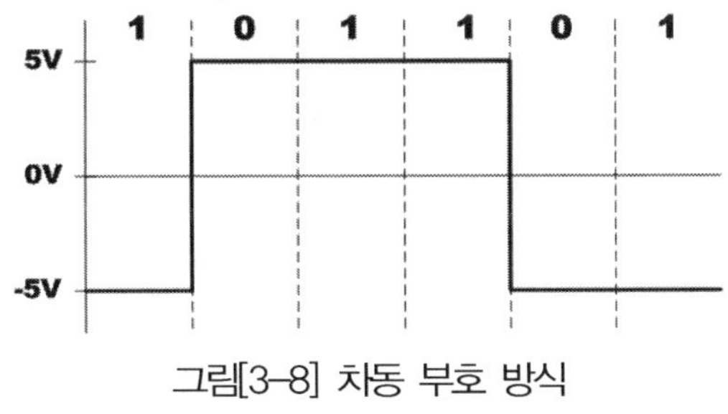

그림[3-8] 차동 부호 방식

(8) 다이코드(Dicode)부호 방식

다이코드 방식은 bit 펄스의 변화만을 가지고 특정 극성으로 표현하는 방식으로 0에서 1로 부호가 변할 때는 +전압으로, 반대로 1에서 0으로 부호가 변할 때는 −전압으로 나타내고, 0에서 0부호로 또는 1에서 1부호로 변화가 없을 때는 0으로 하는 방식이다.

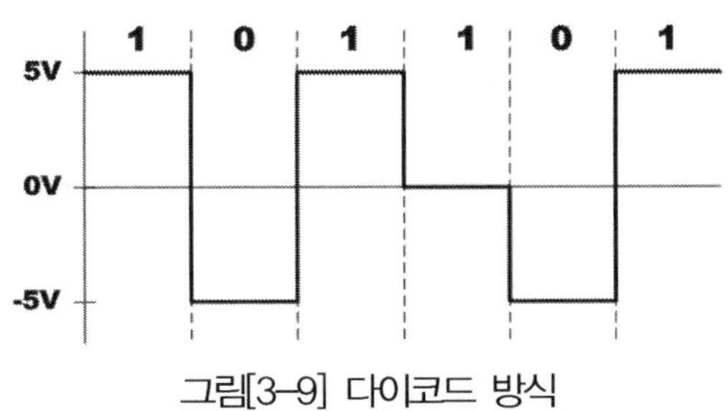

그림[3-9] 다이코드 방식

우리는 이렇게 해서 여러 가지의 전송부호에 대해서 알아보았다. 여기서 알아본 방식이 실제로는 전부 사용되어지지는 않고, 몇 가지만 실제로 디지털 통신방식에서 사용되어 지고 있을 뿐 나머지 방식은 예전에 사용되었거나 이론상으로만 존재하는 것들도 있다.

이 중에서 실제로 디지털 통신방식에서 가장 많이 사용되는 방식은 바이폴라방식을 변형시킨 두 가지 전송부호방식인 HDB3와 B8ZS방식인데, 이 두 가지 전송부호 방식은 실제 바이폴라 방식에서의 0부호에 대한 직류 억압 기능이 없다는 문제점을 바이폴라 방식에 근거를 두고 해결한 방식으로 실제로 디지털 통신방식에서 가장 널리 사용되어 지고 있다.

그렇다면 HDB3방식과 B8ZS방식은 어떠한 형태로 변형되었으며, 어떤 형태로 사용되어지고 있는지에 대해서 알아보자.

① HDB3(High−Density Bipolar 3−Zero)

HDB3방식은 바이폴라 방식에서 0부호가 연속해서 4번 나올 경우 하나 또는 두 개의 bit를 강제로 특정 극성으로 대체시켜 표현하고, 그 중에서 마지막 bit에 대해서는 코드 위반을 적용시켜서 직류성분이 나타나지 않도록 변형시킨 방식이다.

즉 0부호가 4번 연속해서 나오기 전 4bit를 검사하여 1의 개수가 홀 수 이면, 4개의 0부호중 하나만 강제로 다른 극성으로 대체시키고, 1의 개수가 짝수이면 4개의 0부호 중 양 끝 2bit를 강제로 다른 극성으로 대체 시켜서 표현한다.

또한 4개의 연속된 bit중에서 가장 마지막 bit는 바로 전에 나타났던 1부호의 극성과 같은 극성을 적용시켜 코드 위반으로 대체하였다.

다시 한 번 정리하여 표현하면, 0부호가 연속해서 4번 나오기 전 4bit에서 1의 개수가 홀수 이면서 가장 최근의 1부호에 대한 극성이 +극성이면 0부호 중 가장 마지막 bit를 +극성으로 코드 위반을 적용시키고,

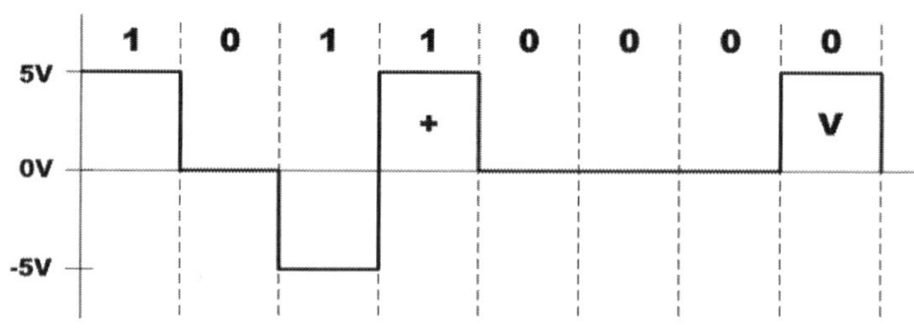

V : 코드 위반 bit

그림[3-10] +극성에 대한 코드 위반

반대로 가장 최근의 1부호에 대한 극성이 −극성이면 −극성으로 코드 위반을 적용시킨다.

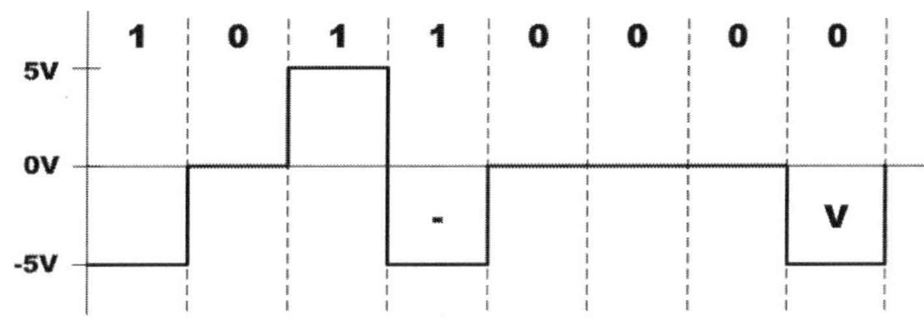

V : 코드 위반 bit

그림[3-11] −극성에 대한 코드 위반

0부호가 연속해서 4번 나오기 전 4bit에서 1의 개수가 짝수 이면서 가장 최근의 1부호에 대한 극성이 +극성이면 4bit의 0부호 중에서 양끝 bit를 −극성으로 대체하여 표현하고, 그 중에서 가장 마지막 bit를 −극성으로 코드 위반을 적용시키고,

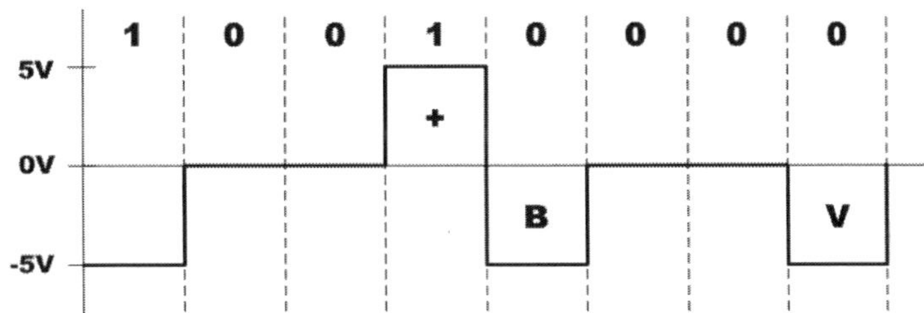

B : 극성 변환 코드 bit

V : 코드 위반 bit

그림[3-12] HDB3방식(1)

반대로 가장 최근의 1부호에 대한 극성이 −극성이면 양끝 bit를 +극성으로 대체하여 표현하고, 그 중에서 가장 마지막 bit를 +극성으로 코드 위반을 적용시킨다.

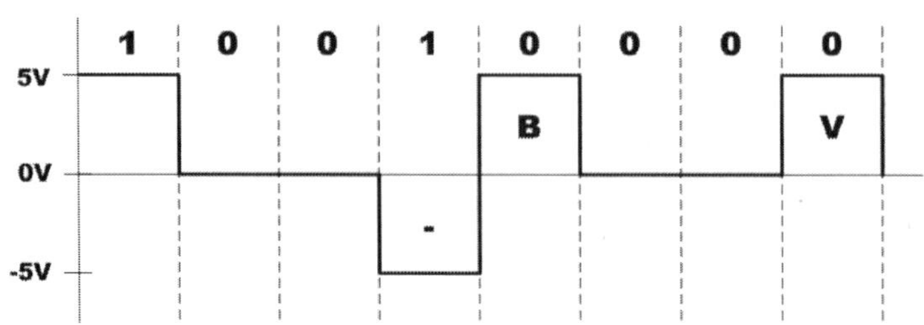

그림[3-13] HDB3방식(2)

② B8ZS(Bipolar with 8-Zero Substitution)

B8ZS방식은 바이폴라 방식에서 0부호가 연속해서 8번이 나올 경우 4bit에 대해 강제로 특정 극성으로 대체시키는 방식으로 0부호가 8번 연속해서 나오기 바로 전 bit가 +극성이면 8개의 0부호 대신에 000+−0−+으로 대체시키고, 반대로 −극성이면 000−+0+−로 대체하여 바이폴라 방식의 0부호에 대한 직류성분을 제거하였다.

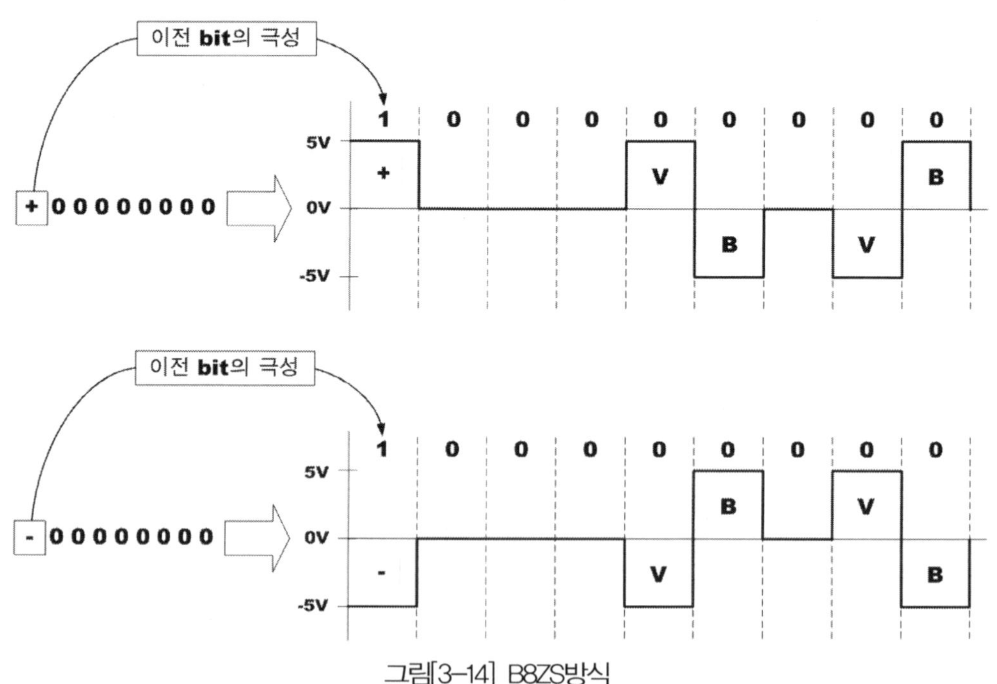

그림[3-14] B8ZS방식

　　디지털 변조란 아날로그 신호인 반송파의 진폭, 주파수, 위상을 원신호인 디지털 신호의 0과 1에 대하여 변화시켜서 변조방식으로 디지털 연속변조라고도 부르며 대표적으로 반송대역 전송방식(Broadband Transmission)에서 사용되는 전송방식이다.

　　여기서 디지털 변조 방식으로 사용되는 형태로는 크게 두 가지 변조 방식이 있으며, 그 중 하나는 한 bit의 디지털 bit(0 또는 1)를 전송하기 위해 두 가지 상태 변화를 이용하여 변조하는 2진 변조 방식과 다른 하나는 여러 개의 디지털 bit를 한 번에 전송하기 위해 여러 가지 상태 변화를 이용하여 변조하는 다원 변조 방식이 그것이다.

　　그리고 2진 변조 방식으로 사용되는 대표적 변조방식으로는 ASK, 2진 FSK, 2진 PSK 등이 있으며, 다원 변조 방식으로는 4진 PSK, QAM 등이 있다.

(1) ASK(Amplitude Shift Keying)

　　ASK방식은 디지털 신호인 0과 1에 대하여 반송파의 진폭을 변화시키는 방식으로 디지털 신호로 1인 경우에는 반송파의 신호를 송출하고, 0인 경우에는 반송파의 신호를 송출하지 않는 방식이다.

　　또한 이 방식은 디지털 신호에 따라 반송파 신호를 On 또는 Off 시키는 방식이라 다른 말로는 OOK(On-Off Keying)라고도 부른다.

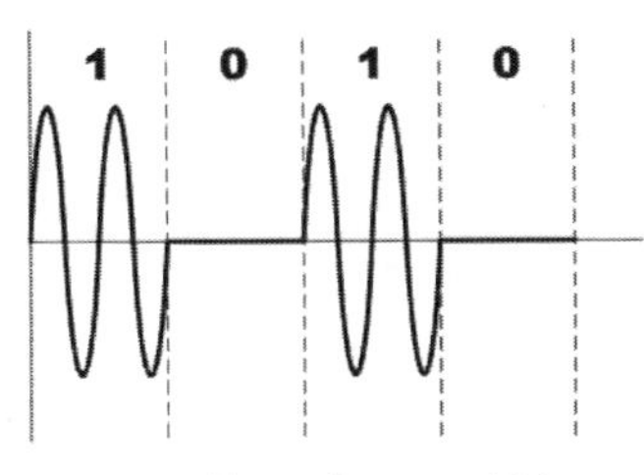

그림[3-15] ASK방식

　　이 방식은 디지털 신호에 따라 반송파의 진폭을 변화시키는 방식으로 각종 잡음에 민감하며, 에러가 많고 각종 신호 Level 변동에도 약하다는 단점을 지니며, 초창기 통신방식에서 사용되던 방식이라 속도도 300bps이하의 저속도 전송에 사용되는 방식이다.

　　또한 한 번에 여러 개의 디지털 bit를 전송할 경우 수신측에서 진폭 구분이 어려워서 한 번에 한bit만 전송 가능한 2진 변조 방식이다. 그래서 따로 2진 ASK라 부르지 않고, 단순히 ASK로만 불리운다.

(2) FSK(Frequency Shift Keying)

FSK방식은 디지털 신호(0과 1)에 따라서 반송파의 주파수를 변화시키는 방식으로 디지털 신호에 따라 주파수를 변화시켜 1인 경우에는 높은 주파수로, 0인 경우에는 낮은 주파수로 반송파를 송출하여 전송하는 방식이다.

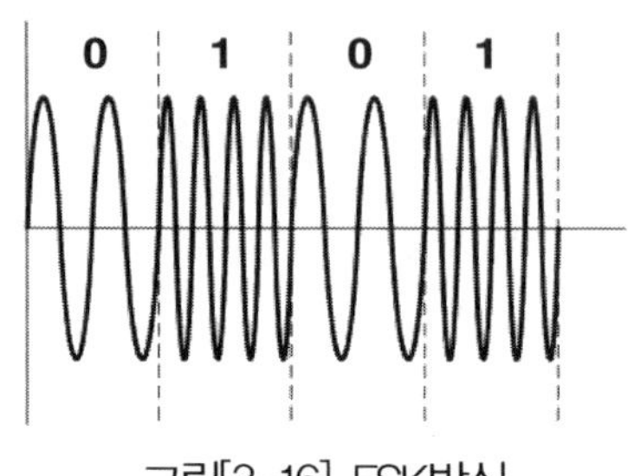

그림[3-16] FSK방식

이 방식은 반송파의 주파수를 변화시키는 방식이라 진폭과는 무관하므로 각종 잡음에 강하며, 에러가 적고 신호 Level변동에 강하다는 장점을 가지나, 한 번에 여러 개의 bit를 전송 할 경우에는 전송에 필요한 최소 주파수 대역이 크게 증가하게 되고 spectrum 효율이 나쁘기 때문에 주로 1bit 전송(2진 FSK)에만 사용된다.

또한 주파수의 급변하는 속도를 따라가지 못해 1200bps 이하의 저속도 전송속도를 가진다.

(3) PSK(Phase Shift Keying)

PSK방식은 디지털 신호(0과 1)에 따라 반송파의 위상을 변화시켜 전송하는 방식으로 반송파 신호의 한 주기 위상을 여러 개의 위상으로 분할시키므로 여러 개의 위상이 나타날 수 있으며, 그에 따라 여러 개의 bit를 한 번에 전송할 수 있는 다원변조 방식이다.

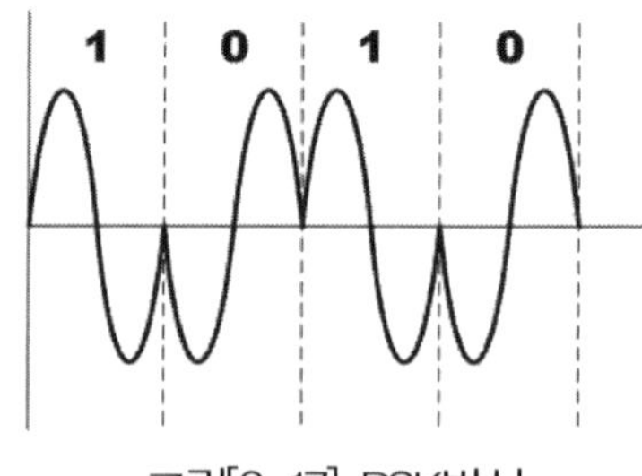

그림[3-17] PSK방식

이 방식은 반송파의 한 주기 위상을 $\dfrac{2\pi}{M}$(여기서 M은 진수)개의 위상으로 분할시켜 변조하는 방식으로 M진 PSK라 하며 대표적으로 2진, 4진, 8진 PSK 등이 사용된다.

① 2진 PSK(BPSK : Binary Phase Shift Keying)
한 번에 1bit를 전송하는 형태로서 디지털 신호에 따라 반송파의 위상을 2가지로 구분하여 변조하는 방식이다.

위상을 $\dfrac{2\pi}{M}$로서 분할 할 경우 $M=$ 2진 이므로 $\dfrac{360}{2}=180$이 되고, 각 bit펄스 마다 180도의 위상차를 가지며 각 위상은 서로 같은 주파수를 가진다.

② 4진 PSK(QPSK : Quadrature Phase Shift Keying)
한 번에 2bit 전송이 가능한 전송방식으로 반송파의 위상을 4가지로 구분하여 변조하고, 각 bit 펄스 당 위상차는 $\dfrac{2\pi}{M}=\dfrac{2\pi}{4}=\dfrac{\pi}{2}$ $(M=$ 4진$)$가 되므로 90도의 위상차를 가진다.

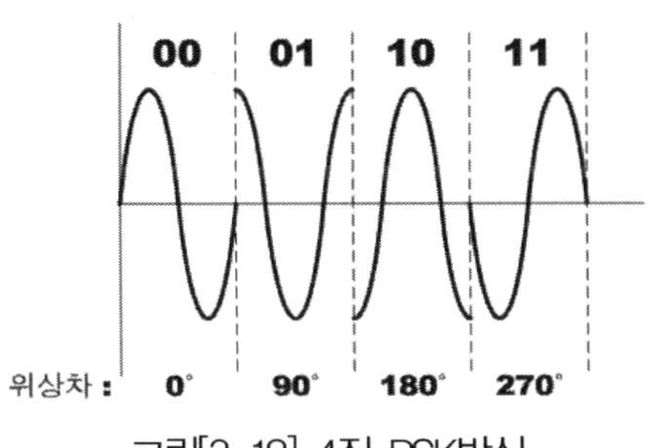

그림[3-18] 4진 PSK방식

가장 일반적으로 사용되는 방식이다.

③ 8진 PSK(8-Array Phase Shift Keying)
8진 PSK방식은 한 번에 4bit 전송이 가능한 전송방식으로 위상을 8가지로 구분하며, 각 bit 펄스당 45도의 위상차를 가지고 전송하는 방식이다.

비　트	위상차
000	$0°$
001	$45°$
010	$90°$
011	$135°$
100	$180°$
101	$225°$
110	$270°$
111	$315°$

[표 3-1] 8진 PSK의 위상차

　M진 PSK방식은 이론상 16진, 32진 PSK방식도 가능하나, 위상을 너무 많이 구분할 경우 수신측에서 위상 구분이 어려워지고 에러 확률도 증가하게 되어 8진 PSK 이상은 잘 사용되지 않는다.

　또한 PSK방식의 전송속도로는 2400bps~4800bps정도의 전송 속도를 가진다.

(4) QAM(Quadrature Amplitude Modulation)

　QAM방식은 디지털 데이터의 효율적인 전송과 낮은 에러율, 전송 대역폭의 효율적 활용성을 얻기 위해 ASK방식과 PSK방식을 결합한 방식으로 직교편이변조 또는 APK(Amplitude Phase Keying)라고도 부른다.

　이 변조 방식은 ASK의 진폭 편이변조와 PSK의 위상 편이변조를 혼합한 형태로 디지털 신호를 위상과 진폭으로 나누어 변조하고, 수신기에서 두 개의 진폭과 위상을 복조시켜 원 신호인 디지털 신호를 만들어 낸다.

　그러므로 QAM은 동시에 16진, M진 QAM전송이 가능하고, 전송 속도도 9600bps 이상의 고속도 전송이 가능하다.

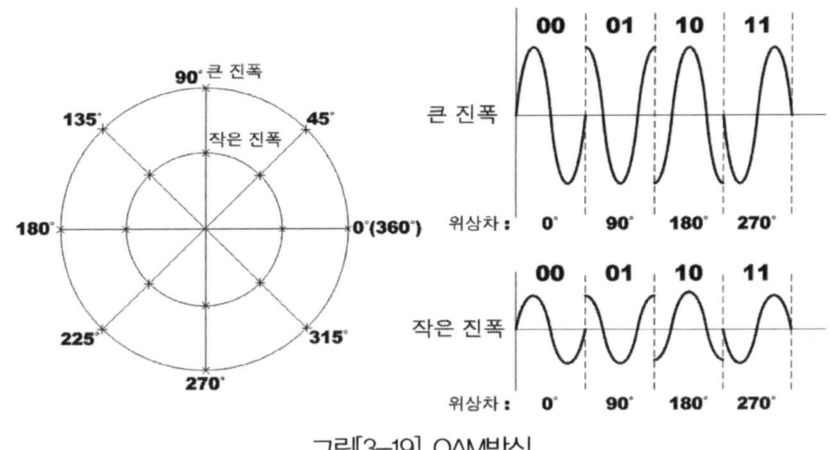

그림[3-19] QAM방식

실제로 QAM방식은 ADSL(비대칭 가입자 회선)와 몇몇 무선 방식의 데이터 전송에 사용되며, 4진 QAM부터 무한 M진 QAM까지 한 번에 많은 bit의 전송이 가능하다.

3.4 디지털 변조의 비교

(1) 에러 확률

위에서 배운 디지털 변조 방식의 에러 확률 관계를 알아보면 다음과 같다.

ASK	FSK	DPSK	PSK	QAM
2진 ASK	2진 FSK	2진 DPSK	2진 PSK	
		4진 DPSK	4진 PSK	4진 QAM
		8진 DPSK	8진 PSK	8진 QAM
				16진 QAM
				M진 QAM

↑ 에러 확률감소

← 에러 확률 증가

[표3-2] 디지털 변조 방식의 비교

위의 에러 확률 관계 표를 참고하면 ASK방식이 가장 에러에 민감하고, 반면에 QAM방식이 가장 에러 확률이 적다는 것을 알 수 있다.

또한 같은 디지털 변조 방식 중에서는 한 번에 보낼 수 있는 bit수가 적을수록 에러확률이 감소한다.

예를 들어 2진 PSK(BPSK)방식은 4진 PSK(QPSK)에 비해서 에러 확률이 $\frac{1}{2}$이며, 4진 DPSK, 4진 PSK, 4진QAM의 에러 확률을 비교해 보면 4진 DPSK보다 4진 PSK방식이 에러 확률이 적으며, 4진 PSK방식 보다 4진 QAM방식이 에러 확률이 적음을 알 수 있다.

결국 디지털 변조 방식에서 가장 에러가 많은 방식은 ASK방식이며, 같은 방식에서는 한 번에 많은 bit를 전송하는 방식이 에러 확률이 증가한다.

그러므로 가장 에러가 적은 방식은 2진 QAM이겠지만 QAM방식에서는 4진부터 사용되므로 4진 QAM방식이 가장 에러가 적은 것을 알 수 있다. 하지만 실제로 가장 에러 확률이 적은 방식은 4진 QAM이 아니고 MSK방식이다.

■ MSK(Minimum Shift Keying)

MSK방식은 잡음에 강한 방식인 FSK방식을 변형시킨 방식으로 QAM보다 에러 확률이 적으며 디지털 변조 방식 중에서 가장 에러 확률이 적다.

이 방식은 기존 FSK가 가지는 문제점인 한 주파수에서 다른 주파수로 급변 시키는 스위칭으로 인한 위상의 불연속성으로 비교적 넓은 대역을 차지한다는 것을 해결하기 위한 방식이다.

기존 FSK방식에 2개의 반송파 주파수를 최소 간격으로 할당하고, 2개의 반송파 주파수가 만나는 부분에서의 연속적인 위상 변화가 유지되게 하며, 복조(검파)시 신호가 겹치지 않도록 최소 주파수 편이비(h)를 0.5로 만족시킨 FSK를 MSK 또는 FFSK(Fast FSK)라 한다.

(2) 점유 대역폭

점유 대역폭이란 전송로의 용량과 유사한 개념으로 전송매체를 통해 얼마나 많은 량의 데이터를 전송할 수 있는가를 의미하는데 디지털 통신 방식과 점유 대역폭과의 관계는 한 번에 보낼 수 있는 bit의 수가 같을 경우 변조 방식(ASK, FSK, PSK, QAM,)에 관계없고, 단지 bit수에 의해서만 결정된다.

즉 ASK방식을 사용하나 BPSK방식을 사용하나 전송 대역폭은 동일하지만, 한 번에 보낼 수 있는 bit수가 다를 경우 BPSK방식이 QPSK방식보다 비해 대역폭이 $\frac{1}{2}$로 감소한다.

결국 2진 변조 방식보다는 4진 변조방식이, 4진 변조 방식보다는 8진 변조 방식이, 8진 변조 방식보다는 M진 변조 방식이 전송 대역폭이 증가한다는 것이다.

3.5 　디지털 통신 방식의 복조(검파)

디지털 신호를 반송파에 따라 변조하는 방식이 다르듯이 수신측에서의 복조 방식도 다르며, 복조 방식으로는 크게 다이오드를 이용한 잡음 제거 기능이 없는 비동기식 검파 방식과, 잡음 제거 기능이 있는 정합 필터를 이용한 동기식 검파 방식이 있다.

(1) 비동기식 검파 방식(Non-Coherent Detecting)

비동기식 검파 방식은 다이오드를 이용한 포락선 검파기를 사용하며, 변조 시 사용된 캐리어 신호(반송파)를 알 필요 없어 시스템 구조가 단순하고 잡음 제거 기능이 없다.

주로 ASK와 FSK방식에 사용되며, 가격이 저렴하고 시스템 구조가 단순한 반면에 다이오드를 이용하므로 비직선 왜율이 발생하고 효율이 떨어진다는 단점을 가진다.

FSK방식은 잡음에 강한 특성이 있어 비동기식 검파방식을 사용해도 큰 무리가 없지만, PSK방식은 전송속도가 빠른 반면에 잡음에 약하므로 비동식기 검파방식을 사용할 수 없다.

(2) 동기식 검파 방식(Coherent Detecting)

동기식 검파 방식은 변조 시 사용된 캐리어 신호(반송파)를 이용하여 검파하는 방식으로 동기 검파기로는 정합 필터 또는 PLL을 사용하며 신호는 키우고 잡음은 감소시키는 잡음 제거 기능이 있다.

주로 잡음에 약한 PSK방식에 사용되며, 시스템 구조가 복잡하고 가격이 고가라는 단점을 가진다.

그래서 잡음제거 기능이 있는 정합필터를 사용하지 않고, 검파 할 수 있는 방식이 필요하게 되었는데 그것이 DSPK방식이다.

■ DPSK(Differential PSK)

잡음에 약한 PSK방식을 검파하기 위해 잡음 제거 기능을 지니는 정합필터를 사용해야 하는 단점을 보완한 방식으로 1구간(T초)전의 PSK신호를 기준파로 사용하여 차동 신호를 발생 검파하는 차동 위상 검파 방식이다.

차동위상검파 방식인 DPSK방식은 동기식 검파 방식에 비해 기준 반송파가 필요 없고, 정합필터를 사용하지 않아 시스템 구조가 간단하고 가격이 저렴하다는 장점을 가지나, 2진 PSK(BPSK)방식보다 효율이 떨어진다는 단점을 가진다.

즉 DPSK방식은 동기 검파 방식을 사용하지 않고, 차동위상 검파 방식을 사용한다.

3.6 통신 속도와 채널 용량

3.6.1 통신 속도

통신 속도란 단위시간동안 전송할 수 있는 데이터의 량을 나타내는 척도로서, 정보를 전송할 때 정보의 최소 단위인 bit를 정해진 시간동안 얼마나 많이 전송할 수 있는가를 의미한다.

이러한 통신 속도를 나타내는 방법으로는 변조속도와 데이터 신호 속도, 데이터 전송속도 등이 이용된다.

(1) 변조속도

변조속도란 단위 초당 전송할 수 있는 부호 단위의 수 또는 초당 디지털 신호 레벨(0, 1)이 변화는 속도로서 쉽게 말하면 초당 디지털 신호 0과 1이 몇 번 변하는 가를 나타내는 척도로서 보오(baud)라는 단위를 사용한다.

여기서 보오(baud)는 아날로그 신호에서는 주파수와 같은 개념으로 한 주기의 역수 즉 디지털 신호의 단위 펄스의 시간(T)에 반비례한다.

변조 속도를 구하는 공식은 다음과 같다.

$$B = \frac{1}{T} \, [baud]$$

여기서 T는 디지털 신호의 단위 펄스의 시간길이로서 디지털 신호 0과 1의 두 bit를 하나의 단위로 표현했을 때 한 단위당 걸린 시간을 의미한다.

그러므로 1초당 디지털 신호 0과 1이 한 번씩 변했을 경우 1보오[baud]가 되고, 초당 0과 1이 두 번씩 변했을 경우에는 2보오[baud]가 되는 것이다.

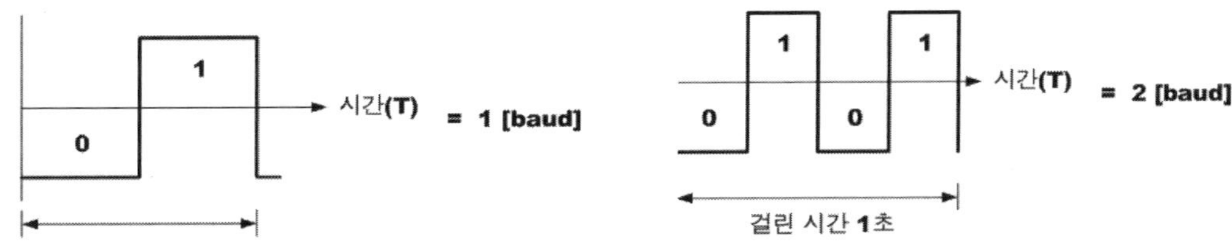

그림[3-20] 변조 속도

결국 변조 속도가 증가하게 되면 사용자의 입장에서 시간당 전송할 수 있는 데이터의 량이 증가하게 되는 것이다.

또한 변조속도는 다음에 나올 데이터 신호 속도에 상당히 밀접한 영향을 준다.

예제) 주파수 변조방식에서 0또는 1의 나타내는 1bit분의 단위 펄스의 시간 길이가 2[ms]이면 이때의 데이터 변조속도는 얼마인가?

$$B = \frac{1}{T} = \frac{1}{2 \times 10^{-3}} = \frac{1}{0.002} = 500[baud]$$

예제) 통신속도 50보오[baud]인 전송 부호의 최단 펄스의 시간 길이는 몇 초인가?

$$B = \frac{1}{T} \quad \therefore \ T = \frac{1}{B} = \frac{1}{50} = 0.02초$$

(2) 데이터 신호 속도

데이터 신호 속도란 실제 데이터가 송신측 단말에서 수신측 단말까지의 속도를 나타내며, [bps]라는 단위를 사용한다. 즉 초당 전송할 수 있는 최대 bit의 수를 나타낸다.

데이터 신호 속도는 디지털 신호에서 1과 0의 하나의 단위 펄스에 보낼 수 있는 최대 bit수를 변조 속도와 곱하여서 표현하며, 예를 들어 500[bps]인 경우에는 초당 500개의 bit를 전송할 수 있고, 64[kbps]인 경우에는 초당 64000개의 bit를 전송할 수 있음을 의미한다.

여기서 데이터 신호 속도를 구하는 공식을 알아보면

$$S[bps] = B[baud] \times n(한번에 \ 보낼 \ 수 \ 있는 \ bit \ 수)$$

여기서 B는 변조 속도로서 $B = \frac{1}{T}$ 로 표현할 수 있고, n은 디지털 신호의 단위 펄스 동안에 전송할 수 있는 bit수를 나타낸다.

결국 데이터 신호 속도의 공식에서 변조 속도 B대신 $\dfrac{1}{T}$ 이라는 공식을 적용하면 다음과 같다.

$$S = B \times n = \frac{1}{T} \times n = \frac{n}{T}$$

또한 한 번에 보낼 수 있는 bit 수(n)를 나타내는 식으로 $\log_2 M$ 관계를 적용하면 $S = B \times \log_2 M$이 되고, M이 2인 경우 즉 2진 변조인 경우에는 $\log_2 2 = 1$, $n = 1$이 되므로 변조 속도와 신호 속도가 같아지게 되고, M이 4인 경우 즉 4진 변조인 경우에는 $\log_2 4 = \log_2 2^2 = 2$, $n = 2$되어 데이터 신호 속도가 변조속도의 2배가 된다.

결국 데이터 신호 속도와 변조 속도와의 관계에서 데이터 신호 속도는 변조속도와 한 번에 보낼 수 있는 bit수에 비례하지만, 변조 속도는 데이터 신호 속도에 비례하고, 한 번에 보낼 수 있는 bit 수에 반비례 관계가 성립된다.

여기서 데이터 신호 속도를 이용한 변조 속도 구하는 공식을 알아보면

$$B = \frac{데이터\,신호속도}{한번에\ 보낼\ 수\ 있는\ bit\ 수} = \frac{S}{n}$$

가 된다.

예제) 통신 속도가 1200[baud]일 때 4상 위상 변조를 하면 데이터 신호 속도는 얼마인가?

$S = B \times n$ 여기서 n은 4위상 이므로 $\log_2 M$ 관계를 적용하면

$$S = B \times \log_2 M = B \times \log_2 4 = 1200 \times 2 = 2400\,[bps]$$

변조 방식이 4위상인 경우 한 번에 보낼 수 있는 bit수가 2개 이므로 데이터 신호 속도는 변조 속도의 2배 이므로

$$데이터\,신호\,속도\,(S) = 2400\,[bps]\,가\ 된다.$$

예제) 4상 PSK 변조 방식을 사용한 모뎀에서 데이터 신호 속도가 2400비트/초 일 때 변조속도는 얼마인가?

$$B = \frac{데이터\,신호속도}{bit수} = \frac{S}{n}$$

4상 변조 방식이므로 한 번에 보낼 수 있는 bit수가 2개 이므로

$$B = \frac{데이터\ 신호속도}{bit수} = \frac{2400\,[bps]}{2} = 1200\,[baud]$$

예제) 변조 속도와 데이터 신호 속도가 같아지는 변조 방식은?

변조 속도와 신호 속도가 같아지는 경우는 한 번에 보낼 수 있는 bit의 수가 1bit인 경우 즉 2진 변조 방식인 경우 이므로

ASK, 2진 FSK, 2진 DPSK, 2진 PSK(BPSK) 등이 있다.

(3) 데이터 전송 속도

데이터 전송속도란 전송매체를 통해 정해진 시간동안 최대 전송할 수 있는 문자(character), 블록(block), 워드(word)수를 의미하며, 단위는 [문자/초], [block/초], [word/초]로 나타낸다.

$$데이터\ 전송속도 = \frac{B}{m}$$

여기서 B는 변조속도를 나타내며, m은 한 문자를 구성하는 bit수를 의미한다.

예제) $B = 100\,[baud]$ 한 문자의 구성은 8bit로 구성된 정보를 1분간 전송할 경우 최대 전송 가능한 문자의 수는 몇 문자인가?

$$데이터\ 전송속도 = \frac{B}{m}$$

여기서 한 문자의 총 8bit로 구성되고, 1분(60초)동안 전송하므로

$$최대\ 전송\ 가능한\ 문자\ 수 = \frac{B}{m} \times second(초) = \frac{100}{8} \times 60 = 750문자$$

(4) 베어러 속도

기저대역 전송방식에서 데이터 통신장치(DSU)를 통해 전송매체로 전달되는 전송속도를 나타내는 것으로 DTE에서 발생된 데이터 이외의 동기신호, 상태 신호를 포함하는 전송속도를 의미한다.

즉 DTE에서 전송한 신호(6bit)와 DCE(여기서는 DSU장치를 의미)에서 동기를 위한 1bit, 상태를 나타내는 1bit를 추가하여 전송하는 엔벨로프(Envelope)형식의 전송 속도를 의미한다.

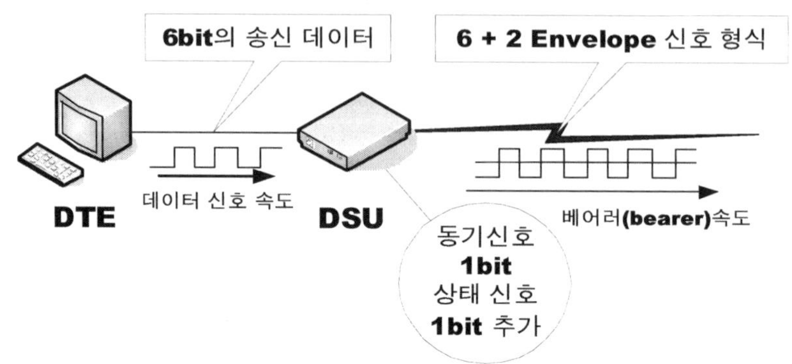

그림[3-21] 베어러 속도 속도

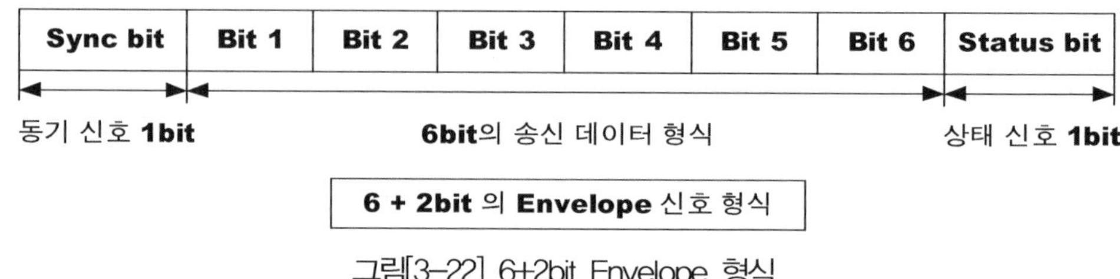

그림[3-22] 6+2bit Envelope 형식

따라서 6+2 신호 형식으로 전송되는 전송매체상의 베어러 속도를 구하는 공식은 다음과 같다.

$$베어러(bearer)속도 = S \times \frac{8}{6}$$

여기서 S는 데이터 신호 속도를 의미한다.

(5) TRIB(Transfer Rate of Information Bits)

미국 표준협회(ANSI)에서 정의하고 권고한 시스템 효율을 측정하기 위한 정보 수단으로서, 순수 정보만을 전달할 수 있는 속도를 의미한다.

즉 데이터 전송에서 송·수신측간에 안정적이고, 신뢰성 있는 데이터 전송을 위해 오류 제어방법을 사용하게 되는데, 오류제어방법을 사용하게 되면 그에 따른 오버헤드가 생겨나 정보 발생원(단말장치)과 정보 처리원 사이에 데이터 전달 속도가 감소하게 된다. 따라서 TRIB는 정보 발생원과 처리원 사이에서 발생되는 오류 제어 신호를 포함한 각종 제어 신호와 관련된 오버헤드를 제외하고, 순수 정보 데이터 bit만을 전달 할 수 있는 순수 정보 전달 속도를 나타내며, 우리말로는 정보 비트 전송속도라고 부른다.

여기서 TRIB(정보 비트 전송속도)를 구하는 공식을 알아보면 다음과 같다.

$$TRIB = \frac{\text{정보 처리원이 수신한 정보 } bit \text{ 수}}{\text{수신 정보 } bit \text{를 획득하는데 소요되는 총 시간}}$$

3.6.2 채널 용량

채널 용량이란 송신지에서 수신지까지 물리적인 통로인 전송매체를 통해서 전송할 수 있는 최대 전송용량을 의미하며 또한 데이터 전송에 사용되는 전송매체가 수용할 수 있는 정보의 최대 전송 능력이라고도 하며, 단위는 [bps]를 사용한다.

따라서 전송매체를 통해 전송되는 데이터의 량은 그 매체의 대역폭에 비례하며, 가능한 주어진 대역폭을 최대한 활용하여 많은 량의 데이터를 전송하기 위해서는 데이터 전송에 따르는 에러를 줄이고 데이터 전송 속도를 높여야 한다.

여기서 채널 용량을 구하는 공식은 크게 두 가지 방식이 존재하는데 그중 하나는 채널 상에 백색잡음이 존재한다는 가정 하에 채널 용량을 구하는 샤논(shannon)의 정리와 또 하나는 잡음이 없는 채널을 가정하고 채널 용량을 구하는 나이키스트(Nyquist) 정리이다.

(1) 샤논(shannon)의 정리

샤논의 정리는 전송 매체 상에 백색잡음이 존재한다는 가정 하에 채널 용량을 구하는 공식으로 여기서 잡음은 실제로 존재하는 여러 가지 잡음을 고려하지 않고, 일정한 레벨을 가지는 잡음(백색잡음 또는 열잡음)만을 고려하여 채널을 통한 최대 전송용량을 구한다.

따라서 샤논의 정리를 통해 채널용량을 구하는 공식은 다음과 같이 정의된다.

$$채널용량(C) = B \log_2\left(1 + \frac{S}{N}\right)[bps]$$

여기서 B는 전송 대역폭을 의미하며, $\frac{S}{N}$는 신호 대 잡음비를 나타낸다.

결국 샤논(shannon)의 정리에 따라 전송매체를 통한 전송용량을 크게 하려면 전송 대역폭을 증가시키거나, 신호의 크기는 크게 하고 반면에 잡음은 감소시켜 $\frac{S}{N}$(신호 대 잡음비)를 증가시켜 주면

된다.

하지만 실제로는 백색 잡음을 제외한 여러 가지 잡음요소(충격성 잡음, 지연왜곡, 감쇠)등으로 인해 이보다 더 낮은 전송용량을 가지게 된다.

예제) 채널 대역폭이 $1KHz$, 신호 대 잡음비(S/N)가 $30[dB]$일 때 채널 용량은?

여기서 신호 대 잡음비(S/N)를 숫자로 고치면

$$30[dB] = 10\log_{10}\frac{S}{N} = 10\log_{10}10^3$$

$$\therefore \frac{S}{N} = 10^3 = 1000$$

따라서 채널용량 $C = B\log_2(1 + \frac{S}{N})[bps]$ 에 대입시키면

$$1000 \times \log_2(1 + 1000) \fallingdotseq 1000 \times 9.97 = 9970[bps]$$

(2) 나이키스트(Nyquist) 정리

나이키스트 정리는 샤논의 정리와 달리 전송매체 상에 잡음이 존재하지 않는다는 가정하게 채널 용량을 구하는 공식으로 채널상의 잡음은 고려하지 않는 대신에 지연 왜곡에 의한 ISI에 근거하여 채널을 통한 최대 전송용량을 구한다.

여기서의 지연왜곡이란, 서로 다른 주파수 성분을 가지는 신호들이 하나의 전송매체를 통해 전송될 때 각 주파수 성분들이 전파 속도가 다르면 상호 영향을 주어, 수신측에서 원래 신호와 다른 왜곡된 신호를 받게 되는 현상을 의미한다.

따라서 나이키스트 정리를 통해 채널 용량을 구하는 공식은 다음과 같이 정의된다.

$$채널용량\,(C) = 2B\log_2 M[bps]$$

여기서 B는 전송 대역폭을 의미하며, M은 진수 즉 서로 다른 신호 성분의 수를 나타낸다.

결국 나이키스트(Nyquist) 정리에 의하면 데이터 전송 용량은 단지 그 채널의 대역폭에만 제한을 받게 되며, 대역폭이 B로 주어진 경우 전송이 가능한 최대 대역폭은 $2B$가 된다.

예제) 2진 FSK변조 방식을 사용하고, 채널의 대역폭이 $3300[Hz]$일 때 채널 용량은?

$$채널용량(C) = 2B\log_2 M[bps]$$

2진 FSK 변조 방식이므로 M은 2^1

$$C = 2 \times 3300 \times \log_2 2^1 = 6600[bps]$$

> **S/N(Signal-to-Noise) 신호 대 잡음비**
>
> 하나의 신호에 잡음이 얼마나 존재하는가를 나타낸 식으로 통신 시스템에서 성능을 평가하는 수단이 된다. 일반적으로 수신측에서 측정하게 되며, 단위는 데시벨$[dB]$로 나타낸다.
>
> $$(S/N)_{dB} = 10\log_{10}(S/N)$$
>
> 여기서 S는 Signal의 약자로 신호의 크기를 전력량으로 나타내며, N은 Noise의 약자로 잡음세력을 전력량으로 나타낸다.

3.7 아날로그 전송과 디지털 전송

(1) 아날로그 전송

아날로그 전송이란 전송로 상에 아날로그 신호를 전송하는 것으로서 즉 음성신호와 같은 아날로그 데이터를 아날로그 전송회선인 전화회선을 통하여 전송하거나, 또는 디지털 데이터를 모뎀(Modem)을 통하여 아날로그 신호로 변환하여 전송하는 것을 말한다.

이러한 아날로그 데이터의 전달은 잡음에 민감하며 원거리 전송을 할 경우 신호가 감쇠되므로 증폭기를 설치하지만, 단순히 신호의 증폭만을 하므로 잡음 성분까지 증폭되어 신호가 왜곡될 수 있다는 단점을 가진다.

(2) 디지털 전송

디지털 전송이란 0과 1의 신호를 갖는 디지털 신호를 디지털 전송로 상에 전송하는 것으로서 송신측에서 발생된 디지털 데이터를 디지털 전송기(DSU)를 통하여 바로 디지털 신호로 전송하거나, 또는 아날로그 데이터를 코덱(Codec)을 사용하여 디지털 신호로 변환하여 전송하는 것을 말한다.

이러한 디지털 데이터를 원거리 전송할 경우 신호가 감쇠되는 것을 막기 위해 리피터(Repeater)를 설치하며, 리피터는 아날로그 증폭기와 달리 디지털 신호의 증폭과 디지털 신호의 0과 1의 구분 재생하여 전송하기 때문에 감쇠현상의 극복 및 누적되는 잡음을 제거할 수 있다.

(3) 디지털 전송 방식의 장점

아날로그 전송에 비해 디지털 전송방식의 장점을 살펴보면

- 다른 채널로부터 간섭이 적고, 잡음에 강하다.
  : 아날로그 증폭기와 달리 디지털 중계기는 3R기능이 추가되어 신호의 왜곡과 잡음을 줄일 수 있어 원거리 전송에 적합하다.
- 경제적이고, 다중화에 유리하다.
  : 점차 디지털 기술이 발전됨에 따라 가격이 낮아지고 고도의 멀티플렉싱(Multiplexing : 다중화) 기술을 구현할 수 있다.
- 안전성(security)이 좋으며 비화통신이 가능 하다.
  : 디지털 스크램블(Scramble)기법을 이용하여 쉽게 보안성을 확보할 수 있다.
- ISDN(Integrated Service Digital Network)구축에 유리하다.
  : 단일의 Digital Line으로 여러 가지의 service를 제공함으로서 단일 통신체제로 경제성을 도모할 수 있다.

(1) 디지털 통신방식

① 기저대역 전송(Baseband Transmission)

Digital 신호를 원 신호 그대로 전송하거나 또는 전송로 특성에 알맞은 전송 부호로 변환하여 전송하는 것

장점 : 신호만 전송하기 때문에 전송 신호에 품질이 좋다.

단점 : 직류를 포함하고 있기 때문에 감쇠 등의 문제가 있어 원거리 전송에 부적합하다.

대표적인 장치로는 DSU(Digital Service Unit)가 있다.

② 반송 대역 전송(Bandpass Transmission)

Digital 신호에 따라 반송파의 진폭, 주파수, 위상을 변화시켜 전송하는 것으로 즉 Digital 변조를 수행하는 것을 말한다.

대표적인 장치로는 Modem이 있다.

(2) 전송부호

Digital 신호의 0과 1을 여러 형태의 파형으로 대응시키는 것

① 전송부호가 가져야할 조건

DC(직류)성분이 포함되지 않아야 한다.

동기 정보가 충분히 포함되어 있어야 한다.

전송 대역폭이 작아야 한다.

전송과정에서 에러의 검출과 정정이 가능하여야 한다.

만들기 쉽고 부호 열이 짧아야 한다.

전송 부호 형태에 제한을 받지 않아야 한다.(투명성을 가져야 한다.)

(3) 전송부호 방식

① 단극 펄스와 복극 펄스

단극펄스

- 0과 1의 판정이 어렵다.
- 신호 레벨 변동에 약하다.
- 회로 구성이 간단하다.

복극펄스

- +5V와 −5V 신호를 생성하는 회로가 따로 존재해야 하므로 단극펄스 방식에 비해 복잡하다.
- 0과 1의 판정이 우수하다.
- 신호 레벨 변동에 강하다.

② NRZ와 RZ방식

NRZ방식

- 0전위로 되돌아오지 않는 방식으로 일정한 값을 가지는 비트가 연속해서 나타날 경우 직류 성분이 생긴다.
- 동기화 능력이 부족하다.

RZ방식

- 비트 펄스 사이에 반드시 0전위를 일정시간 유지한 후 다음 신호를 보내는 방식
- 직류(DC) 성분이 제거되어, 동기화 능력이 우수하다.
- 전송 대역폭이 넓어야 한다. 즉 보낼 비트수가 증가된다.(단점)

③ 바이폴라 방식

- 0부호는 0전위로 1부호는 +전위와 −전위 2개의 레벨을 교대로 반전
- 일명 AMI(Alternative Mark Inversion)이라고도 부른다.
- 0부호에 대한 직류 억압 기능이 없다.
- 한 부호에 대한 에러 검출이 가능하다.

④ 맨체스터 방식

- 0부호는 +5V에서 −5V로, 1부호는 −5V에서 +5V로 하여 나타내는 방식
- 바이폴라 방식의 0부호 억압기능에 대체 방안으로 나온 방식
- 전송 대역폭이 넓어야 한다. 즉 보낼 비트수가 증가된다.(단점)

⑤ 차동부호 방식

- 0은 상태 변화가 있음을 나타내고 1은 상태 변화가 없음을 나타내는 방식 즉 0에서 1로 1에서 0으로 부호가 변화면 0으로 표시하고, 1에서 1로 0에서 0으로 상태 변화가 없으면 1로 표시

하는 방식이다.

⑥ 다이코드 방식
- 0에서 1로 부호가 변화면 +전위로 1에서 0으로 부호가 변화면 −전위로 부호 변화가 없으면 0전위로 나타내는 방식

(4) 디지털 연속 변조

① ASK방식
- 300bps이하의 저속도 전송에 사용된다.
- 각종 잡음이나 신호레벨 변동에 약하다.
- 전송 비트수가 많아지면 수신측에서 진폭 구분이 어려워 1비트만 전송 가능하다.(2진 ASK)
- OOK(On Off Keying)라고도 부른다.

② FSK방식
- 1200bps이하의 저속도 전송에 사용된다.
- 각종 잡음 및 신호레벨 변동에 강하다.
- 수신측에서 대역폭만을 구분하여 전송 비트를 구별한다.
- 전송 비트수가 많아지면 전송 대역폭이 늘어나고 수신측에서 대역폭 구분이 어려워진다. 그래서 대부분 1비트로만 전송하는 방식이다.(2진 FSK)

③ PSK방식
- 2400 ~ 4800bps의 중속도 전송
- 전송 비트를 위상으로 구분하므로 전송 비트수가 많아지면 위상차 구별이 어려워진다.
- 16진 PSK이상은 사용하지 않는다.
- 위상차 계산식 $\dfrac{2\pi}{M}$ $(M진 = 2^n,\ n : 한번에 보낼 수 있는\ bit\ 수)$

④ QAM방식
- AM의 진폭 변화 방식과 PSK의 위상 변화 방식을 결합한 방식
- 9600bps이상의 고속도 전송이 가능하다.
- 많은 량의 데이터 비트열을 전송할 수 있다.

(5) 디지털 연속 변조의 에러 확률

① 변조 방식에 따른 에러 확률
ASK $\rangle$ FSK $\rangle$ DPSK $\rangle$ PSK $\rangle$ QAM

② 전송 비트수에 따른 에러 확률
M진 $\rangle$ 16진 $\rangle$ 8진 $\rangle$ 4진 $\rangle$ 2진

● 같은 변조방식에서는 한 번에 보낼 수 있는 비트수가 작을수록 에러 확률이 적다.

가장 에러 확률이 적은 방식은 4진 QAM이지만 이보다 더 좋은 방식은 MSK방식이다.

(6) 통신속도

① Data 신호 속도[bps]
초당 전송되는 비트 수

단위는 bps

$[bps] = B(baud) \times n$ 여기서 n 은 한 번에 보낼 수 있는 비트 수를 나타낸다.

② 변조 속도(B)
초당 신호 레벨(0 또는 1)이 변화는 속도(주파수와 같은 개념)

단위는 baud (보오)

$$B = \frac{1}{T}$$

③ 데이터 전송 속도
데이터 회선을 통해 보내지는 문자 또는 블록 속도

단위는 문자/초, block/초, word/초

$\dfrac{B}{m} \times \sec$ 여기서 m 은 한문자가 구성된 비트 수 이다.

(7) 채널 용량

송신측에서 수신측으로 채널을 통해 전송 될 수 있는 상호 정보량의 최대치

① 샤논의 정리(Shannon)

채널 상에 백색 잡음이 존재한다고 가정한 상태에서 채널 용량을 구하는 공식

$$채널용량 \; C = B\log_2\left(1 + S/N\right)[bps]$$

여기서 B는 ω와 같은 것으로 전송 대역폭을 나타낸다.

채널 용량 C는 대역폭과 신호 전력에 비례하고, 잡음 전력에 반비례 한다.

② 나이키스트 정리(Nyquist)

잡음이 없는 채널을 가정하고 지연왜곡에 근거하여 최대 용량을 구하는 공식

$$채널용량 \; C = 2B\log_2 M\,[bps]$$

여기서 M은 2^n을 나타낸다.

(8) 디지털 통신의 이점

다른 채널로부터 간섭 현상이 적다

잡음이 적다

비화 통신이 가능하다. 즉 전송되는 데이터를 암호화 할 수 있다.

경제적이고 다중화에 유리하다.

ISDN(Integrated Service Digital Network)구축에 유리하다.

제4장 전송 선로

4.1 전송매체

전송매체(Transmission Media)란 데이터 통신 시스템에 있어서 송·수신 시스템간의 물리적인 데이터 전송로, 즉 신호가 전달되기 위한 모든 통로를 말하며 유선통신에서 사용되는 유선매체와 무선통신에서 사용되는 무선매체 등으로 구분된다.

여기서, 유선매체는 유선전송방식에서 각 통신 시스템 간에 전기적인 신호를 전달하기 위한 물리적인 채널 즉 케이블을 의미하며, 유선매체의 종류로는 평형 2선식, 동축 케이블, 광케이블 등이 존재한다.

무선매체는 무선전송방식에서 각 통신 시스템의 안테나에서 발생되는 전파라는 매질을 전달하기 위한 매개체(해수면, 공기 등)를 말하며, 무선매체에 대한 구분은 LF(Low Frequency), MF(Medium Frequency), HF(High Frequency), VHF(Very High Frequency), UHF(Ultra High Frequency) 등과 같이 전송 주파수 대역의 구분에 의해 이루어진다.

4.2 전송량의 단위

전송량의 단위란 신호의 감쇠나, 이득을 표현하기 위한 단위로서 직접 비(ratio)로 표현하면 너무 큰 값이 생성되므로 [dB]나 [neper]등을 사용한다.

(1) 데시벨(Decibel) 단위 : $[dB]$

$[dB]$라는 단위는 일반적으로 이득과 감쇠를 나타낼 때 사용하는 단위로 신호의 상대적인 크기 즉 신호나 잡음의 전력레벨 또는 전압레벨을 표현하거나 비교할 때 많이 사용되는 단위이다.

이는 신호의 세기의 비를 상용로그를 취해 준 값에 10을 곱한 값으로 어떠한 기준을 정하고, 신호의 크기를 그 기준과 비교하여 비율을 밑이 10인 로그로 나타낸다.

즉 쉽게 말해서 데시벨은 어떠한 기준을 정하고, 그 기준에 비해서 신호가 얼마나 큰가, 적은가를 나타내는 상대적인 단위를 말한다.

$$dB = 10\log_{10}\frac{P_2}{P_1}$$

여기서 P_1은 기준 신호 전력, P_2는 피 측정 신호전력(측정하고자 하는 신호 전력)을 나타낸다.

따라서 데시벨은 P_1이라는 어떠한 기준 값이 있고, 그 기준과 측정하고자 하는 신호의 전력비를 나타낸다.

결국 데시벨은 $10\log_{10}$ 전력비가 된다.

여기서 데시벨의 크기가 $+$[dB]이면 이득을 $-$[dB]이면 감쇠를 나타낸다.

또한 전력 P는 전류와 전압의 곱으로 표현할 수 있으므로

$$P = I \times V = I^2 R = \frac{V^2}{R}$$

$$[dB] = 10\log_{10}\frac{P_2}{P_1} = 10\log_{10}\frac{\dfrac{V_1^2}{R_1}}{\dfrac{V_2^2}{R_2}}$$

R_1과 R_2 저항이 같다면

$$10\log_{10}\frac{V_2^2}{V_1^2} = 10\log_{10}=(\frac{V_2}{V_1})^2 = 20\log_{10}\frac{V_2}{V_1}$$

따라서 기준 신호와 피 측정 신호가 전압일 경우에는 $20\log_{10}$를 취한다.

(2) 네퍼(neper) 단위 : [neper]

데시벨과 같은 개념으로 유럽에서 많이 사용되는 단위이다. [dB]는 밑이 10인 상용로그를 사용하는데 반해 [neper]는 밑이 e인 자연로그를 사용하여 표현한다.

$$[neper] = \frac{1}{2}log_e\frac{P_2}{P_1}$$

P_1은 기준 신호 전력, P_2는 피 측정 신호전력(측정하고자 하는 신호 전력)을 나타낸다.

여기서 [dB]와 [neper]와의 관계를 살펴보면

$$1\,[neper] = 8.686\,[dB]$$

$$1\,[dB] = 0.115\,[neper]$$

관계를 가진다.

(3) dB의 종류

① 절대 레벨[dBm]

기준 신호 전력 1[mW]에 대한 측정 신호 전력 레벨을 표시하는 단위로 신호나 잡음의 절대 전력 값을 나타낸다.

보통 이동통신 단말기의 송신 전력과 같이 낮은 전력레벨을 표시하는데 사용한다.

$$[dBm] = 10\log_{10}\frac{P}{1[mW]}$$

여기서 P는 피 측정 신호 전력, $1[mW]$는 기준 신호 전력을 나타낸다.

② dBW

기준 신호 전력 1[W]에 대한 측정 신호 전력 레벨을 표시하는 단위

$$[dBW] = 10\log_{10}\frac{P}{1[W]}$$

dBm에 비해 대 전력 신호 레벨을 표시하는데 주로 이용되며, 이동통신 기지국의 송신 출력이나 통신위성의 송신출력을 나타내는데 사용한다.

③ dBmV

기준 신호 전압 1[mV]데 대한 측정 신호 전압의 크기를 나타내는 단위로 $20\log_{10}$ 전압비로 표현한다.

주로 TV영상신호의 전압레벨을 측정하는데 사용한다.

$$[dBmV] = 20\log_{10}\frac{V}{1[mV]}$$

④ dBμ V

주로 이동통신 단말기의 수신 전계강도 등을 측정하는데 사용하는 단위

$$[dB\mu V] = 20\log_{10} \frac{V}{1[\mu V]}$$

⑤ 상대 레벨 [dBr]

전송로상의 여러 지점에서의 신호나 잡음 전력을 비교하기 위한 단위로 전송로상의 임의의 어떤 지점에서의 전력 P_0를 기준으로 정하고, 다른 지점에서의 전력 P의 크기를 기준 전력과 비교하여 상대 전력크기를 나타낸다.

4.3　선로의 정수 회로

선로의 정수회로란 전송선로를 특정 전기회로로 나타낸 것으로서 전송 선로는 저항(R), 인덕턴스(L), 정전용량(C), 누설 컨덕턴스(G)가 균일하게 분포되어 있는 전기회로이다.

즉 일정한 전송 선로 상에 어떤 신호를 보내게 되면 그 신호가 계속 가지 않고 멀리가면 갈수록 점점 신호의 세기가 줄어든다. 결국 신호의 크기가 감쇠한다는 것이다. 이것은 전송선로 상에 저항성분이 존재한다는 근거로 전송선로 상에 존재하고 있는 저항 성분을 전기회로로서 나타낸 것이 선로의 정수 회로이며, 집중 정수회로와 분포 정수 회로 두 가지로 나타낼 수 있다.

(1) 집중 정수 회로

전송선로 상에 존재하는 인덕턴스, 정전용량, 저항성분등이 모두 한곳이 집중되어 있는 개념을 적용하여 회로를 등가적으로 해석한 것으로서 분포 정수 회로에 비해 회로의 해석은 쉬우나 전송선로의 길이가 길거나, 전송로를 통해 전달되는 신호의 주파수가 높은 경우에는 사용할 수 없다.

(2) 분포 정수 회로

집중 정수 회로의 상대되는 것으로서 고주파 선로에서 인덕턴스, 정전용량, 저항성분등이 한 곳에 집중적으로 모여 있지 않고, 선로를 따라 골고루 분포되어 있는 개념을 적용한 회로로서, 전송선로

상에 고주파 신호가 흐르는 경우 저항성분들이 한 곳이 집중적으로 분포하고 있는 분포 정수회로의 개념을 적용할 수 없으므로 선로의 저항 성분들이 선로의 단위 길이 당 균일하게 분포되어 있는 분포 정수 회로를 적용하여 해석할 수 있으며, 1차 정수와 2차 정수가 있다.

(3) 분포 정수 회로의 1차 정수

정보통신에 이용되는 각종 정보통신기기들의 전원장치들은 거의 직류로 구동되지만, 실제로 정보통신기기를 통한 전송선로 상에 흐르는 신호는 음성 주파수, 반송 주파수 등의 교류 성분이거나 디지털 펄스방식의 PCM방식 등이다. 따라서 동선 케이블에 대한 전송선로이론은 분포정수회로를 전제로 하고, 교류이론에서부터 출발한다.

이렇게 교류이론에서 출발하였을 경우 전송선로 상에 전송되는 신호의 전송손실과 전파속도 등은 전기저항(R), 자체 인덕턴스(L), 정전용량(C), 누설 컨덕턴스(G)등의 4가지 전기적인 기본요소에 의해 좌우되는데 이 4가지 요소를 전송로의 전기적인 1차 정수라 한다.

이 4가지의 전기적인 1차 정수는 전송선로에 있어서 항상 일정한 값을 유지하고 있는 것이 아니며, 사용되는 주파수에 의해 증가 되거나 감소되는 동시에, 대기의 온도와 습도 등에 의해서도 증가, 감소되어 그 변화가 상당히 복잡하다.

한편 전송로상의 1차 정수를 설명할 때에는 분포 정수회로에 해당하는 전송선로를 그림 [6-1]과 같이 등가회로로 표현하면 직렬 저항성분인 전기저항, 인덕턴스 및 병렬 저항성분인 정전용량, 누설 컨덕턴스 등을 종합적으로 취급할 수 있어 편리하다.

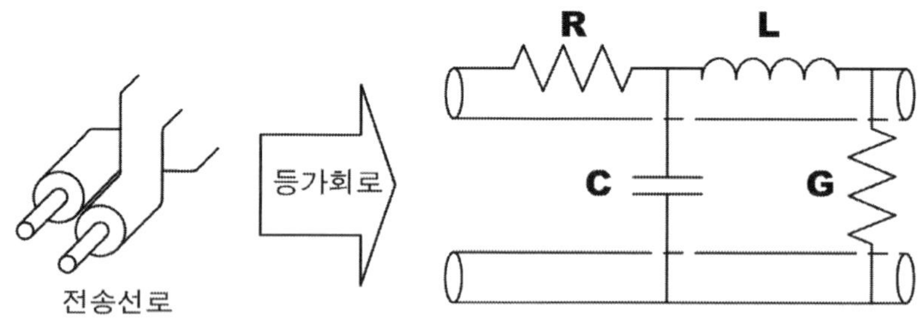

그림[4-1] 선로의 분포 정수 회로

① 전기저항

전기저항은 물리적인 전송선로가 구리(동)로 구성되는데 구리자체에서의 저항성분을 말하며 또한 구리도선에 전류가 흘리면 다소나마 열을 발생시켜 전기 에너지를 소모시키는데 이것을 전기저항 이라하며, 기호는 R을 사용하고, 단위는 [Ω /loop-km]를 사용한다.

② 인덕턴스

인덕턴스는 암페어의 주회법칙에 근거하여 일직선상에 전류 I가 흐를 경우 직각 방향으로 어떠한 힘이 생겨 회전하게 되는데 이것을 자기장이라 하고 자기장의 세기를 자계(H)라 하다. 이러한 H(자계) 성분은 전류를 끌어당기는 힘이 있어 전송선로 상에 전류가 흐를 경우 자계(H)에 끌려서 전송선로의 외부 쪽 심선도체의 표피부위로 전류가 몰리게 되고, 그로 인해 전류가 잘 흐르지 못하게 된다.

따라서 그림 [4-2]와 같이 전류 밀도가 심선도체의 표피 부위로 몰리는 전류 표피 작용이 야기되는 동시에 그림 [4-3]과 같이 두 심선도체가 근접한 경우 근접한 두 도체에 흐르는 전류가 같은 방향이면 서로 반발하게 되고, 서로 반대 방향이면 끌어당기는 힘이 생겨, 전류가 심선도체 표면의 한쪽 끝으로 몰리는 전류 근접작용 등이 함께 야기된다.

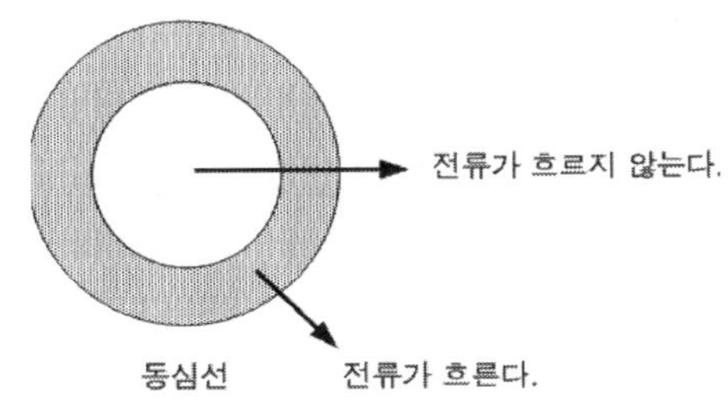

그림[4-2] 동심선의 전류 표피작용

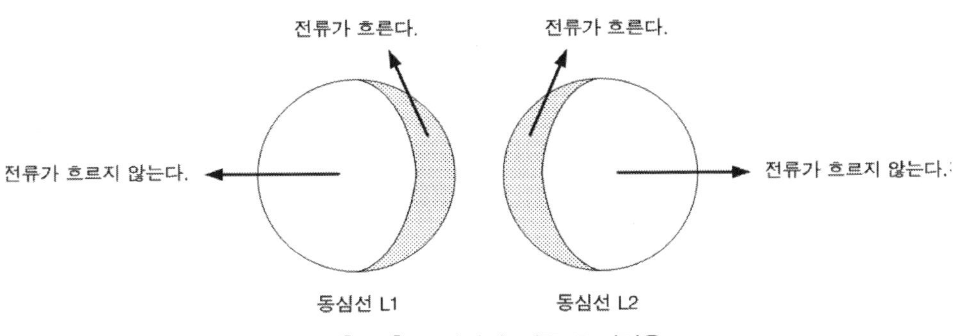

그림[4-3] 동심선의 전류 근접작용

이와 같이 전류 표피작용과 전류 근접작용 등이 야기되면, 심선 도체에 전류가 흐르는 단면적이 크게 감쇠되어 결과적으로 전류밀도가 높아지게 되고 심선도체의 직경이 가늘어진 것과 동일한 상태가 되어 저항 성분이 증가하게 된다.

또한 전류의 표피작용과 근접작용은 사용주파수가 높아지면 높아질수록 저항 성분도 높아지게 되는데, 이러한 저항 성분을 전기저항(R)과 구별하기 위해 인덕턴스(L)라 표기한다.

③ 정전용량

평형 2선식 케이블에서의 두 도선사이의 간격을 의미하며, 사용주파수가 높아지면 일반적으로 불변 치로 취급할 수 있어 정전용량(C)로 표기한다.

④ 누설 컨덕턴스

아무리 좋은 절연물질(피복)로 도선을 감싸고 있어도 미소량이나마 세어나가는 전류가 생기기 마련인데 이렇게 전류가 누설되어 발생하는 전송손실을 누설 컨덕턴스(G)한다.

여기서 G값이 크다는 얘기는 누설되는 전류가 많다는 것을 의미하며, 누설 전류가 작을수록 절연이 잘되어 있다고 할 수 있다.

결국 전송선로를 설치하게 되면 분포정수 회로의 1차 정수인 4가지 전기적인 기본요소 전기저항(R), 인덕턴스(L), 정전용량(C), 누설 컨덕턴스(G)의 저항 성분이 생겨 전송되는 신호의 크기가 줄어들게 된다. 하지만 신호의 크기만 감쇠되는 것이 아니고, 신호가 변형되기도 하는데, 그 중에서 전기저항(R)과 누설 컨덕턴스(G)는 순수 저항성분으로 신호의 진폭(크기)에만 영향을 주지만, 인덕턴스(L)와 정전용량(C)은 전송되는 신호의 주파수에 의해 저항 값이 결정되는 저항성분으로 신호의 위상에 영향을 주게 된다.

실제로 인덕턴스(L)은 코일의 소자 값을 나타내는 것으로 저항 값으로는 $X_L = jwL$값을 가지며, 여기서 $w = 2\pi f$로 표현할 수 있으므로 $X_L = 2\pi fL$값을 가진다.

따라서 사용주파수(f)가 높아지면 이 주파수에 비례해서 L값도 증가하게 되고, 또한 자체 인덕턴스 $L[mH]$에 교류 전압 V를 인가하면 흐르는 전류 I는 전압보다 90° 만큼 위상이 되어 전송매체에 교류전압과 전류를 흘릴 경우 전류가 전압보다 위상이 90° 만큼 뒤지게 된다.

반면에 정전용량(C)는 콘덴서의 소자 값을 나타내는 것으로 저항 값으로는 $X_c = \dfrac{1}{jwC}$값을 가지며, $w = 2\pi f$값을 가지므로 $X_c = \dfrac{1}{2\pi fC}$값을 가지게 된다.

따라서 정전용량(C)는 인덕턴스(L)과 반대로 사용주파수에 반비례 관계를 가지며, 또한 인가되는 교류전압에 대해 90° 만큼 앞선 교류 전류가 흐르게 된다.

결국 인덕턴스(L)는 주파수가 높아질수록 저항 값이 높아지게 되고, 정전용량(C)은 주파수가 높을수록 저항 값이 낮아지게 되어 전송되는 신호의 주파수에 따라 저항 값이 변하게 되는 성분이다.

또한 전송되는 신호가 L성분을 거치게 되면 위상이 90° 앞서고, C성분을 거치면 위상이 90° 뒤진다.

전송선로 상에 처음으로 교류신호를 전송하게 되면 전압과 전류는 모두 같은 위상을 가지게 된다. 하지만 전류는 직렬 저항과는 무관하고, 병렬저항에 영향을 받는 반면에 전압은 병렬저항과는 무관하고, 직렬저항에 영향을 받게 된다. 따라서 전압은 L에 영향을 받아서 위상이 90° 앞서게 되고, 전류는 C의 영향을 받아서 위상이 90° 뒤진다. 그러므로 전압이 전류보다 180° 의 위상 차이를 두고 앞서게 된다.

(4) 분포 정수 회로의 2차 정수

전송선로의 전기적인 특성을 기본적으로 결정하는 것은 1차 정수이지만 전송로를 통해 전달되는 신호가 얼마만큼 감쇠되며, 위상의 변화는 얼마만큼 일어나며, 어떠한 전파속도와 어떠한 통신 상태로 전송되는가를 구체적으로 해석할 때에는 전송선로의 2차 정수인 특성 임피던스(Z_0), 전파정수(γ), 감쇠정수(α), 위상정수(β)를 이용한다.

여기서 감쇠정수(α)는 전송로상의 단위길이 1[m]당 얼마만큼 감쇠되는 가를 표시하는 정수이고, 위상정수(β)는 단위길이 1[m]당 얼마만큼의 위상변화가 일어나는가를 표시하는 정수이다. 그리고 전송선로가 어떠한 특성의 상태가 되었을 때 신호가 변질되지 않고 잘 흐르게 되는가를 표시하는 정수로는 특성임피던스가 있다.

① 특성 임피던스(Z_0)

특성 임피던스는 전송 선로상의 특정 한 점에서의 저항성분으로 전송로 상에 교류 신호가 전송될 경우 전압에 영향을 주는 직렬 저항 외에 전류에 영향을 미치는 병렬저항성분이 합쳐져서 전송로에 흐르는 신호를 방해하게 된다. 이러한 직렬 저항과 병렬저항성분의 종합적인 저항성분을 임피던스라 하며, 전압 대 전류의 비로 표현한다.

$$Z = \frac{V}{I}$$

여기서 Z는 임피던스를 의미하며, V는 인가된 교류 전압, I는 흐르는 교류 전류이다.

따라서 전송선로에서의 특성임피던스는 교류 신호가 흐르는 무한정 선로에서 임의의 지점에 대한 전압과 전류의 비로써 크기와 방향을 가지는 벡터 량이며, 기호는 Z_0이고 단위는 [Ω]를 사용한다. 그리고 전송선로를 분포정수회로로 간주하고 전송되는 신호의 주파수에 따라 1차 정수의 값이 변하지 않는다는 전제하에 특성 임피던스를 1차정수를 이용하여 수식으로 표시하면 다음과 같다.

$$Z_0 = \sqrt{\frac{직렬저항}{병렬저항}}$$

여기서 직렬 저항은 전압에만 영향을 주므로 직렬 저항끼리 더하여 임피던스 Z하고,

$$Z = R + jwL$$

병렬 저항은 전류에만 영향을 미치므로 병렬 저항끼리 더하여 어드미턴스 Y로 표현하면

$$Y = G + jwC$$

결국 특성임피던스의 Z_0의 기본 수식은 다음과 같다.

$$Z_0 = \sqrt{\frac{직렬저항}{병렬저항}} = \sqrt{\frac{Z}{Y}} = \sqrt{\frac{R+jwL}{G+jwC}}$$

한편 위의 특성임피던스의 기본 수식에서 전기저항(R)과 누설 컨덕턴스(G)는 전달되는 신호의 크기(진폭)에만 관여하므로 임의로 R과 G성분을 0으로 만든다면 신호의 크기는 줄어들지 않는다. 즉 전달되는 파의 손실이 없다는 결론이 나온다.

따라서 위와 같은 조건을 만족하는 것을 무 손실 조건이라 하고, 무 손실 조건을 만족하는 전송 매체를 무 손실 전송로라고 한다.

여기서 무 손실 조건을 만족하기 위해서는

㉠ $R = 0, G = 0$ 그러므로 $Z_0 = \sqrt{\frac{R+jwL}{G+jwC}} = \sqrt{\frac{L}{C}}$

$$\therefore Z_0 = \sqrt{\frac{L}{C}}$$

하지만 R과 G성분을 임의로 0으로 만들 수가 없다. 그렇지만 임의로 만들 수 있는 성분은 w가 있다. 즉 $w = 2\pi f$이므로 사용주파수를 임의로 변경할 수 있으므로 사용 주파수를 높이게 되면 f값이 커지므로 그에 비례하는 w값도 커지게 된다. 따라서 사용 주파수(f)를 높여서 w값을 키우면, 작은 값인 R과 G성분은 무시할 수 있게 된다.

결국 무 손실 조건을 만족하기 위한 두 번째 조건은 전송매체에 높은 주파수의 신호를 전송하는 것이다.

ⓛ 전송로의 고주파 선로화

$$wL \gg R$$

$$wC \gg G$$

또 한편 위의 특성임피던스의 기본 수식에서 $Z_0 = \sqrt{\dfrac{R+jwL}{G+jwC}}$ 을 근사화 시키면 다음과 같다.

$$Z_0 = \sqrt{\frac{R+j\omega L}{G+j\omega C}} \approx \sqrt{\frac{L}{C}}[1+j(\frac{G}{2wC}-\frac{R}{2wL})]$$

위의 수식에서 전달되는 신호의 주파수를 높이게 되면 R과 G는 무시할 수 있어 신호의 손실은 없어지지만 파의 위상변화를 일으키는 L과 C로 인한 파의 왜곡은 줄일 수 없다. 그리하여 L과 C는 전송선로 상에 스스로 생기는 성분이므로 각각 0으로 만들 수는 없지만, 특성 임피던스(Z_0)를 나타내는 위의 수식에서 $\dfrac{G}{2wC}-\dfrac{R}{2wL}$을 잘 조합하면 L과 C로 인한 파의 왜곡을 0으로 만들 수 가 있다. 즉 $\dfrac{G}{2wC}=\dfrac{R}{2wL}$ 한다면 파의 왜곡이 없게 된다.

따라서 위와 같은 조건을 무왜 조건이라 하고, 무왜 조건을 만족하는 전송매체를 무왜 전송로라고 한다.

여기서 무왜 조건을 만족하기 위해서는

$$\frac{G}{C}=\frac{R}{L}, \; LG = RC$$

결국 전송선로 상에 무 손실 조건과 무왜 조건을 모두 만족하면 전달되는 신호의 세기와 왜곡이 없게 전달된다.

② 전파정수(γ)

전파정수란 전송선로 상에 단위 길이1[m]당 파가 얼마만큼 감쇠되는가를 나타내는 감쇠정수(α)와 위상의 변화가 얼마만큼 일어나는가를 나타내는 위상정수(β)를 연관시켜 나타내는 것으로서, 전파 정수는 다음과 같이 표현할 수 있다.

$$\gamma = \alpha + j\beta$$

위의 식에서 α는 감쇠정수를 나타내며 β는 위상정수를 나타낸다. 따라서 전파 정수의 기본 수식은 다음과 같다.

$$\gamma = \sqrt{Z \cdot Y} = \sqrt{(R+jwL)(G+jwC)}$$

위의 전파정수 정의 식을 근사 화 시키면 다음과 같다.

$$\gamma \approx \frac{1}{2}\sqrt{LC}\left(\frac{R}{L} + \frac{G}{C}\right) + jw\sqrt{LC}$$

여기서 감쇠정수 α는 $\frac{1}{2}\sqrt{LC}\left(\frac{R}{L} + \frac{G}{C}\right)$되고, 단위는 [neper/m]사용하며, 또한 β는 $w\sqrt{LC}$되며, 단위는 [rad/m]사용한다.

(5) 전송로 상에서 발생되는 손실

전송선로 상에는 여러 가지 저항 성분이 존재한다. 하지만 전송로에 전달되는 신호의 주파수가 높아지면 오히려 저항 성분이 커지는 저항이 있고, 반대로 저항 성분이 작아지는 저항도 있다. 이중에서 사용 주파수가 높아지면 저항 값이 커지는 저항으로는 근접작용, 표피작용, 와류 작용, 타 도체와의 반작용 등이 해당된다.

① 표피 작용(Skin Effect)

전송로 상에 교류 신호가 흐르면 그에 따라 직각 방향으로 자계성분이 생성되고, 이렇게 발생된 자계는 전류를 끌어당기는 힘이 있어 그 힘에 이끌려 전류가 도체 표면에 집중되는 현상으로 주파수가 높아지면 표피 작용이 심하게 발생하여 전송로의 손실이 증가하게 된다.

② 근접 작용(Proximity Effect)

평행하여 존재하는 두 도체의 전류가 동일 방향이면 서로 반발하고, 반대 방향이면 끌어당기는 현상으로 평행한 왕복 도체에 흐르는 전류가 한쪽 끝으로 집중되는 현상으로 주파수가 증가함에 따라 전류 밀도가 도체의 한쪽 끝에서 계속적으로 증가하는 현상

③ 와류 작용(Eddy Loss)

도체 내부에서 만들어지는 전류로서 도체 전체가 아닌 일부분에 소용돌이 모양으로 닫힌 통로를 말한다. 즉 도체 내부에 흐르는 전류의 직각방향으로 형성되는 자계의 성분으로 인하여 생기는 맴돌이 전류로서, 이 맴돌이 전류가 도체에 흐르는 전류의 흐름을 방해하게 되는 현상

(1) 평형 케이블(TP 케이블 : Twisted Pair Cable)

가장 저가이면서 가장 널리 쓰이는 유도 전송매체이다.

① 물리적 구조

　평형 케이블은 절연된 두 가닥의 구리도선이 균일하게 서로 감겨있는 행태로서 일반적으로 여러 개의 쌍이 다발로 묶여져 하나의 케이블을 형성한다. 장거리용으로는 수백 개의 쌍으로 이루어진 케이블이 사용되며, 아날로그 신호 및 디지털 신호 모두 전송할 수 있으며 대역폭, 거리, 데이터 전송률에 많은 제한을 받으며 간섭 및 잡음에 민감하다. 따라서 인접한 다른 구리도선들과의 누화, 간섭 현상을 최소화하기 위해 각각의 쌍들은 서로 감겨져 있다.

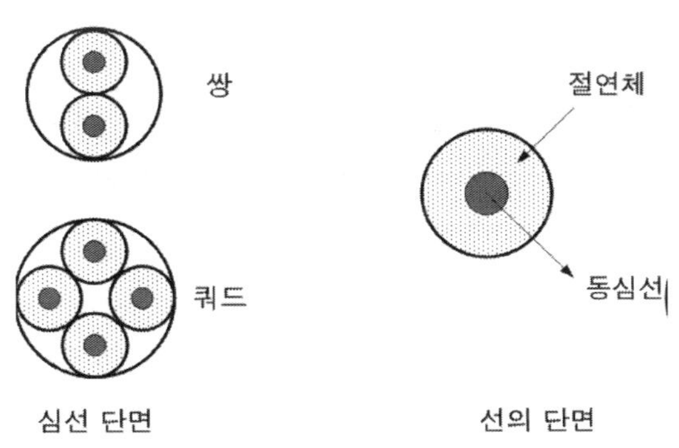

그림[4-4] 평형 케이블의 구조

② 용도

　평형 케이블은 전화 시스템의 근간을 형성하고 있을 뿐만 아니라, 건물 내의 통신수단으로도 유용하게 사용되고 있다. 전화 시스템의 경우 다수의 가입자들과 전화국내의 전화 교환기 또는 전화국과 국간 연결, 건물 내에서의 경우에는 사설 전화교환기(PBX)에 의한 여러 대의 전화기를 교환해 줄 수 있는 구내전화 내선 망 형태로 사용되어 진다.

③ 전송 특성

　평형 케이블은 디지털 아날로그신호 모두를 전송할 수 있으며, 디지털 전송일 경우에는 2~3km마다 중계기가 아날로그 전송일 경우에는 5 ~ 6km마다 증폭기가 필요하다.

　전자기장과 쉽게 결합될 수 있는 특성을 지니며, 간섭이나 잡음에 매우 민감하다. 또한 충격잡음에 쉽게 영향을 받는다.

④ 특성 임피던스(Z_0)

일반적인 전송선로에서의 특성 임피던스 Z_0는 $\sqrt{\dfrac{L}{C}}$ 값을 가지며, 여기서 평형 케이블의 인덕턴스(L)값은 $\dfrac{\mu_0}{\pi}\log_e\dfrac{2D}{d}\,[H/m]$, 정전용량($C$)는 $\dfrac{\pi\varepsilon_0\varepsilon_s}{\log_e\dfrac{2D}{d}}\,[F/m]$ 값을 가지므로 각각 평형 케이블의 L과 C를 대입하여 Z_0를 구하면 다음과 같다.

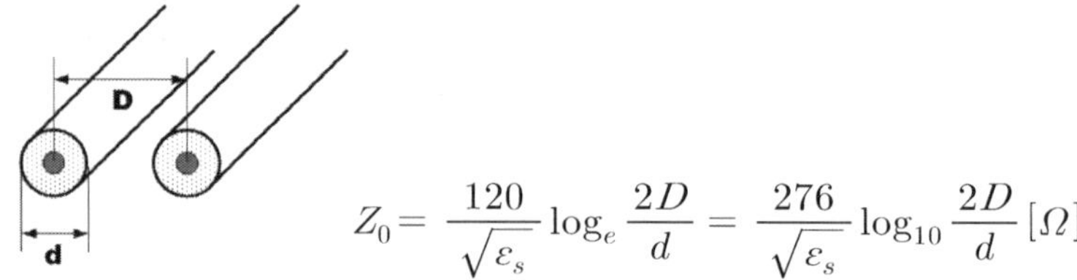

$$Z_0 = \frac{120}{\sqrt{\varepsilon_s}}\log_e\frac{2D}{d} = \frac{276}{\sqrt{\varepsilon_s}}\log_{10}\frac{2D}{d}\,[\Omega]$$

따라서 평형 케이블의 도선 중심 간의 거리를 D라고 하고, 심선의 지름을 d라 했을 때 평형 케이블의 특성 임피던스(Z_0)는 두 도선사이의 거리에 비례하고, 도선의 두께에 반비례한다. 즉 두 도선사이의 거리가 멀고, 도선의 두께가 작을수록 특성 임피던스(Z_0)커진다.

또한 평형 케이블에 고주파 신호를 전달 할 경우

감쇠정수(α) $\propto \sqrt{f}$, 위상정수(β) $\propto f$ 비례하며

저주파 신호를 전달 할 경우에는

감쇠정수(α), 위상정수(β) 모두 $\propto \sqrt{f}$ 비례한다.

⑤ 평형 케이블의 특징

평형 케이블은 초창기 케이블이라서 여러 가지 제한을 받으며 단점이 많다.

　㉠ 다른 전송매체(동축 케이블, 광섬유 케이블)에 비해서 전자기장과 쉽게 결합될 수 있으며, 간섭이나 잡음에 매우 민감하다.

　㉡ 거리, 대역폭, 전송률에 있어서 상대적으로 많은 제한을 받으며, 유도 방해에 약하다. 따라서 송·수신 신호가 서로 다르면 영향을 많이 받아 송·수신 신호의 진폭과 위상을 동일하게 해서 전송한다.

　㉢ 충격성 잡음에 쉽게 노출되며, 누화, 혼선현상이 크다. 그래서 근접한 도선끼리는 각각 전선

을 꼬는 길이를 다르게 함으로서 누화현상을 감소시킨다.

ⓔ 누설 전류가 많으며, 복사(방사)손실이 크다.

ⓜ 일반적으로 다른 전송매체에 비해 가격이 저렴하고, 고 전력 전송에 유리하다

(2) 장하 케이블(Loading)

평형 케이블에 인덕턴스(L)을 삽입시킨 케이블

① 정의

일반적으로 전송선로에 흐르는 신호는 왜곡이 생겨서는 안 된다. 그래서 무왜 조건 $LG = RC$ 를 만족시켜서 신호를 전송하지만, 평형 케이블은 도선간의 거리가 매우 근접하여 다른 전송매체에 비해 정전용량(C)값이 크다. 그래서 결국 $LG \ll RC$가 되어 전달되는 신호에 왜곡이 생긴다.

따라서 $LG = RC$를 만족시키기 위해서는 인덕턴스(L)이나 누설 컨덕턴스(G)를 크게 하거나, 또는 전기저항(R)값을 작게 만들어야 한다.

하지만 R값은 동선 자체적으로 가지고 있는 저항 성분으로서 작게 만들 수 없고, 또한 G값은 누설 전류로 인한 성분으로 절대 키워서는 안 된다. 결국 인덕턴스(L)을 증가시키는 방법이 사용되며, 이와 같이 전송로 상에 L을 삽입한 케이블을 장하 케이블이라 한다.

② 종류

ⓐ 연속 장하(평등 장하)

장하 코일을 전송 선로 상에 균일하게 감아주는 장하 방식을 말한다.

ⓑ 집중 장하(코일 장하)

일정 간격 (약 1.831km)마다 집중적으로 코일을 삽입시킨 형태로서 반 구간 방식과 반 코일 방식이 있다.

③ 특징

전송선로 상에 인덕턴스(L)를 삽입하여 무왜 조건($LG = RC$)를 만족시킴으로서 음성 급 저주파 신호 전송에 대한 감쇠와 왜곡이 감소하지만, 고주파 신호를 전송할 경우에는 장하 코일에 의한 저항 값이 증가하여 신호 의 감쇠가 커지며, 전파 속도 $V = \dfrac{1}{\sqrt{LC}}$ 에 대해서 L값이 증가 되므로 속도가 현저히 느려져 장거리 데이터 전송방식에는 부적합하다. 따라서 단거리 시내 전화 케이블로만 사용된다.

(3) 동축 케이블(Coaxial Cable)

① 물리적 구조

동축케이블은 긴 원통모양의 외부도체와 그 중심축에 놓인 1개의 내부도체로 이루어져 있고, 외부도체와 내부도체 사이에는 절연체로 구성되어 있는 전송선로로서 선로의 단면은 외부도체와 내부도체가 동심원을 이루고 있다. 동축 케이블은 불평형 선로로 내부 도체와 외부 도체에 흐르는 신호가 서로 다르며, 일반적으로 외부 도체는 접지해서 사용한다. 따라서 평형 케이블에 비해 누화와 간섭의 영향이 적어 직류를 포함한 저주파에서 수십 MHz의 고주파까지 다양한 신호를 전송할 수 있다.

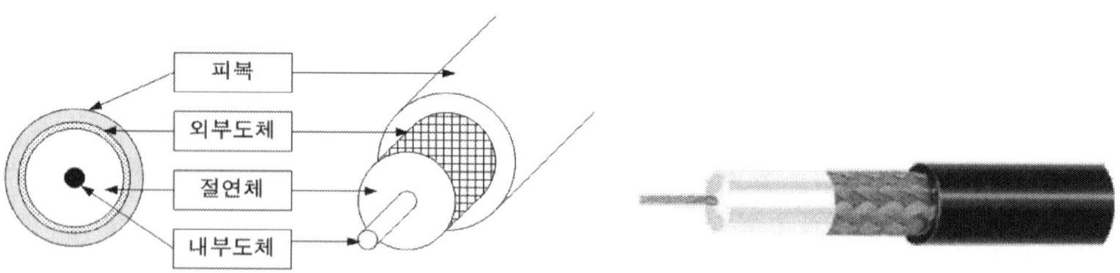

그림[4-5] 동축 케이블의 구조

② 용도

동축케이블은 근거리 통신망(LAN), 원거리 전화망, 케이블 TV 신호 분배기, 광대역 전송로로 사용되거나 단거리 시스템 링크뿐만 아니라 baseband, broadband 전송 모두에 이용된다.

③ 전송 특성

동축 케이블은 구조적 특성으로 외부와의 차폐성이 좋아 간섭현상이 적으며 평형 케이블보다 뛰어난 주파수 특성으로 인해 높은 주파수에서 빠른 데이터 전송이 가능하다. 또한 아날로그, 디지털 신호 전송이 모두 가능하며, 아날로그 신호의 경우 수 km 마다 증폭기가 사용되고, 주파수가 높아질수록 증폭기간의 간격은 좁아진다. 사용 가능한 주파수 스펙트럼은 500MHz까지 확장 될 수 있다. 디지털 신호 전송에서는 대략 1km마다 중계기가 필요하며 역시 데이터 전송률이 높을수록 그 간격 또한 좁아진다.

④ 특성 임피던스(Z_0)

동축 케이블에서 인덕턴스(L)는 $\dfrac{\mu_0}{2\pi}\log_e\dfrac{D}{d}[H/m]$, 정전용량($C$)은 $\dfrac{2\pi\varepsilon_0\varepsilon_s}{\log_e\dfrac{D}{d}}[F/m]$을 가진

다. 따라서 특성 임피던스 $Z_0 = \sqrt{\dfrac{L}{C}}$ 가지므로 각각 L, C를 대입하여 나타내면 다음과 같다.

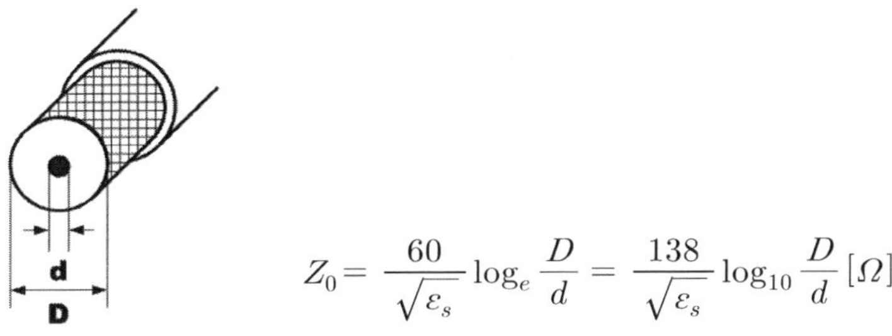

$$Z_0 = \frac{60}{\sqrt{\varepsilon_s}} \log_e \frac{D}{d} = \frac{138}{\sqrt{\varepsilon_s}} \log_{10} \frac{D}{d} \, [\Omega]$$

여기서 d는 동축 케이블의 내부도체의 외경을 나타내고, D는 외부 도체의 내경을 나타내며, 따라서 동축 케이블의 특성 임피던스는 내부도체의 외경에 반비례하고, 외부 도체의 내경에 비례한다. 즉 내부 도선의 바깥 두께가 작을수록 외부 도체의 안쪽 두께가 클수록 특성 임피던스(Z_0)커진다.

한편 동축 케이블의 내부 도체와 외부 도체의 두께를 적절히 조절하였을 때 가장 감쇠가 적은 최적의 상태를 최적 비라 하며, 동축 케이블의 최적 비는 가장 감쇠가 적은 내부 도체와 외부 도체의 비($\frac{D}{d}$)를 의미하는 것으로 약 3.6일 때가 가장 감쇠가 적다.

$$\frac{D}{d} \fallingdotseq 3.6 (가장\ 감쇠가\ 적은\ 최적의\ 상태)$$

하지만 동축 케이블을 제작할 때 모든 케이블에 최적 비 상태를 맞추어서 제작하므로 이제는 더 이상 $\frac{D}{d}$는 동축 케이블의 특성 임피던스(Z_0)의 변수가 될 수 없다. 그러므로 특성 임피던스(Z_0)를 결정할 수 있는 것은 절연체의 비유전율(ε_s)이다. 실제로 절연체는 공기를 이용한 것과 폴리에틸렌을 이용한 경우 두 가지를 사용되며, 공기를 채우는 경우에는 $\varepsilon_s = 1$이 되며, 폴리에틸렌을 채우는 경우에는 $\varepsilon_s = 2.26$(약 2.3)이 된다.

결국 특성 임피던스(Z_0)는 절연체를 폴리에틸렌으로 채울 경우 $50\,\Omega$이 되며 절연체를 공기로 채울 경우 $75\,\Omega$이 된다.

따라서 동축 케이블은 특성 임피던스가 $50\,\Omega$인 동축 케이블과 특성 임피던스가 $75\,\Omega$ 동축 케이블 두 가지 종류로 나누어지며, 이 중에서 고주파 신호를 전송할 경우에는 폴리에틸렌이 공기보다 고주파 특성이 우수하여 $50\,\Omega$ 동축 케이블이 많이 사용되고 있다.

또한 동축 케이블에 고주파 신호를 전달 할 경우

감쇠정수$(\alpha) \propto \sqrt{f}$, 위상정수$(\beta) \propto f$ 비례한다.

⑤ 동축 케이블의 특징

동축 케이블은 평형 케이블 비해 구조적 특성으로 인해 많은 장점을 가진다.

㉠ 동축 케이블은 외부와의 차폐성이 좋아 간섭, 누화현상이 적다.

㉡ 평형 케이블보다 높은 주파수에서 빠른 데이터 전송이 가능하며, 광대역 다중화 전송에 이용된다.

㉢ 아날로그 신호와 디지털 신호 모두 전송가능하며, 감쇠가 적어서 신호 증폭, 재생 장치인 증폭기와 중계기간 거리가 멀어도 된다.

㉣ 내부 도체와 외부 도체 사이의 절연이 극히 좋아 전력 전송도 가능하다.(신호 증폭기나 중계기의 동작 전원을 공급할 수 있다.)

㉤ 선로의 연결 단에서 임피던스가 서로 맞지 않으면 신호의 반사 현상이 일어난다. 따라서 케이블 종단에는 필히 임피턴스 매칭을 위한 종단 저항을 달아준다.

㉥ 저주파에서는 표피효과와 근접 작용의 영향이 감쇠되어 외부 도체에서도 전류가 흘러 누화를 야기 시킬 수 있으므로 60㎑이하에서는 사용하지 않는다.

(4) 광섬유 케이블(Fiber Optical)

① 물리적 특성

광섬유 케이블은 빛을 이용한 통신매체로서 원통형으로 빛(광)을 전파하는 코어(core)와 빛이 밖으로 세어 나가지 못하도록 절연체 역할을 하는 클래드(clad), 광섬유 케이블을 외부로부터 보호하기 위한 자켓(jacket)의 세 부분으로 구성되며, 코어와 클래드 사이의 인터페이스는 반사면 역할을 함으로써 코어 안으로만 빛이 지나가도록 가두는 역할을 한다.

또한 광섬유 케이블은 다른 전기적인 전송매체에 비해서 매우 가늘고 유연성이 뛰어나며, 빛(광선)을 투과 시킬 수 있는 능력이 있어 데이터 전송률이 매우 높은 특성을 가진다.

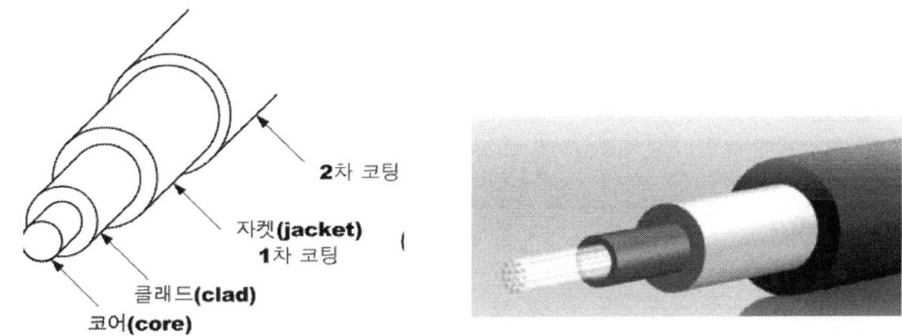

그림[4-6] 광섬유 케이블의 구조

② 빛의 전파 원리

광섬유 케이블은 입사되는 빛(광)을 코어(core)내부에 반사시켜 전파하는데 여기서 빛이 전파되는 원리를 알아보면, 먼저 빛은 계속 앞으로만 나아가는 직진성을 가지며, 서로 다른 물질을 만나게 되면 굴절하는 굴절성을 가진다. 또한 빛은 굴절도 하지만 일부 반사되어 나아가는 일부 반사파도 생기는 반사성도 가진다.

자유공간에서의 빛의 속도를 C, 매질내의 속도를 V라고 했을 때 두 속도간의 관계식은 $\dfrac{C}{V}$ 인 관계가 있으며, 이 관계식을 굴절률 n이라고 하면 $n = \dfrac{C}{V}$ 가 된다.

여기서 굴절률 n_1을 가지는 매질을 전파한 빛이 굴절률 n_2의 매질에 부딪쳤을 때의 각도를 입사각 θ_1하고, 굴절률 n_2의 매질로 굴절되었을 때의 각도를 굴절각 θ_2했을 때 입사각 θ_1과 굴절각 θ_2와의 관계를 관계식으로 표현하면 다음과 같다.

$$\frac{n_1}{n_2} = \frac{\sin\theta_1}{\sin\theta_2}$$

위의 관계식을 스넬의 법칙(Snell of Law)이라 하며, 스넬의 법칙은 위에서 보다 시피 빛이 서로 다른 매질의 경계면에 입사하여 통과할 때의 입사각과 굴절각의 관계를 표현한 법칙을 말한다.

따라서 광섬유에 대한 빛의 전파 원리는 스넬의 법칙을 이용하며, 매질 1의 굴절률 n_1이 매질 2의 굴절률 n_2보다 커야 한다. 그리고 빛이 큰 굴절률의 매질에서부터 낮은 굴절률의 매질로 입사되는 입사각이 작을 경우에는 굴절되는 파가 많아지고, 반대로 입사각이 클 경우에는 굴절파 보다 반사파가 많아진다.

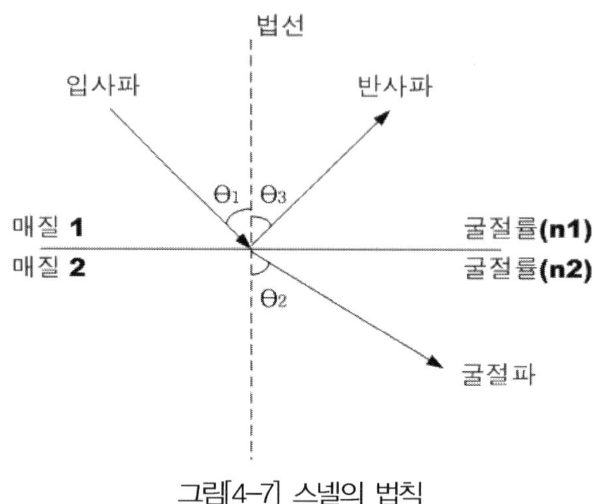

그림[4-7] 스넬의 법칙

그러므로 입사각이 어느 정도의 큰 각을 이루고 입사하게 되면 빛의 전반사가 일어나는데 이때의 입사각을 임계각 이라 한다.

여기서 임계각(Critical Angle, θ_c)은 빛의 전반사가 일어나기 위한 빛(광)의 최소 입사각을 의미하며, 다음과 같은 관계식을 가진다.

$$\theta_c = \sin^{-1} \frac{n_2}{n_1} \quad 단(n_1 > n_2)$$

결국 광통신은 보내려는 신호의 빛을 임계각과 같거나 크게 하여 굴절률이 높은 매질내로 입사광을 가두어 전반사가 일어나도록 해서 빛을 전파시키는 방법을 이용한다.

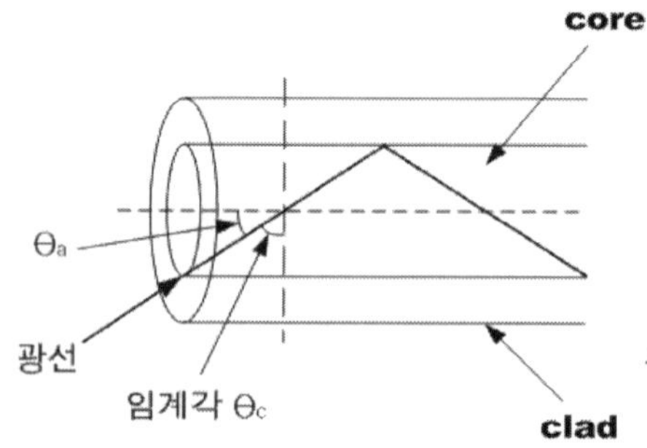

그림[4-8] 광섬유 케이블의 전반사

③ 광섬유 파라미터(Parameter)

광섬유 파라미터는 광섬유의 특성 평가를 위한 방법으로 광전송에 중요한 의미를 갖는 굴절률에 관계되는 광학 파라미터와 광섬유의 구조를 나타내는 구조적 파라미터로 구분된다.

광학 파라미터에는 광섬유의 광의 입사상태를 나타내는 수광각과 개구수, 코어와 클래드 굴절률의 차이를 나타내는 비굴절률 차, 코어의 굴절률 분포상태를 나타내는 굴절률 분포계수와 규격화 주파수 등이 있으며 구조적 파라미터에는 코어와 클래드의 직경, 이상적인 동심원을 평가하는 비원율과 편 심율 등이 있다.

㉠ 광학 파라미터

　가. 수광각

광을 광섬유의 코어 내에 전달하기 위한 최대의 입사 각도로서 코어의 중심축을 수직축으로 하여 입사되는 빛과 수직축과의 각을 θ_a 라고 했을 때 광의 입사각이 θ_a 보다 작아야 하며, θ_a 보다 클 경우에는 코어와 클래드의 경계면에서 굴절이 일어나 누설되는 광이 있을 수 있다.

따라서 수광각은 θ_a 의 2배에 해당되는 각을 말한다.

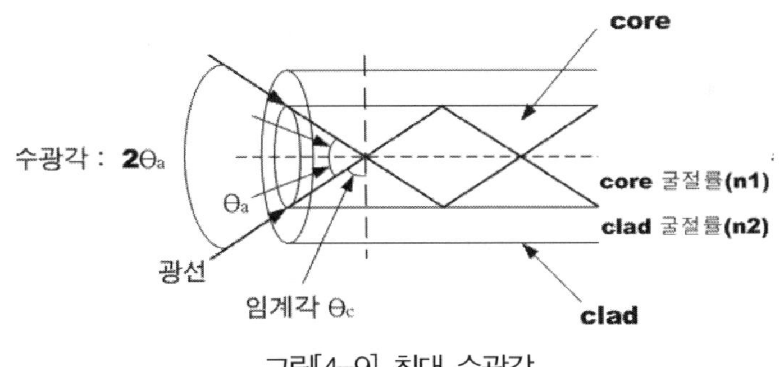

그림[4-9] 최대 수광각

결국 광이 광섬유 코어 내를 전반사하려면 위의 그림과 같이 수광각 $2\theta_a$ 의 범위의 각도로 입사해야 하며, 광섬유로부터 출사되는 광 역시 수광각의 범위 내에 있어야 한다.

여기서 θ_a 는 다음 식으로 구해지며, 최대 수광각 $2\theta_a$ 는 다음의 근사치 값을 얻어낼 수 있다.

$$최대 \ 입사각 \ \theta_a = \sin^{-1} \sqrt{2 \frac{n_1^2 - n_2^2}{n_1^2}}$$

$$\text{최대 수광각 } 2\theta_a = \sin^{-1} 2n_1 \sqrt{2\,\frac{n_1^2 - n_2^2}{n_1^2}}$$

나. 개구수(Numerical Aperture)

개구수란 광학 렌즈의 성질을 나타내는 척도의 하나로서 렌즈에 평형 광선을 입사시키면 렌즈를 통과한 광은 하나의 초점으로 집광되는데, 이때 초점에서 렌즈의 중심까지의 각을 θ라 하면 이것의 정현 값을 개구수라 한다.

즉 입사광에 대해 받아들일 수 있는 최대 수광각 으로서 광을 모을 수 있는 최대 능력을 나타낸다.

광섬유 내에 전반사 할 수 있는 광을 입사시키기 위해서 광섬유의 개구수와 같은 개구수의 렌즈를 사용하여 집광하여 코어내로 입사 시킬 수 있다.

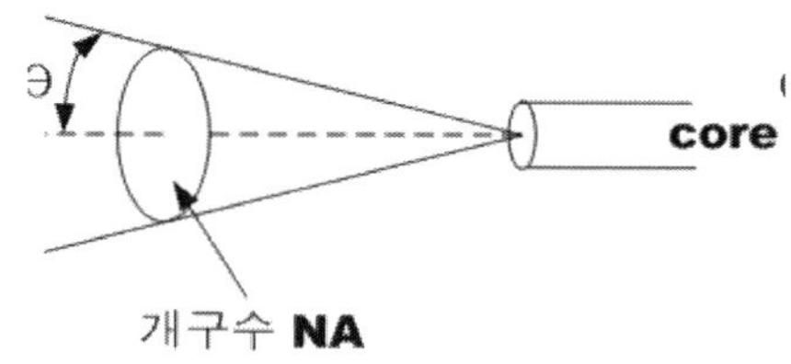

그림[4-10] 개구수

광섬유에서 개구수는 NA로 나타내며 NA는 다음 식으로 표현된다.

$$NA = \sqrt{n_1^2 - n_2^2}$$

여기서 n_1 : 코어의 굴절률, n_2 : 클래드의 굴절률을 나타내며 이 값이 클수록 넓은 각도에서 광을 입사할 수 있어 작은 각도에서 광을 입사하는 것 보다 많은 광을 광섬유의 코어내로 입사시킬 수 있다.

따라서 개구수(NA)는 광섬유의 수광 가능한 최대의 각을 표시하는 중요한 파라미터로서 다중 모드 광섬유의 전송대역과 밀접한 관련이 있으며 대표적으로 단일모드 광섬유의 경우 0.1정도의 값을 가지며, 다중모드 광섬유의 경우에는 0.18 ~ 0.3정도의 값을 가진다.

다. 규격화 주파수(normalized frequency)

규격화 주파수는 광섬유가 단일모드 광섬유인지 다중모드 광섬유인지를 구별하는 요소로서 정규화 주파수 또는 V값(V-parameter 또는 parameter value)으로 불리며 다음 식으로 표현된다.

$$V = \beta\alpha \sqrt{n_1^2 - n_2^1}$$

여기서 β : 위상정수 $\dfrac{2\pi}{\lambda}$ 를 나타내며 $\lambda = \dfrac{c}{f}$ $(c = 3 \times 10^8)$, a : 광섬유의 반지름을 나타낸다.

이 식에서 V값이 2.405보다 크면 다중모드 광섬유이고, V값이 2.405보다 작으면 단일모드 광섬유가 된다.

예를 들어 단일모드 광섬유의 코어 반경이 3$[\mu m]$ 이고 개구수(NA)가 0.1, 파장(λ)이 0.85$[\mu m]$의 단파장이라면 $V = 2.21$ 정도가 된다.

라. 비 굴절률의 차(core–cladding index difference)

비 굴절률의 차는 코어(core)의 굴절률과 클래드(clad)의 굴절률의 차이 정도를 나타내는 파라미터로서 Δ로 표시하며, 다음 식으로 정의된다.

$$\Delta = \frac{n_1 - n_2}{n_1}$$

비 굴절률의 차는 일반적으로 1에 비하여 극히 작은 값이므로 보통 100배하여 $[\%]$로 표시하며, 이 굴절률의 차가 크면 코어(core)의 굴절률이 크다는 의미가 되어 광을 코어(core)내에 전파하기 쉬워진다.

통상 코어(core)와 클래드(clad)의 굴절률은 1.5보다 조금 작은 값으로서 굴절률의 차는 0.01정도의 값을 가진다.

ⓛ **구조적 파라미터**

가. 코어 직경(내경)

코어직경(core diameter)은 광섬유에서 광을 전송할 때 광을 가두어 두는 코어의 크기를 나타내는 것으로, 광섬유의 안쪽 지름(내경)이라고도 부른다.

이상적인 광섬유에서의 코어 직경은 원의 지름으로 나타낼 수 있으나 실제의 광섬유에서는 코어의 직경을 정의하기는 어렵다.

일반적으로 그림[4-11]과 같이 코어의 최소 내접원($d_{\min}$)의 직경과 최대 내접원

(d_{max})의 직경의 평균으로 나타낸다.

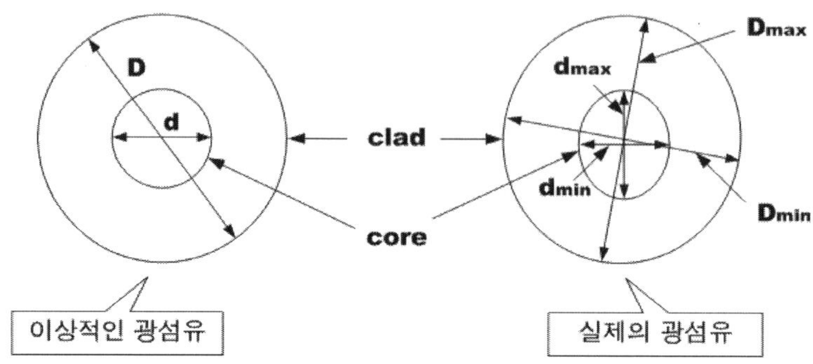

그림[4-11] 광섬유의 단면 구조도

$$\text{코어의 직경} : d = \frac{d_{\mathrm{max}} + d_{\mathrm{min}}}{2}$$

나. 클래드 직경(외경)

클래드의 직경(clad diameter)은 코어 내를 전반사하여 전파하는 광이 누설되지 않도록 코어를 감싸고 있는 클래드의 두께(굵기)를 나타내는 것으로 광섬유의 바깥지름(외경)이라고도 부른다. 코어의 직경과 같이 광섬유의 설계 및 접속특성을 평가하는데 중요한 파라미터로 사용된다.

$$\text{클래드의 직경(외경)} : D = \frac{D_{\mathrm{max}} + D_{\mathrm{min}}}{2}$$

다. 비원률

실제의 광섬유의 코어 직경(내경)과 클래드의 직경(외경)이 이상적인 광섬유의 직경(완전한 원의 형태)으로부터 얼마만큼 벗어났는가를 나타내는 파라미터로서 코어의 비원률과 클래드의 비원률 이 있다.

$$\text{코어의 비원률} : e = \frac{d_{\mathrm{max}} - d_{\mathrm{min}}}{2} \times 100 \, [\%]$$

$$\text{클래드의 비원률} : D = \frac{D_{\mathrm{max}} - D_{\mathrm{min}}}{2} \times 100 \, [\%]$$

라. 편심률

실제의 광섬유에서 코어 중심과 클래드 중심은 같은 점이 되지 않는데 이렇게 코어의
중심과 클래드의 중심축과의 차이를 편심률이라 한다.

$$\text{편심률} : \frac{c}{d} \times 100\,[\%]$$

여기서 c : 코어의 중심과 클래드 중심축과의 간격, d : 코어의 직경(내경)을 나타낸다.

④ 광섬유 케이블의 종류

㉠ 전송되는 모드에 따른 분류

가. 단일 모드 광섬유(SMF : Single Mode Fiber)

단일 모드 광섬유는 광을 코어 내에 적당한 임계각으로 하나만 전파하는 광섬유로서
주로 광통신에서 백본용으로 사용되며 다음과 같은 전파특성을 갖는다.

- 하나의 모드로만 광을 전달할 수 있도록 제작된 케이블이다.
- 비교적 수십km까지의 장거리 전송이 가능하고 전파 손실이 적게 발생한다.
- 고속 대용량 데이터 전송에 적합하다.
- 모드 간 분산이 없다.
- 코어의 직경이 9~10μm로 매우 작아 케이블의 제조 및 접속이 어렵고 고도의 기술이
  필요하다.

나. 다중 모드 광섬유(MMF : Multi Mode Fiber)

다중 모드 광섬유는 광을 코어 내에 2개 이상 전파하는 광섬유로서 단일모드 광섬유에
비해 전파속도가 느려 비교적 근거리 광통신용으로 사용된다.

- 코어 내에 전파하는 빛의 모드가 여러 개의 모드로 전달된다.
- 각각 모드간의 속도차로 인하여 속도가 느리고, 전파손실이 크다.
- 모드 간 분산이 존재한다.
- 근거리 전송에 사용된다.
- 코어의 직경이 60~85μm로 크기 때문에 케이블의 제조 및 접속이 용이하다.

㉡ 굴절률에 따른 분류

가. 계단 형 광섬유(SIF : Step Index Fiber)

계단 형 광섬유란 코어의 굴절률(n_1)과 클래드의 굴절률(n_2)의 차이가 코어와 클래드
의 경계면에서 급격하게 변하는 형태의 광섬유를 말한다.

- 모드 분산에 의해 전송속도가 제한되며 전송 대역폭도 수십MHz으로 비교적 좁다.
- 주로 근거리 단파장용으로 사용된다.
- 제조가 용이하며 가격이 저렴하다.

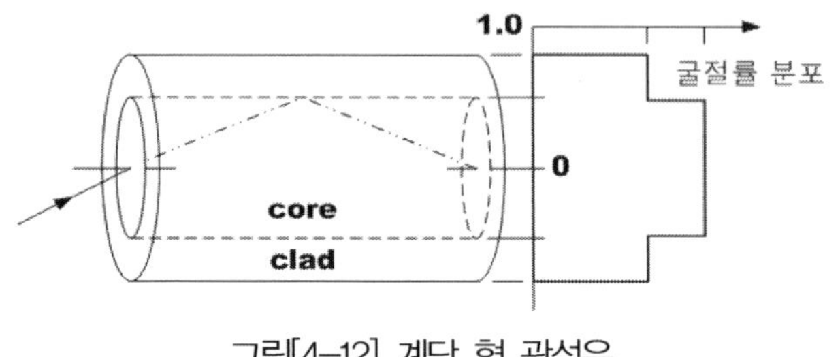

그림[4-12] 계단 형 광섬유

나. 언덕 형 광섬유(GIF : Graded Index Fiber)

언덕 형 광섬유란 코어 중심의 굴절률이 가장 크고 클래드 쪽으로 갈수록 굴절률이 완만하게 줄어드는 형태로서 굴절률 분포가 마치 언덕처럼 둥그스름하게 되어 있는 광섬유를 말한다.

- 모드 간 전파 속도차가 적어 모드 간 분산을 줄일 수 있다.
- 모드 분산이 적어 전송속도가 증가하고, 광대역 전송이 가능하다.
- 제조가 어렵고 가격이 비싸다.

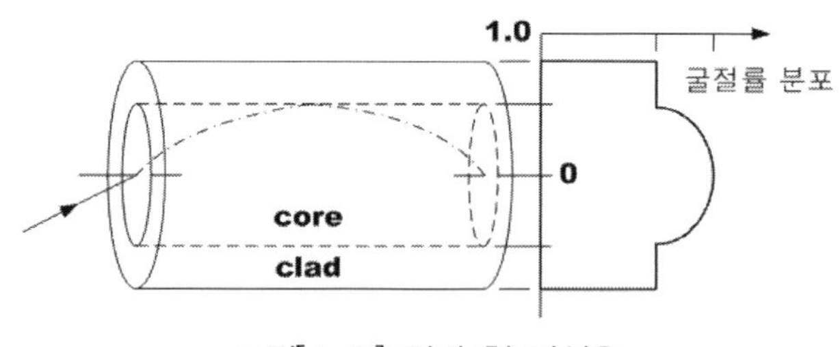

그림[4-13] 언덕 형 광섬유

다. 삼각 형 광섬유(TIF : Triangular Index Fiber)

언덕 형 광섬유는 제조상 고 정밀도의 제어가 요구되며 가격이 고가이어서 언덕 형과 비슷한 형태로 코어 중심의 굴절률이 가장 크고 클래드 쪽으로 갈수록 굴절률이 비례적으로 줄어드는 형태로서 굴절률 분포를 마치 삼각형 형태로 만든 광섬유이다.

⑤ 광섬유의 분산과 전송 손실

㉠ 분산(Dispersion)

분산이란 광섬유에서 광을 전송하는 과정에 광의 속도 차로 인해 파가 퍼져 이웃하는 광 펄스에 서로 영향을 줌으로서 광섬유의 전송대역이 제한되는 현상으로 장거리를 지나면서 각각의 펄스들이 변형되고 폭이 증가되어 이웃하는 다른 광 펄스와 서로 겹쳐지게 된다. 이러한 현상은 수신 단에서 검출되는 신호의 에러를 증가시킴으로서 광섬유의 정보 전송용량을 제한하게 된다.

● 광 펄스가 퍼지면 신호 간구별이 어렵기 때문에 분산 특성은 손실과 더불어 광 전송에 많은 영향을 미친다.

● 분산은 크게 모드 내 분산과 모드 간 분산이 있다. 이중에서 단일 모드 광섬유의 경우에는 전파하는 모드가 하나뿐이므로 모드 간 분산은 존재하지 않고, 다중 모드 광섬유는 주로 모드 간 분산이 문제가 된다.

가. 모드 내 분산(색 분산)

광섬유의 코어 내에 입사하는 광은 인입 각도에 따라 서로 다른 거리를 이동하게 되고 따라서 파장이 서로 달라진다. 이렇게 파장에 따른 전파 속도 차에 의해서 생기는 분산으로 모든 광섬유에서 발생한다. 다른 말로는 색 분산 이라고도 부르며, 재료 분산과 구조 분산 등이 있다.

● 재료 분산

광섬유의 도파 로를 구성하는 재료의 불순물(Cu, Fe 등)로 인한 굴절률이 파장에 따라 변화함으로서 생기는 분산으로 예를 들어 굴절률 n이 파장에 따라 다른 경우 어떤 파장 폭을 가지는 광 펄스가 입사하면 광의 전파속도가 파장에 의해 달라지므로 도달 시간에 차가 생기고 파형이 벌어지게 된다.

● 도파로 분산(구조 분산)

광섬유의 구조 변화로 인하여 광이 광섬유 축과 이루는 각이 파장에 따라 변화하게 되면 실제 경로의 길이에도 변화가 생기게 되고 이에 따라 도착시간이 변화하게 됨으로써 생기는 분산

나. 모드 간 분산

모드 간 분산은 다중모드 광섬유에서만 존재하는 분산으로 다중 모드 광섬유에서 각 모드의 전파 경로가 달라져 수신 단에서 도달되는 시간이 다름에 의해 발생되는 현상으로 모드사이의 전파 속도 차에 의해서 생기는 분산이다.

다중모드에서는 나타나는 주된 분산으로 언덕 형 광섬유를 사용하여 모드 간 분산 현상을 줄일 수 있다.

ⓛ 전송 손실

광섬유로 전파되는 광은 도파로의 불균일성, 마이크로 밴딩 등 구조적 불안정에 의한 구조 손실과 산란, 흡수 등 재료 손실이 있다.

가. 구조 손실

- **구조 불안전에 의한 손실**

  코어와 클래드의 경계면의 미소한 구조상의 변동이나 광섬유 내의 광 도파로 구조의 불 균일에 의해서 생기는 손실

- **마이크로 밴딩(micro bending) 손실**

  광섬유 제조 후 광섬유의 측면에 불균일한 압력이 가해졌을 때 광섬유의 축이 미세하게 구부러지기 때문에 생기는 손실

나. 재료 손실

- **산란손실**

  입사되는 광의 파장보다 미소한 굴절률의 흔들림에 의해 일어나는 Rayleigh산란과 물질에 일정한 주파수의 광을 주사한 경우 분자의 고유한 진동이나 결정의 격자 진동 에너지만큼 벗어난 주파수의 빛이 산란되는 Raman산란, 재료의 구조적 불완전성 때문에 생기는 Brillouin산란 등이 있다.

- **흡수 손실**

  광섬유에 포함된 철, 구리, 코발트, 망간 등과 같은 불순물에 의해 일어나는 손실로 광 출력이 광섬유 내에서 일부 열로 유실되는 현상이다.

- **회선 손실**

  광섬유를 영구 접속 또는 임시 접속으로 연결 시 발생하는 접속손실과 광원과 광섬유 결합 시 발생하는 결합손실이 있다.

⑥ 광섬유의 특징

㉠ 장점

가. **가요 성** : 광섬유의 주재료는 유리이지만 플라스틱성분을 첨가하여 유연성을 가미하였다.

나. **무유도성** : 광통신은 빛을 이용함으로 주변 장치의 전기적 신호에 대해 전혀 영향을 받지 않는다.

다. 광대역성 : 넓은 주파수 범위의 신호를 전송한다.

라. 고속 성 : 기존의 구리선을 사용하는 전송로보다 데이터 손실이 적고 전송속도가 빠르다.

마. 경제 성 : 광섬유의 주재료인 유리는 자원이 풍부하여 제조 단가를 낮출 수 있어 경제
적이다.

바. 세경 성 : 미세가공이 가능하므로 적은 부피로 많은 회선구성이 가능하다.

사. 경량 성 : 비교적 가볍다.

ⓛ 단점

가. 미세가공 으로 인해 제조가 어렵고 유지, 보수비용이 많이 든다.

나. 회선의 접속이 어렵고, 케이블의 복구 시간이 많이 들며 접속 장비 또한 고가이다.

다. 광섬유에서만 존재하는 분산현상으로 인해 많은 제약을 받는다.

라. 비 전도체로 중계기에 전원 공급을 위한 별도의 급전선이 필요하다.

마. 충격에 약하고, 전송 장애가 발생할 경우 전체 회선에 영향을 줄 수 있다.

바. 입/출력 단에 전기를 광으로 광을 전기신호로 변환시켜 주는 장치가 따로 필요하다.

⑥ 광통신 시스템

광통신이란 레이저 빛을 광섬유를 통해 전반사의 원리를 이용하여 정보를 주고받는 통신방식을
광통신이라 한다.

㉠ 광통신 시스템 구성도

송신하고자 하는 음성 및 영상 등을 우선 전기신호로 바꾸고 이 전기 신호를 발광 소자(LD,
LED 등)의 발광 강도를 변화시켜 이를 광섬유에 의해 보다 멀리 전송하고, 수신 측에서는
이 광의 세기를 광 검출기(수광 소자 : PD, APD 등)에 의해 검출하고 다시 전기 신호로
변환하여 송신측과 같은 음성 및 영상을 얻는다.

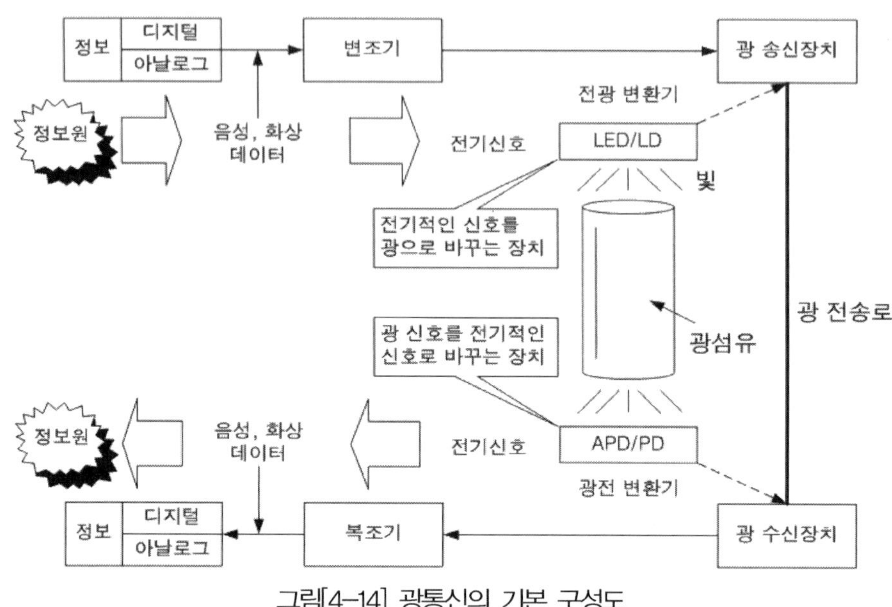

그림[4-14] 광통신의 기본 구성도

ⓛ 광원과 광 검출기

가. 광원(발광 소자)

전기 신호를 광신호로 변환시켜 주는 전광소자로서 발광다이오드(LED)와 레이저 다이오드(LD)가 있다.

- 발광 다이오드(LED : Light Emitting Diode)

위상이 무질서한 incoherent 광으로 자연 방출을 이용한 것으로 저속 전송(100Mbps 이하)에 사용된다.

LED는 값이 싸고 넓은 온도 범위에서 동작하며, 수명도 길다.

- 레이저 다이오드(LD : Laser Diode)

반도체의 유도 방출을 이용한 coherent 광으로 LED보다 구조가 복잡하나 더욱 고속 데이터 전송(Gbps)에 사용된다.

광섬유에서 대부분 근거리인 경우에는 850-nmLED 광원을 사용하고, 조금 더 먼 거리에서는 1300-nmLED, 1500-nmLED등이 사용된다.

나. 광 검출기(수광 소자)

광 신호를 전기 신호로 변환시켜 주는 광전소자로서 PD와 레이저 APD등이 있다.

- PD(Photo Diode)

값이 저렴하고 소 용량 및 저속의 간단한 시스템에 적합하며, S/N비가 낮고 출력 전
력도 낮아 증배 작용이 없다.

- APD(Avalanche Photo Diode)
  높은 바이어스 전압이 필요하지만 avalanche 증배에 의해 큰 출력을 얻을 수 있고,
  S/N비를 향상시킬 수 있어 장거리 및 대용량 고속 광전송에 적합하다.

ⓒ 광변조 방식

　가. 광변조 방식

- IM(Intensity Modulation)
  전송하고자 하는 정보 신호를 부호화하여 1과 0의 Digital 전기 펄스를 만든 다음
  이것에 따라 광원을 On/Off 하여 광 펄스를 전송하는 방식으로 incoherent 방식이
  라고도 부른다.

- coherent 방식
  강의 강약에 의해 신호를 전송하는 것이 아니고, 일반적인 전파와 같이 전송하고자
  하는 정보신호에 따라 광파의 위상이나 주파수를 변화시켜 신호를 전송하는 방식

　나. 광 검출 방식

　　광 신호를 검출하는 방식으로는 광 신호의 크기를 직접 검출하는 DD(Direct Detec-
tion)방식을 사용한다.

　　현재 우리나라에서는 광변조 및 광 검출방식으로 IM/DD방식이 이용되고 있다.

4.5　무선 전송매체

　무선 전송매체는 공중(공기), 해수면(물)등과 같은 매체를 통하여 정보를 전송하는 방법으로 단순히
무선 전송이라고도 부른다.

　무선 전송매체는 사용하는 주파수 대역에 따라 VLF(Very Low Frequency), LF(LOW F),
MF(Medium), HF(High), VHF(Very High), UHF(Ultra High), EHF(Extreme High)등으로 분류
할 수 있으며, 통신방식에 따라서는 지상 마이크로파 통신, 위성 마이크로파 통신, 이동 통신 등이 있다.

(1) 사용하는 주파수 대역에 따른 분류

명칭	약어	주파수 대역	자유 공간에서의 파장
초장파(Very Low Frequency)	VLF	3_{KHz} − 30_{KHz}	10km − 1km
장파(Low Frequency)	LF	30_{KHz} − 300_{KHz}	1km − 100m
중파(Medium Frequency)	MF	300_{KHz} − 3_{MHz}	100m − 10m
단파(High Frequency)	HF	3_{MHz} − 30_{MHz}	10m − 1m
초단파(Very High Frequency)	VHF	30_{MHz} − 300_{MHz}	1m − 100cm
극초단파(Ultra High Frequency)	UHF	300_{MHz} − 3_{GHz}	100cm − 10cm
초고주파(Super High Frequency)	SHF	3_{GHz} − 30_{GHz}	10cm − 1cm
밀리미터파(Extremely High Frequency)	EHF	30_{GHz} − 300_{GHz}	1cm − 10mm

이중에서 UHF와 SHF사이의 주파수대역(1_{GHz} ~ 30_{GHz})을 마이크로파라고 부르며, 실제 마이크로웨이브 통신방식에서 사용되어지고 있다.

(2) 지상 마이크로웨이브 통신(Terrestrial Microwave)

마이크로웨이브(M/W : Microwave)통신이란 1_{GHz} ~ 30_{GHz}의 UHF와 SHF사이의 주파수 대역을 이용하여 주로 가시거리 통신을 수행하는 통신방식이다.

FDM/FM에 의한 아날로그 전송방식이나 TDM/QPSK 또는 TDM/QAM에 의한 디지털 전송방식으로 운영되고 있으며, 하나의 무선 회선을 이용하여 수백 − 수천 개의 채널을 전송할 수 있어 장거리 전화, TV 신호 중계, 레이더 및 고속 데이터 통신 등에 많이 이용되고 있다.

① 지상 마이크로웨이브 통신 방식의 특징

마이크로웨이브 통신은 마이크로파 주파수 대역을 사용하므로 일반적으로 파장이 짧고 직진성이 좋으나 반사, 굴절, 간섭 등의 성질이 빛과 유사하여 건물이나 산과 같은 장애물이나 나쁜 기후조건에 영향을 많이 받을 수 있다. 하지만 장애물이 없는 지역에서는 지구 대기를 통해서 50_{km}를 초과하는 거리에도 신뢰성 있는 통신이 가능하다. 따라서 전파통로 상의 장애물이 없는 직통 중계가 가능한 지역에서 많은 이점을 가지며, 다음과 같은 특징이 있다.

㉠ 일반적으로 접시 형 안테나(바라볼라 안테나)를 사용하며 장애물이 없는 직통 중계가 가능하여야 하므로 주로 높은 지역에 중계기를 위치한다.

ⓛ 장거리 통신 서비스에 대해 신뢰성 높은 데이터 전송률을 제공하며, TV신호 중계 시 동축 케이블 대용으로 사용할 수 있다.

ⓒ 동축 케이블에 비해 훨씬 적은 증폭기와 리피터가 필요하며, 지구 대기를 통한 가시거리 통신은 50㎞초과하여 통신이 가능하다.

ⓔ 높은 구조물이나 산과 같은 장애물, 기상 변화에 영향을 받는다.

② **지상 마이크로웨이브 중계 방식**

지상 마이크로웨이브 통신의 중계방식으로는 직접 중계 방식, 헤테로다인 중계방식, 검파중계 방식, 무 급전 중계방식 등이 있다.

㉠ **직접 중계 방식**

직접 중계방식이란 수신한 M/W 전파를 단순히 그대로 증폭한 다음 다시 송신하여 중계하는 방식으로 중계소에서 검파 조작을 하지 않으므로 장치가 간단하고 가격이 저렴한 반면 전파 손실 보상 및 잡음 방지기능이 없어 원거리 전송에 부적합 하며, 통화로의 삽입 및 분기가 곤란하다는 단점이 있다.

㉡ **헤테로다인 중계 방식**

수신한 M/W 전파를 일단 증폭하기 쉬운 중간 주파수(IF)대로 변환하여 중간 주파수 증폭기로 필요한 만큼 증폭한 후 다시 M/W 전파로 변환하여 다음 중계기나 수신기로 송신하여 중계하는 방식으로 중계기에서 변복조를 하지 않기 때문에 변복조에 의한 특성의 열화가 적어 중계기가 많은 장거리 무선 통신에 많이 사용된다.

가. 통화로의 삽입 및 분기가 어렵다.

나. 변복조 장치가 부가되어 있지 않으므로 특성 열화(변복조에 의한 신호 파형 변형)가 생기지 않고 장치 구조가 간단하다.

다. 동일한 중간 주파수를 사용하면 다른 회선과도 접속이 가능하다.

라. 장거리 전송이 가능하다.

㉢ **검파중계 방식**

수신한 M/W 전파를 한번 복조하여 원 신호로 회복시킨 후 에러를 수정하고 신호를 증폭하여 다시 변조 된 M/W 전파로 바꾸어 송신하는 중계방식으로 증폭은 다른 중계방식에 비해 쉬우나 변복조 과정에서 원 신호 파형의 변형이 생겨 중계소가 많은 장거리 전송에는 부적합하다.

가. 통화로의 삽입 및 분기가 간단하다.

나. 변복조 장치가 부가되어 있어 구조가 복잡하고, 변복조에 따른 신호파형 변형이 생긴다.

다. 근거리 통신에 사용된다.

② 무 급전 중계방식

무 급전 중계방식이란 금속판이나 금속 망과 같은 반사판을 이용하여 M/W전파의 진행 방향을 변경시켜 중계하는 방식으로 중계소간 거리가 그다지 멀지 않은 구간에서 사용된다.

가. 중계소간 거리가 가까울수록, 반사판의 크기가 클수록 손실이 적다.

나. 반사 각도가 직각에 가까울수록 손실이 적다.

다. 전파 경감시키기 위해 송·수신 안테나의 이득은 크게, 송·수신 거리는 짧게 하고 반사각은 직각에 가깝게 한다.

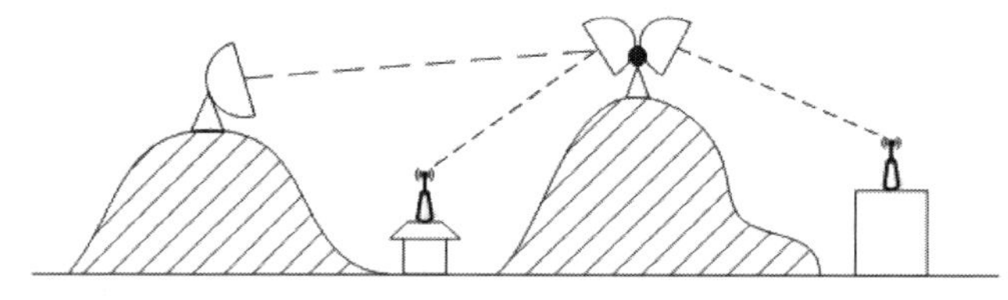

그림[4-15] 무 급전 중계 방식

③ 지상 마이크로웨이브의 특징

가. 지향성과 이득이 큰 안테나를 소형으로 만들 수 있다.

나. 반송파의 주파수가 높아 광대역 고속 전송이 가능하다.

다. 주파수대역이 높아 외부 잡음의 영향이 적어 잡음 특성이 양호하고 S/N비를 크게 할 수 있다.

라. 전파 손실이 적으며 안정된 전파 특성을 가진다.

마. 회선 구성에 용통성이 있고, 회선 건설 기간이 짧다.

바. PTP(Point To Point)통신이 가능하다.

사. 유지보수에 어려움이 있다.

아. 무선통신방식이므로 보안에 취약하다.

자. 비, 구름, 안개등에 의해 전파가 흡수 감쇠되거나 산란되기 때문에 기상상태에 따라 전송 품질이 변한다.

차. 수신측에 불필요한 전파가 유입되어 원하는 신호의 수신을 방해하는 간섭현상이 발생할 수 있다.

카. 장거리 통신을 하기 위해서는 중계기가 많이 소요되어 비용이 증가된다.

(3) 위성 통신(Terrestrial Microwave)

위성통신이란 우주공간에 존재하는 위성을 이용하여 통신을 행하는 모든 무선통신을 의미하며 지구국과 지구국간 대기권 밖의 우주공간에 존재하는 인공위성을 통해 정보를 중계하는 통신방식이다.

위성 중에는 지구의 자전속도와 같은 속도로 지구를 공전하여 마치 지구 궤도(36,768㎞상공)위에 정지해 있는 것처럼 보이는 정지궤도 위성이 있는데, 위성통신은 주로 이 정지궤도 위성을 이용한다.

정지궤도 위성은 한 개의 위성으로 지구 전지역의 42% 대략 3분의 1을 커버 할 수 있기 때문에 3개의 위성만으로 극지방을 제외한 전 세계의 위성통신 서비스가 가능하며, 통신 불능 지역인 극지방은 저궤도 위성(이동위성)을 이용하여 통신을 수행할 수 있다.

우리나라의 무궁화 5호 위성도 동경 113도 상공에 떠 있는 정지궤도 위성 중 하나이다.

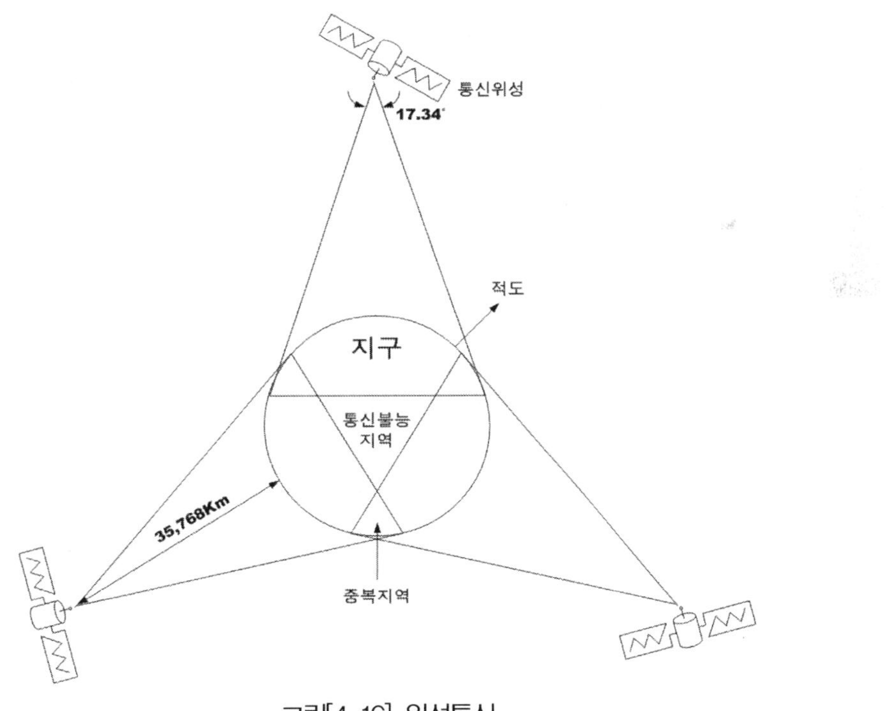

그림[4-16] 위성통신

① 위성통신 방식의 특징

위성통신은 지상 마이크로웨이브 통신 방식이 장거리 전송을 할 경우 중계기가 많이 필요하다는 단점을 보완한 형태로 지상의 송신국과 수신국간 위성을 이용하여 통신을 수행하는 방식으로 지형에 관계없이 고른 통신이 가능하고 기상변화 및 재해 발생 시 통신의 제약을 받지 않으며 고속 광대역 통신을 할 수 있다.

그러나 우주공간에 있는 위성을 이용하므로 전파 도달거리에 따라 최소 238ms, 최대 278ms 평균 약 250ms정도의 전파지연이 생긴다는 단점을 가진다.

또한 위성 통신에 주로 이용하는 정지궤도 위성은 고도가 높아 전파가 전달되는 동안 전파의 세기가 감쇠되기 때문에 위성이나 지상 안테나의 크기가 커야 하고, 위성에 탑재된 중계기의 출력도 높아야 한다.

마찬가지로 지상에서 위성으로 전파를 보내는 경우에도 높은 출력을 가진 큰 안테나가 필요하게 되는데 지구국용 안테나로는 주로 카세그레인 안테나를 이용하며, 하나의 안테나로 위성 간 송·수신을 모두 수행한다.

② 위성통신의 분류

㉠ 용도에 따른 분류

위성통신의 용도는 크게 통신용 위성과 방송용 위성으로 구분된다.

가. 방송위성

방송위성은 주로 바다를 사이에 두고 멀리 떨어져 있는 지역이나 지상방송신호가 전달되지 않는 난시청 해소를 위해 텔레비전 방송용으로 고안된 위성으로 일반 공중에서 방송이 직접 수신되도록 위성에 탑재한 중계기에서 신호를 전송 또는 재전송을 수행한다.

나. 통신위성

통신위성은 지상 통신국으로부터 전달되어온 신호를 수신하여 증폭 및 주파수 변환한 후 다시 상대 지구국에 송신하는 우주 전파 중계소 역할을 하는 위성으로 대륙 간 통신 중계 및 선박이나 항공기의 안전 서비스를 위한 용도로 고안되었다.

통신위성이나 방송위성 모두 정지 위성을 사용하여 지구국에서 보낸 전파를 증폭하여 지상의 서비스 영역을 향해 전파를 발사하는 점에서는 같으나, 통신위성은 송신 전력이 20~40W정도이기 때문에 지구국이 대형 안테나를 구비하고 있어야 하는 반면에 방송위성은 송신 전력이 100W이상의 큰 출력으로 송신하기 때문에 지상에서는 직경 30~40Cm전후의 소형 파라볼라 안테나로도 수신할 수 있다는 차이점을 가진다.

㉡ 고도/궤도에 따른 분류

궤도의 종류는 크게 정지궤도, 저궤도, 중궤도, 장 타원 궤도 등으로 구분되며, 정지궤도

이외의 위성들은 지상에서 볼 때 지구의 주위를 항상 빠른 속도로 돌고 있기 때문에 주위위
성이라 부르며, 정지궤도는 지구의 자전속도와 같아 지상에서 볼 때 항상 위치가 고정되어
있는 것처럼 보여서 정지위성이라고 부른다.

가. 정지궤도(GEO)

적도 상공 36,768km의 궤도에 위치한 위성으로 위성이 항상 같은 위치에 있기 때문에
정지위성이라고 부른다.

현재 주로 사용되고 있는 위성으로 위치가 고정되어 있고 고도가 높아 3개의 위성으로
지구 전 지역에 상시 통신망을 확보할 수 있으나 극지방은 전파가 도달되지 않아 통신
망을 확보할 수 없다는 단점을 가진다.

나. 저궤도(LED)

고도 500~2000km의 궤도에 위치한 위성으로 1~2시간에 한번 씩 지구 주위를 돌기
때문에 이동위성이라고도 부른다. 많은 위성을 쏘아 올려 항상 어느 곳에서도 볼 수
있으며, 정지위성으로는 통신망을 확보할 수 없는 극지방에서 통신이 가능하도록 중계
역할을 수행한다.

거리가 가깝기 때문에 전송 지연시간이 짧고, 전파의 송신 전력이 약해도 된다는 장점
이 있다. 이리듐(Iridium)등 이동통신 위성 등이 이에 해당된다.

다. 중궤도(MEO)

고도 10000km정도의 궤도에 위치한 위성으로 수기 내지 수십 기의 위성으로 지구 전
지역을 커버할 수 있다. 저궤도 와 정지궤도 중간에 해당하며, 저궤도 위성과 같이 이
동통신 위성으로 사용된다.

다. 장타원 궤도(HEO)

원 지점의 약 40000km, 근지점의 고도가 약 1000km정도의 가늘고 긴 타원형 궤도에
위치한 위성으로 원 지점부근에서는 위성이 천천히 움직이므로 지상에서 보이는 시간
이 길고, 근 지점에서는 빠르게 움직이므로 지상에서 보이는 시간이 짧다. 보통 2~3기
정도의 위성을 교차해서 사용하는데 러시아, 캐나다처럼 높은 위도 지역에서 국부적으
로 이용된다.

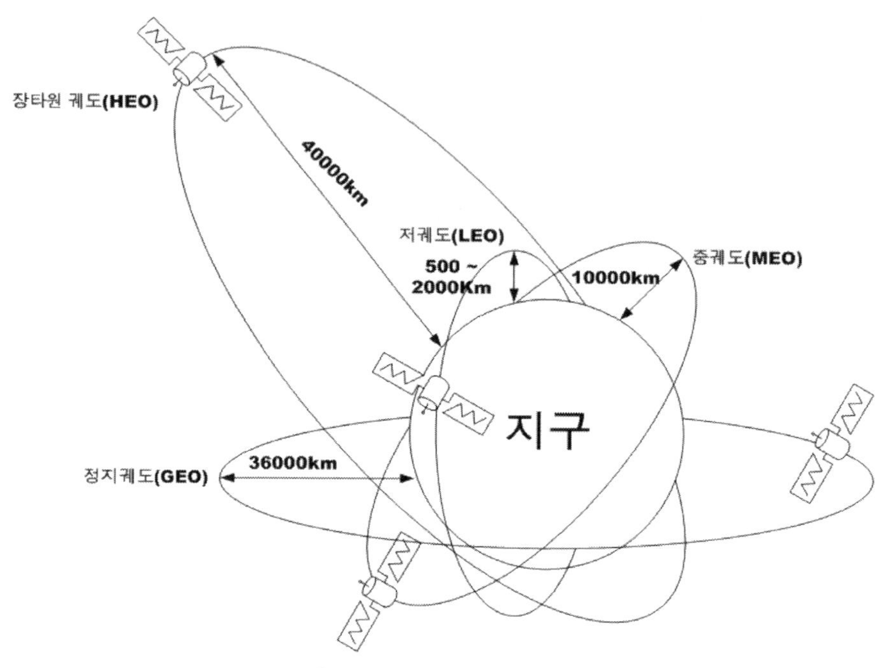

그림[4-17] 여러 가지 위성 궤도

ⓒ 회선할당에 따른 분류

하나의 위성을 여러 곳의 지구국이 동시에 사용하여야 하므로, 각 지구국에 위성과 통신을
할 수 있는 채널(Channel)을 할당하는 방법으로 PA(사전 할당), DA(요구 할당), RA(임의
할당)등으로 구분된다.

가. PA(Pre Assignment Multiple Access) – 사전할당

위성과 지구국 사이에 통신채널을 사전에 할당하여 고정적으로 사용하는 방식으로 KBS
위성 방송과 같이 1년 365일 24시간 방송을 해야 하는 방송통신용 채널에 사용된다.

데이터 량이 많고, 회선 사용이 잦은 경우에 적합하다.

나. DA(Demand Assignment) – 요구 할당

위성과 지구국 사이에 통신채널을 지구국에서 요청을 할 때마다 즉 통신요청 요구 신
호가 발생할 때 마다 회선을 할당하는 방식으로 데이터 량이 많고, 회선 사용이 적은
경우에 적합하다.

다. RA(Random Assignment) – 임의 할당

전송할 정보가 발생한 즉시 임의로 비어있는 통신 채널을 할당하여 통신을 행하는 방

식으로 데이터 량이 적고 짧은 시간 채널 사용 시 적합하다.

③ 위성통신 시스템
　㉠ 위성 체의 구성도

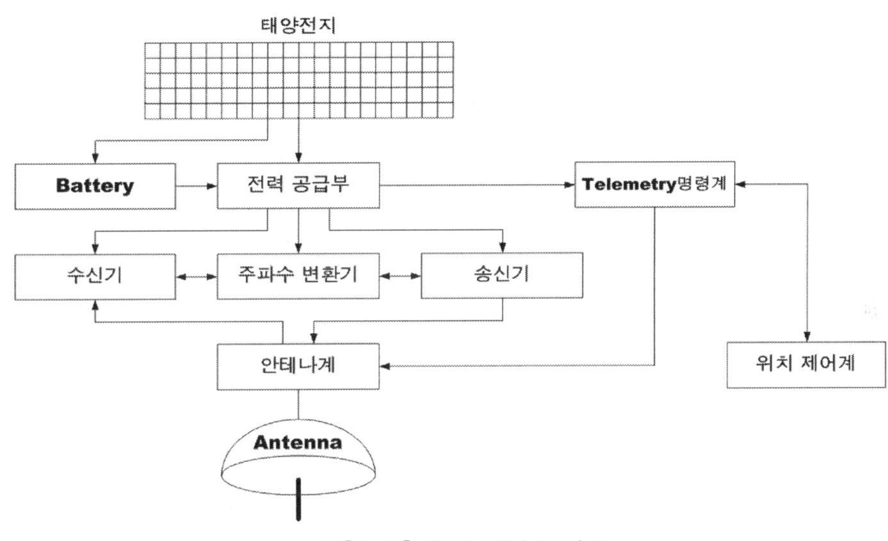

그림[4-18] 위성 체의 구성도

　㉡ 위성 체의 기능
　　위성은 크게 통신기능을 담당하는 Payload부와 전력공급 및 위성의 제어를 담당하는 Bus
　　부로 구분된다.

　　Payload부는 중계기와 안테나로 구성되며, 이중에서 중계기는 주파수 변환 및 증폭기능을
　　수행하고, 안테나는 신호의 송/수신을 담당한다.

　　Bus부는 명령 계와, 전력계, 제어계로 구성되며, 명령 계는 위성 체의 자세와 궤도에 관한
　　정보를 지구국의 관제소와 송/수신을 행하고, 전력계는 위성 체를 구성하는 각 장비들에게
　　전원을 공급하고 태양에너지를 전기 에너지로 변환, 저장을 담당하며, 제어계는 위성의 자
　　세, 궤도 안테나의 위치 등을 제어하는 임무를 수행한다.

　㉢ 지상 시스템
　　지상에서는 위성을 감시 제어기능을 담당하는 관제소와 위성과의 송/수신을 담당하는 지구
　　국으로 구성된다.

　　지상 관제소는 위성의 상태 및 동작을 관리/제어를 담당하며, 원격 측정, 원격 명령, 추적

등의 임무를 수행한다. 또한 주관제소와 부관제소로 분리 운영된다.

지구국은 위성과의 정보 송/수신 기능을 담당하며, 안테나, 저잡음 증폭기, 송/수신 변환기, 고출력 증폭기, 통신 제어기 등으로 구성된다.

④ 위성통신의 형태

위성 통신의 형태는 지구국과 지구국간 위성을 중계기로 이용하여 통신을 수행하는 형태로 지구국의 송신국에서 보내고자 하는 데이터를 변조하여 위성으로 전송(up link)하고 위성에서는 수신된 마이크로파를 증폭하여 송신 주파수로 다시 바꾸어 지구국의 수신국으로 전송(down link)하는 과정을 통하여 통신이 이루어진다.

따라서 지구국과 위성간, 위성과 지구국간, 위성과 위성간 통신이 가능하며, 지구국과 지구국간의 직접 통신은 불가능하다.

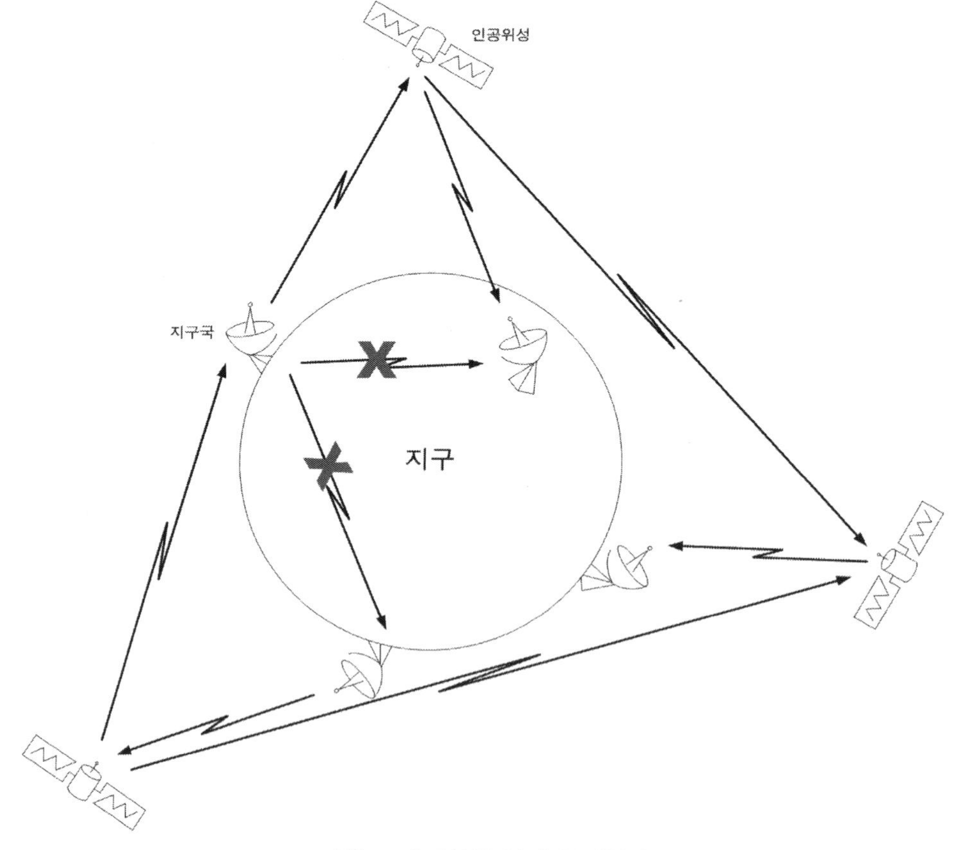

그림[4-19] 위성통신의 통신형태

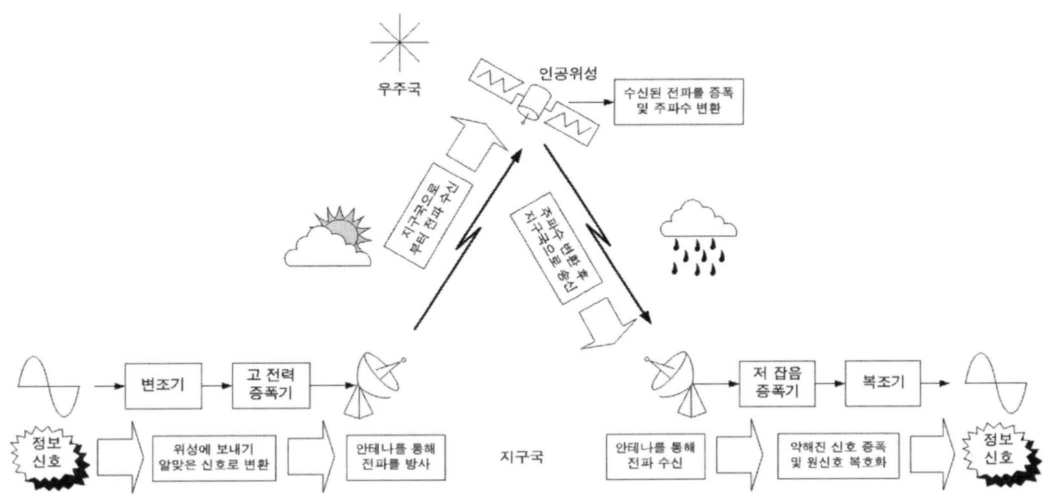

그림[4-20] 위성통신 시스템의 구성

⑤ 위성통신에서 사용하는 주파수 대역

위성통신에서 사용되는 주파수 대역은 SHF(3GHz ~ 30GHz)를 사용하며, 가장 많이 사용하는 대역은 C 밴드라 불리고 있는 마이크로파대의 6/4GHz(up link주파수/down link주파수)와 Ku밴드의 14/12GHz대역이 사용되고 있으나 Ka밴드의 30/20GHz대역도 점차 사용이 확대되고 있다.

또한 장래의 새로운 주파수대역인 Q밴드의 50/40GHz 주파수 대역도 연구 개발완료 단계에 있다.

우리나라의 무궁화 5호 위성의 경우 사용하는 통신용 중계기 24기 모두 Ku Band를 사용하고 있으며, 무궁화 3호의 경우에는 통신용 중계기 24기는 Ku Band를 나머지 3기는 Ka Band를 사용하고 있다.

⑥ 위성 통신의 특징

㉠ 장점

　가. 동보성 : 동일 내용의 정보를 복수 지점에서 동시에 수신할 수 있다.

　나. 회선 구성의 융통성 : 운영비와 보수비가 통신거리와 무관하여 경제성을 가지며, 유연한 호선 설정이 가능하고 회선 구성이 용이하다.

　다. 신뢰성 : 기상 변화 및 자연 재해의 영향을 전혀 받지 않아 신뢰성 있는 통신이 가능하다.

　라. 고속성 및 광대역성 : 사용 주파수 대역이 GHz대를 이용한 통신으로 고속으로 대용량 데이터 전송이 가능하다.

　마. 광역성 : 3개의 정지궤도 위성으로 지구 전역을 커버할 수 있어 통신 가능 범위가 제

한 없이 넓다.

    ⓛ 단점

      가. 위성이 고장 났을 경우 유지보수가 어렵고, 위성 자체가 상당히 고가이다.

      나. 지구국에서의 대 전력 송신 장치, 대형 안테나, 저 잡음 수신 장치 등 고성능 설비가 필요하다.

      다. 불특정 다수인이 수신 가능하기 때문에 통신 비밀보장이 어렵고, 특별한 암호 장치를 설치해야 하는 불편함이 따른다.

      라. 위성의 경우 수명이 10~15년으로 짧다. (광케이블의 경우 25~30년)

      마. 정지궤도 위성의 경우 고도가 높아 전파 지연이 발생한다(약 0.25초 정도)

(4) 이동 통신(Mobile Telecommunications)

이동통신이란 문자 그대로 이동하면서 통신을 수행할 수 있는 것으로 교환국을 이용하여 사람, 자동차, 선박, 항공기와 같은 이동 체와 이동 체 상호간의 통신 및 일반전화 가입자와 같은 고정체간의 통신을 의미한다.

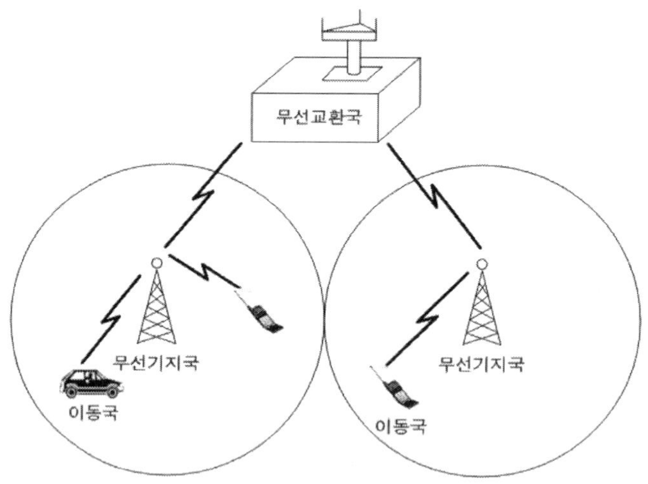

그림[4-21] 이동통신 개념도

① 이동통신 시스템의 구성요소

이동통신 시스템은 크게 휴대용 이동전화 단말기, 무선기지국, 이동전화 교환국(MTSO : Mobile Telephone Switching Office 또는 MSO : Mobile Switching Center)등으로 구성된다.

㉠ 무선 교환국

각 기지국에서 발생되는 착발신 호를 처리하고 모든 기지국이 효율적으로 운용될 수 있도록 중앙 통제 기능과 함께 일반 공중전화망과 이동통신망을 접속하여 준다. 즉 이동 가입자와 일반 가입자간, 이동가입자간의 통화를 연결 교환해 주는 역할을 하며, 주요 기능으로는 크게 3가지로 통화 절체 기능, 위치 검출 및 등록 기능, 통화 상대 번호, 과금 등과 관련된 정보의 기록 저장기능 등이 있다.

㉡ 무선 기지국

흔히 우리가 자주 볼 수 있는 기지국은 무선 교환국과 이동국간을 연결시켜 주는 중계기로서 안테나와 송·수신기, 제어부분으로 구성되며 주요 기능으로는 착발신 신호 송출기능, 통화 채널 지정 및 감시 기능, 자기 진단 기능 등이 있다.

㉢ 이동전화 단말장치

일반적으로 사람들이 직접 휴대하고 다니는 전화기를 말하며 이동 국이라고도 부른다.

일반적인 단말 통신장비로서 무선 호출기(pocket bell), 코드 없는 전화기 그리고 휴대용 전화기 등이 있으며, 사람이 휴대할 수 있는 자유 크기의 통신장비들도 모두 단말장치에 속한다.

② 이동통신방식의 종류

㉠ 아날로그(Analog)방식의 이동통신

한정된 주파수 자원을 효율적으로 사용하기 위해 할당된 주파수 대역을 동일한 간격으로 여러 개 분할하여 나누고, 분할된 각 주파수를 하나의 채널로 삼아 각 사용자에게 할당하여 통화가 가능하게 하는 방식으로 주파수 분할 다중방식(FDMA)의 일종인 AMPS(Advanced Mobile Phone Service)방식이 주로 사용되었다.

초창기 이동통신방식으로 많이 사용되었으나 현재는 전부 디지털 방식으로 전환되어 사용되지 않고 있다.

㉡ 디지털(Digital)방식의 이동통신

디지털 방식은 아날로그 방식과 달리 음성 및 화상, 멀티미디어 정보를 디지털화하여 전송하는 방식으로 시분할 다중접속방식(TDMA)과 코드분할 다중접속방식(CDMA)방식 등이 있다.

가. 시분할 다중접속방식(TDMA : Time Division Multiple Access)

각 사용자들의 통화를 서로 다른 Time Slot에 할당하는 방법으로 일정한 주파수 대역

을 주기적으로 일정한 시간간격으로 나누어 각 사용자들에게 할당하여 할당된 시간동
안만 자기 신호를 전송하고, 수신측에서는 할당된 시간에 해당하는 동안만 수신정보를
수집하여 통화가 이루어지는 방식이다.

나. 코드분할 다중접속방식(CDMA : Code Division Multiple Access)
대역확산(Spread Spectrum)기술을 활용하여 전체 대역 내에서 각각의 정보를 특정부
호 및 시간차이로 분할하여 보내고 수신측 에서도 대체 대역 내의 많은 정보 중 송신
시 사용된 것과 동일한 부호와 시간차이를 갖는 정보만을 골라내어 원래 신호를 재생
해 내는 방식이다.

③ 셀룰러(Cellular) 이동통신
셀룰러 이동통신이란 전체 서비스 지역을 여러 개의 무선 기지국으로 분할하여 하나의 무선기지
국에 의한 소규모 서비스 지역인 셀(cell)단위(cell은 zone을 의미하며 대 zone과 소 zone이
있다.)로 만든 다음 이러한 여러 개의 무선 기지국을 이동통신 교환 시스템으로 집중 제어함으
로 서 이동통신 가입자가 셀 내에서 또는 셀 사이를 이동하면서 통화를 계속할 수 있도록 고안
된 통신방식으로, 각 셀에 일정 주파수를 할당하여 사용하고 일정 거리만큼 떨어진 셀에도 같은
주파수를 할당할 수 있어 제한된 주파수 자원을 효율적으로 재사용할 수 있으며 2개 이상의
송 · 수신 주파수를 사용하여 송 · 수신을 동시에 수행하는 full duplex(전이중 통신방식)를 사
용한다.

※ 셀룰러 이동통신의 특징
㉠ 전체 서비스 지역을 소규모 서비스 지역인 셀(Cell)로 나누어 구성하고, 셀(Cell)간의 이
동시에는 통화전환기능(Hand Off)을 수행
㉡ 한정된 주파수 자원을 공간적으로 재사용하여 무선 회선의 사용 효율을 극대화
㉢ 더 많은 가입자들에게 서비스를 제공하기 위해 셀(Cell)을 더 작은 셀(Cell)로 세분화

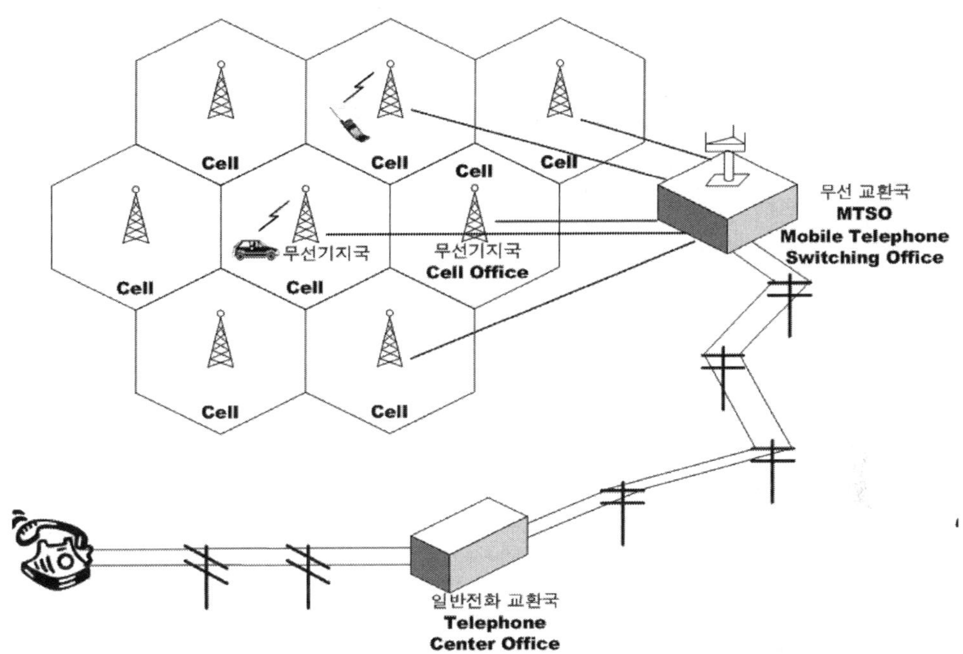

그림[4-22] 셀룰러 이동통신 시스템

④ 핸드오프(hand-off)기술

핸드오프(hand-off) 또는 핸드오버(hand-over)라고도 불리며 셀룰러 이동통신에서의 셀(Cell)간 이동시 끊어짐 없이 서비스를 제공하기 위한 기술로 이동축이 현재의 셀에서 벗어나 다른 셀로 이동할 때 이동 체의 식별 및 추적을 가능하게 함으로써, 서비스 지역 내에서 셀 간의 이동시 통화의 연결을 유지하기 위한 일련의 처리 과정을 말한다.

핸드오프(hand-off)의 형태

㉠ Hard hand-off

셀(Cell)간 이동 시 기존에 사용하던 채널을 끊고 새로운 채널로 절체 하여 통화를 계속하는 방식이다.

주로 아날로그 방식에서 사용되며, 순간적인 통화 단절 현상이 있다.

㉡ Soft hand-off

셀(Cell)간 이동 시 기존에 사용하던 채널을 끊지 않고 일정지역동안 기존의 채널과 이동하고자 하는 셀의 채널 등 동시에 2개의 채널을 이용하는 통화를 계속 연결시켜주는 방식이다.

주로 디지털 방식인 CDMA에서 사용되며, Hard hand-off와 달리 순간적인 통화 단절 현
상이 없어 원활한 통화가 가능하다.

ⓒ Softer hand-off

같은 셀(Cell)내에서의 섹터(Sector)와 섹터(Sector)간 이동시 통화가 원활하게 유지될 수
있도록 연결시켜주는 방법으로 Soft hand-off방식과 유사한 절차를 따른다.

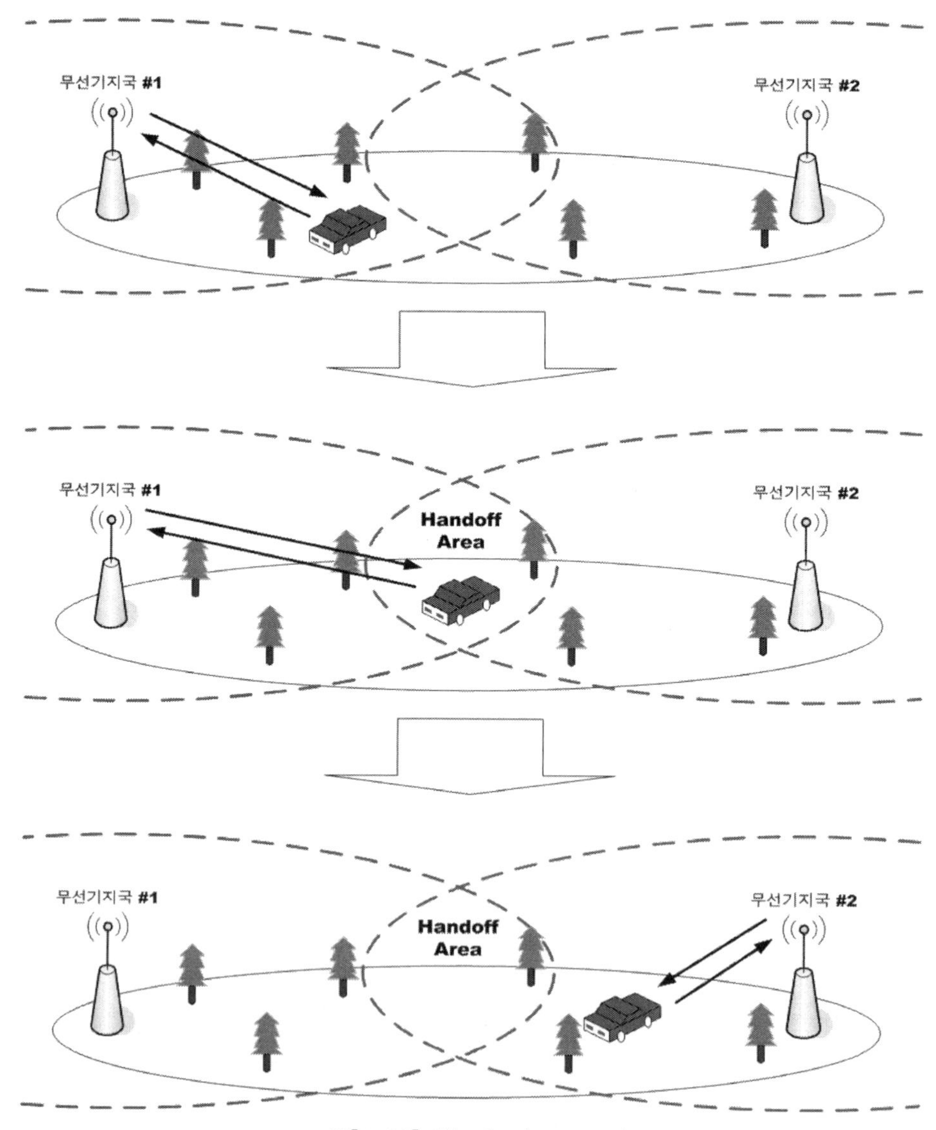

그림[4-23] 핸드오프(Hand off)

④ 이동통신의 전파특성
이동통신에서는 주변의 환경과 이동 체의 움직임에 따라 전파의 반사, 회절, 산란 등이 발생하며 고정적인 무선통신과는 다른 특성을 가진다.

  ㉠ 페이딩(Fading)
    페이딩 현상은 전파가 수신되는 경로상의 매질 변동에 의해 수신 전계강도가 시간적으로 불규칙하게 변동되는 현상으로 수신되는 전파의 전송 경로가 각기 다른 경로로 들어오는 신호들 간의 상호 간섭을 일으켜 발생된다.

  ㉡ 도플러 효과(Doppler)
    도플러 효과란 이동 체의 움직임에 따라 수신되는 주파수가 변동되는 현상으로 이동체가 상당히 빠른 속도로 움직이게 되면 수신되는 주파수가 흔들려서 정확한 정보를 수신할 수 없게 된다.

  ㉢ 지연 확산(Delay Spread)
    전파의 다중경로(Multipath)로 인해 신호가 수신기에 동시에 도달하지 않고, 시간차를 두고 도달되는 현상으로 산, 빌딩 등에 의한 산란, 반사, 회절로 인해 전파의 수신 경로가 다양하게 변동되어 발생된다.

⑤ 이동 통신의 특징
  ㉠ 장점
    가. **이동성** : 시간과 공간에 구애받지 않고 언제나(Anytime), 어디서나(Anywhere), 누구와(Anyone), 어떤 내용도(Anything) 즉시 자유로운 통신이 가능하다.
    나. **공중성** : 제한된 주파수 자원을 효율적으로 공유할 수 있다.
    다. **경제성** : 유선통신에 비해 선로의 설치 및 유지보수 비용이 적도 설치 소요 시간이 짧다.

  ㉡ 단점
    가. 고도의 음성 및 신호처리 기술이 필요하다.
    나. 고도의 동기 기술이 필요하다.
    다. 빠른 이동 체에 의한 페이딩(Fading)이 발생하고, 통화 중 통신 구역 변경에 대한 제어 및 교환기술이 요구된다.

(1) 선로의 분포 정수 회로

전송 선로에 고주파 전류를 흘리는 경우 회로의 소자가 한 곳에 집중적으로 분포 하고 있는 개념을 적용할 수 없으므로 회로 소자를 선로의 단위 길이 1m당 균일하게 분포되어 있다고 해석되는 회로

분포 정수 회로의 1차 정수 : R, L, C, G

분포 정수 회로의 2차 정수 : 특성 임피던스 Z_0, 전파정수 γ, 감쇠정수 α, 위상정수 β

① Z_0(특성, 파동 임피던스)

전송 선로상의 특정 한 점에서의 저항성분으로 전압 대 전류비로 나타낸다.

$$Z_0 = \sqrt{\frac{Z}{Y}} = \sqrt{\frac{R+j\omega L}{G+j\omega C}}$$

여기서 R과 G가 모두 0이라면 $Z_0 = \sqrt{\frac{L}{C}}$ 가 되며 $R = 0$, $G = 0$를 무손실 조건이라 한다.

하지만 R과 G 임의로 0으로 만들 수 없지만 사용 주파수를 높여서 작은 값인 R과 G를 무시할 수 는 있다.

이렇게 R과 G를 무시하기 위해서 사용 주파수를 높이는 것을 고주파 선로화라 한다.

$$\omega L \gg R$$
$$\omega C \gg G$$

전송 선로상에 전달되는 신호의 주파수를 높이면 R과 G를 무시할 수 있어 파의 세기는 좋아지지만 L값은 커지고 C값은 작아져서 파의 변형이 생길 수 있다.

이렇게 파의 변형을 막기 위해 R, L, C, G값을 잘 적용하면 왜곡을 줄일 수 있다. 이것을 무왜 조건이라 한다.

$$\text{무왜 조건은 } \frac{G}{C} = \frac{R}{L} \qquad \therefore LG = RC$$

② γ(전파정수)

전송선로 상의 단위 길이(1m)당 파가 얼마만큼 감쇠되고(α) 위상의 변화가 얼마나 일어나는가 (β)를 나타내는 것

$$\gamma = \alpha + j\beta$$

여기서 감쇠정수(α)는

$$\alpha = \frac{1}{2}\sqrt{LC}\left(\frac{R}{L} + \frac{G}{C}\right)[neper/m]$$

위상 정수(β)는

$$\beta = j\omega\sqrt{LC}\,[rad/m]$$

③ 저항성분

전송선로의 저항은 주파수가 높아지면 커지는 저항도 있고, 작아지는 저항도 있다. 그 중에서 사용 주파수가 높아지면 저항 값이 커지는 저항으로는 근접작용, 표피작용, 와류 작용, 타도체 와의 반작용등의 의해서 증가한다.

(2) 전송매체

① 평형 케이블

2개의 선로가 평행하게 위치해 있는 케이블로 두 도선에 흐르는 신호의 진폭과 위상이 같아 평형 케이블이라 한다.

- 특성 임피던스 $Z_0 = \dfrac{120}{\sqrt{\varepsilon_s}}\log_e\dfrac{2D}{d} = \dfrac{276}{\sqrt{\varepsilon_s}}log_{10}\dfrac{2D}{d}\,[\Omega]$

  평행 2선식 케이블은 두 도선 사이의 거리가 크고 도선의 두께(직경)이 작을수록 커진다.

- 평행 2선식 케이블에 고주파 신호를 흘릴 경우

  $a \propto \sqrt{f}$

  $\beta \propto f$

■ 특징

- 유도 방해에 약하다.
- 충격에 약하다.
- 누설 전류가 많다.
- 저렴하다.

② 동축 케이블

동축 케이블은 내부 도체와 외부도체로 구성되며 서로 흐르는 파가 달라 불평형 선로라 한다.

■ 특성 임피던스 $Z_0 = \dfrac{60}{\sqrt{\varepsilon_s}} \log_e \dfrac{D}{d} = \dfrac{138}{\sqrt{\varepsilon_s}} log_{10} \dfrac{D}{d} \, [\Omega]$

위의 수식에서 외부 도체의 내경을 D라 하고, 내부 도체의 외경을 d라 했을 때 동축 케이블은 내부도체의 외경과 외부 도체의 내경에 의해서 좌우된다.

■ 최적비

동축 케이블의 외부 도체와 내부 도체의 비를 나타내는 것으로 가장 감쇠가 적은 최적의 조건을 의미하며 3.59정도가 가장 최적이다.

따라서 동축 케이블의 최적비는 외부도체와 내부도체의 비가 약 3.6정도가 된다.

$$\dfrac{D}{d} \fallingdotseq 3.6$$

■ 평행 2선식 케이블에 고주파 신호를 흘릴 경우

$a \propto \sqrt{f}$

$\beta \propto f$

■ 특징

- 유도 방해에 강하다.
- 충격에 강하다.
- 방사(복사)손실이 적다.

③ 광 케이블

빛을 이용한 통신을 하기 위해 빛이라는 신호를 전송 시킬 수 있는 케이블로 송신측에서 보내려는 신호를 빛으로 변환하여 빛의 전반사의 원리로 전파하게 된다.

■ 광학 파라메터
  • 수광각(Acceptance Angle)
  빛을 받아 들일 수 있는 각으로 광을 Core내에서 전달하기 위한 최대의 입사각도

$$\text{최대 수광각} = \sin^{-1} \sqrt{2 \frac{n_1^2 - n_2^2}{n_1^2}}$$

  • 개구수(Numerical Aperture)
  입사광에 대해 받아들일 수 있는 최대 수광각 (광을 모을 수 있는 능력)

$$NA = \sqrt{n_1^2 - n_2^2}$$

  • 규격화 주파수(Normalized Frequency)
  Optical Fiber가 단일 모드 인지, 다중 모드 인지를 구별하는 것

$$V = \beta \alpha \sqrt{n_1^2 - n_2^2}$$

여기서 $\beta = \dfrac{2\pi}{\lambda}$, $\lambda = \dfrac{C}{f}$ $(C = 3 \times 10^8)$, $\alpha = $ 광케이블의 반지름을 나타낸다.

$V > 2.405$이면 다중 모드이고, $V < 2.405$이면 단일 모드 이다.

■ 광케이블의 종류
  • 단일 모드 광섬유 케이블
  신호(광)을 코어내에 적당한 임계각으로 하나만 보내는 것
  고속 대용량 전송에 적합하다.
  원거리 전송에 유리하다.
  모드간 간섭이 없다.
  코어의 직경이 작아 제조 및 접속이 어렵다.

  • 다중 모드 광섬유 케이블
  모드간 간섭이 존재한다.
  고속 대용량 전송에 부적합하다.
  코어의 직경이 커서 제조 및 접속이 유리하다.
  근거리 전송에 사용된다.

■ 구조 파라미터
- 외경 : 케이블의 바깥지름
- 편심률 : 코어의 중심과 클래드의 중심률의 차
- 비원률 : 정원(완전한 원)에서 벗어난 률

■ 광섬유의 전송 손실
분산(Dispersion) : 광섬유가 전송 중에 광 펄스의 파형이 퍼져 이웃하는 광 펄스와 서로
겹침으로서 광섬유의 대역폭이 제한되는 현상
- 색분산
파장에 따른 전파 속도 때문에 생기는 분산으로 단일 모드 다중 모드 모두에 존재한다.
- 모드 간 분산
다중 모드 광섬유 에만 존재하는 것으로 모드 사이의 전파 속도 차 때문에 생기는 분산
색 분산보다 더 않 좋은 현상으로 이를 줄이기 위해 언덕 형(GIF) 광섬유 케이블을 사용
한다.
단일 모드 광섬유는 색 분산만 존재하고
다중 모드 광섬유는 색 분산과 모드 간 분산 모두 존재한다.

■ 광섬유의 특징
- 장점
가요성(유연성)
무 유도성
광 대역성
고속성
경제성
세경성
경량성
- 단점
제조가 어렵다.
접속이 어렵다.
분산 현상이 생긴다.
중계기에 전원 공급을 위해 급전선이 따로 필요하다.

(3) 무선 전송로

① 마이크로웨이브

UHF와 SHF사이의 주파수를 사용하여 통신을 행하는 방식(기가 대 통신 방식)

■ 중계방식

- 직접 중계방식 : 증폭만 하는 방식으로 원거리 전송이 곤란하다.
- 무 급전 중계방식 : 반사판을 설치하여 각도를 조절해서 전파의 진행 방향을 바꾸어 주는 방식
- 헤테로다인 중계방식 : 마이크로웨이브를 증폭하기 좋은 중간 주파수(IF)로 바꾸어서 증폭하는 방식
  변복조를 하지 않으므로 원거리 전송에 적합하다.
- 검파 중계방식 : 수신된 마이크로웨이브를 복조하여 원 신호를 회복시킨 다음 에러 수정 및 증폭하고 다시 마이크로웨이브로 변조하여 전송하는 방식
  변복조를 많이 하므로 신호 파형의 변형이 생겨 근거리만 전송이 가능하다.
  다른 말로는 Video 중계방식, 베이스밴드 중계방식이라고도 부른다.

② 위성통신

지구의 적도 중심으로 35,768km상공에 위치에 있는 3개의 정지위성을 사용하여 통신하는 방식

위성 통신은 우주에 존재하는 위성을 사용하므로 약 250ms의 전파지연이 있으며 지구국에서는 대형 안테나인 카세그레인 안테나를 사용하여 통신할 수 있다.

■ 통신의 형태

지구국과 우주국과의 통신, 우주국과 우주국과의 통신, 우주국과 지구국과의 통신형태를 지니며, 지구국과 지구국과의 직접 통신은 불가능하다.

■ 특징

- 장점

동보성(동시에 여러 곳으로 정보를 전송할 수 있다.)

회선 구성의 융통성

신뢰성

고속성

광대역성

광역성(넓은 지역을 포괄할 수 있다.)

- 단점

  위성의 유지 비용이 비싸다

  유지 보수가 곤란하다.

  전원 공급이 어렵다.

  통신 비밀이 어렵다

  전송 지연이 발생한다.(약 250ms)

③ 이동통신

■ 구성요소

- 무선 교환국 : 등록 기능(통화량 관리), 위치 검출 기능, 통화 절체(Hand off)등을 수행
- 무선 기지국 : 일반적으로 중계기라 한다.
- 이동 전화 단말장치(이동국)

■ 전파특성

- 주파수 재사용

  지역을 여러 개의 셀로 나누어서 각각의 셀에 중계기를 설치 사용하는 주파수대가 서로
  다르다. 따라서 한정되어 있는 주파수 대역을 멀리 떨어져 있는 셀에서 재사용할 수 있어
  주파수의 사용 효율이 좋다.

- 도플러 효과

  이동체의 움직임에 따라서 사용되는 주파수 대가 변동하는 현상

- 페이딩

  수신 전계강도가 시간에 따라서 변화는 현상

제5장 디지털 데이터 전송

5.1　데이터 전송방식

데이터 전송방식이란 송신측의 입력장치와 수신측의 출력장치 사이에서 데이터 전송을 취급하는 것으로서 송·수신 시스템간의 데이터를 주고받는 방식을 의미한다.

즉 송신 장치를 통해 입력된 데이터는 전송매체를 통해 전송되는데, 전송매체를 통해 전송되기 위해서는 전송로에 알맞은 형태의 신호(아날로그, 디지털)로 변환되어야 한다. 이렇게 변환된 데이터는 비로소 전송로를 타고 목적지(수신 장치)로 적절한 전송방식에 따라 전송하게 된다.

이러한 전송방식에는 송·수신 장치가 동시에 데이터를 송·수신할 수 있는가의 척도를 나타내는 전송성과 데이터를 비트 단위로 전송 시 여러 비트를 동시에 전송할 수 있는 병렬 성, 두 장치 간에 정확한 전송이 이루어지는가를 나타내는 동기 성 등이 기준이 된다.

(1) 전송 신호형태에 따른 분류

전송로 상에 전달되는 신호의 형태에 따라 아날로그 신호를 전송하는 아날로그 전송과 디지털 신호를 전송하는 디지털 전송 그리고 빛을 이용한 광 신호를 전송하는 광전송으로 나누어진다.

① 아날로그 전송

아날로그 전송이란 송신측의 입력장치를 통해 입력된 신호를 아날로그 신호로 변환하여 아날로그 전송로를 통해 전송하는 형태로 디지털 정보를 아날로그 신호로 전송하는 방식(ASK, FSK, PSK, QAM)과 아날로그 정보를 아날로그 신호로 전송하는 방식(AM, FM, PM)이 있다.

이러한 아날로그 전송방식은 송·수신간에 변복조 과정을 거쳐 전송되며, 변복조 장치로는 MODEM이 사용된다.

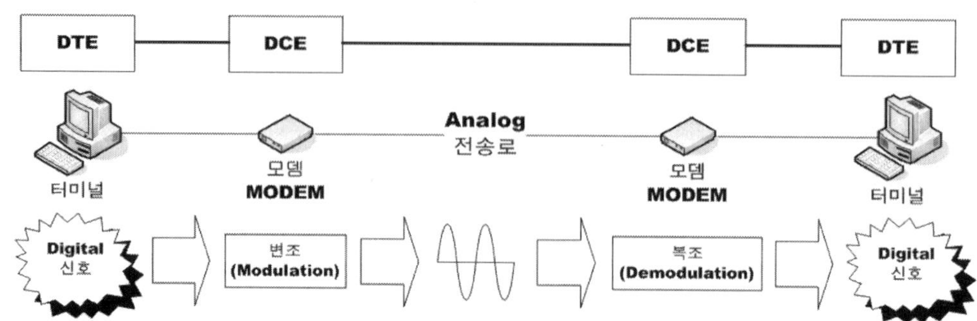

그림[5-1] 아날로그 전송형태

⊙ 모뎀을 이용한 아날로그 전송방식

모뎀을 이용한 아날로그 전송에서 터미널(단말)과 모뎀 간에는 RS-232C 케이블로 연결하여 디지털 신호를 모뎀으로 전송하고, 송신측의 모뎀과 수신측의 모뎀 간에는 2선식 또는 4선식 평형 케이블로 구성된 전용회선이나 전화국내의 전화교환기를 통한 전화 교환망(PSTN : 공중전화 교환망) 또는 동축케이블을 이용한 케이블TV망을 통하여 아날로그 신호를 전송한다.

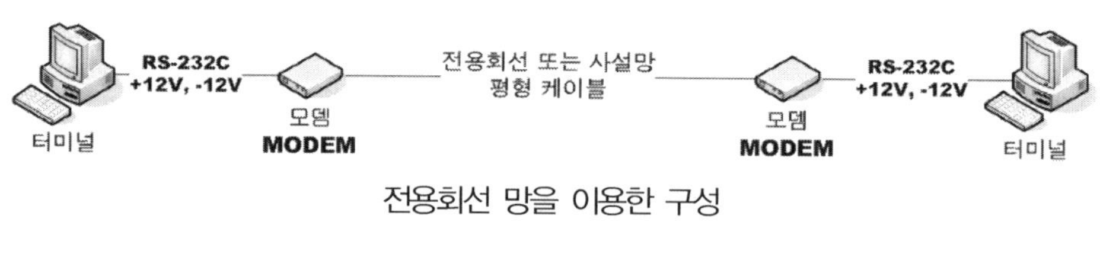

전용회선 망을 이용한 구성

전화 교환망(PSTN망)을 이용한 구성

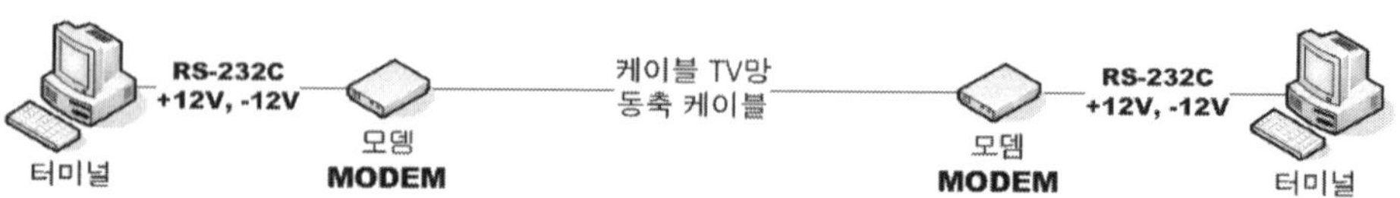

케이블TV망을 이용한 구성

그림[5-2] 모뎀을 이용한 아날로그 전송망의 구성도

ⓛ 모뎀(Modulation/Demodulation : 변복조 장치)

아날로그 전송회선을 사용하여 디지털 데이터 전송이 가능하도록 도와주는 장비로서 컴퓨터에서 출력되는 디지털 신호를 아날로그 전송회선에 전송하기 알맞은 신호 변조하여 주고, 변조된 아날로그 신호를 다시 복조하여 원래의 디지털신호로 되돌려 주는 일종의 신호 변환장치이다.

이러한 모뎀은 기존의 아날로그 전송로를 통해 디지털 데이터 전송이 가능할 뿐 아니라 변조를 행하기 때문에 원거리 전송이 가능하며, 오류 확률 또한 최소화 할 수 있다.

ⓒ 모뎀의 분류

일반적으로 모뎀을 분류하는 방법으로는 동기 방식에 따라 동기식과 비동기식 모뎀, 통신 속도에 따라 저속도, 중속도, 고속도 모뎀, 변조 방식에 따라 ASK, FSK, PSK, QAM모뎀으로 분류 할 수 있으며, 이 외에도 채널 대역폭에 따라서 음성대역 이하의 모뎀, 음성대역 모뎀, 광대역 모뎀 그리고 사용회선에 따라 교환회선 모뎀과 전용회선 모뎀 등으로 분류 될 수 있다.

가. 동기 방식에 따른 분류

- 비동기식 모뎀

  : 1200bps 이하의 저속도 모뎀으로 비동기식 단말에서 사용되며 주로 FSK변조 방식을 사용한다.

- 동기식 모뎀

  : 2400bps 이상의 중속도 모뎀으로 대화형 단말이나 지능형 단말과 같은 동기식 단말에 사용되며 주로 PSK나 QAM변조 방식을 사용한다.

나. 통신 속도에 따른 분류

- 저속도 모뎀 : 데이터 신호 속도가 1800bps이하의 모뎀
- 중속도 모뎀 : 데이터 신호 속도가 2400bps~4800bps이하의 모뎀
- 고속도 모뎀 : 데이터 신호 속도가 9600bps이상의 모뎀

다. 변조 방식에 따른 분류

- ASK모뎀

  : ASK변조방식을 사용하는 모뎀으로 각종 잡음 및 신호레벨 변동에 약해 근거리 소량의 데이터 전송에만 제한적으로 이용된다.

- **FSK 모뎀**

  : FSK변조 방식을 사용하는 모뎀으로 각종 잡음 및 간섭에 강하고 신호레벨 변동이 작기 때문에 원거리 전송에 사용된다.
  1200bps이하의 저속도 비동기식 모뎀으로 이용된다.

- **PSK 모뎀**

  : PSK변조 방식을 사용하는 모뎀으로 2400 ~ 4800bps의 중속도 모뎀에 주로 이용된다.

- **QAM 모뎀**

  : QAM변조 방식을 사용하는 모뎀으로 9600bps이상의 고속도 모뎀에 주로 이용된다.

② 디지털 전송

디지털 전송이란 송신측의 입력장치를 통해 입력된 신호를 디지털 신호 그대로 전송하거나 또는 아날로그 신호를 디지털 신호로 변환하여 디지털 전송로를 통해 전송하는 형태로 디지털 전송은 디지털 데이터를 디지털 신호로 부호화하여 전송하는 기저대역 전송방식과 아날로그 데이터를 코덱(codec)을 사용 디지털 신호로 변환하여 전송하는 펄스진폭 변조(PAM), 펄스 폭 변조(PWM), 펄스 수 변조(PNM), 펄스 부호 변조(PCM)등이 있으나 실제로 사용되는 것은 펄스 부호 변조방식(PCM)만이 사용되어지고 있다.

이러한 디지털 전송방식은 디지털 전송로를 사용하여 원거리 전송에 적합하도록 디지털 신호를 다른 형태의 디지털 신호로 변형하여 전송하는데 이런 기능을 담당하는 장비가 디지털 서비스 유닛(DSU : Digital Service Unit)이다.

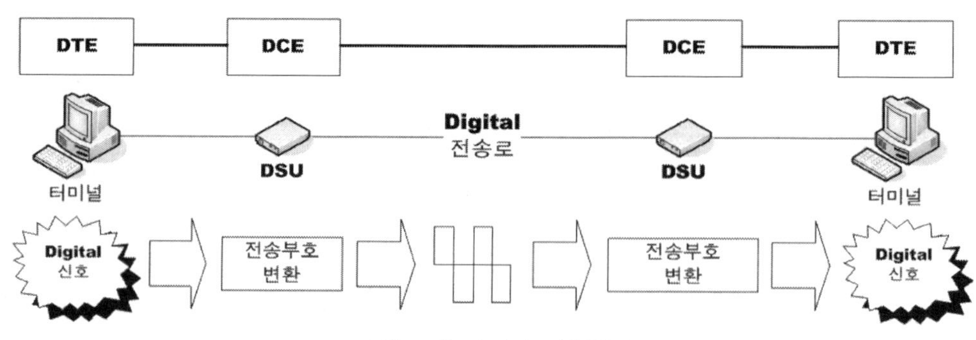

그림[5-3] 디지털 전송형태

㉠ DSU를 이용한 디지털 전송방식

DSU을 이용한 디지털 전송에서 터미널(단말)과 DSU간에는 RS-232C 케이블이나 V.35

케이블로 연결하여 디지털 신호를 DSU으로 전송하고, 송신측의 DSU과 수신측의 DSU간에는 4선식 평형 케이블로 구성된 전용회선이나 전화국내의 디지털 교환기를 통한 디지털 교환망(PSDN : 공중 데이터 교환망) 또는 다중화 장치(MUX)를 이용하여 디지털 신호를 전송한다.

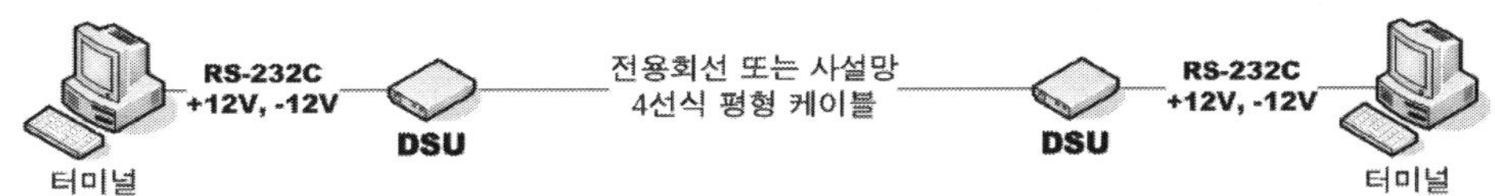

전용회선 망을 이용한 구성

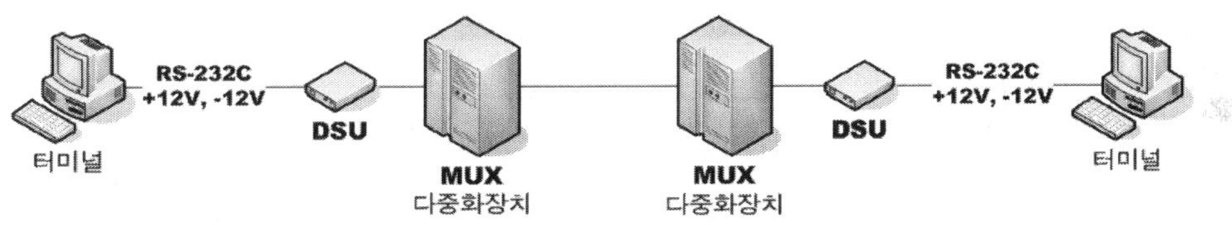

다중화 장치(MUX)를 이용한 구성

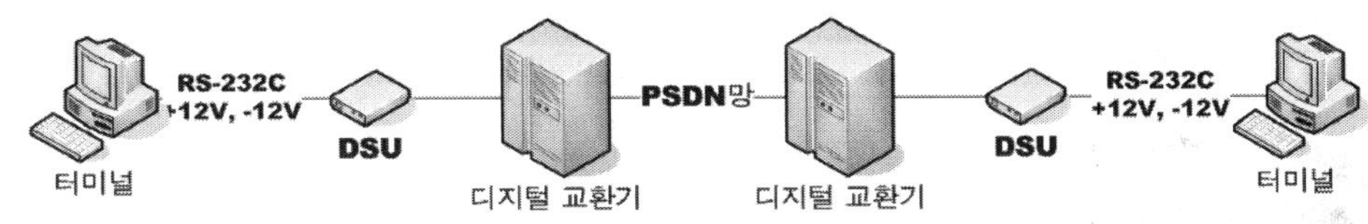

디지털 교환망(PSDN망)을 이용한 구성

그림[5-4] DSU를 이용한 디지털 전송망의 구성도

ⓛ DSU(Digital Service Unit)

DSU는 디지털 전송회선을 사용하여 디지털 데이터를 전송할 때 필요한 장비로서 아날로그 전송회선에서 사용되는 모뎀과는 달리 2진 디지털 단극성(Unipolar) 펄스 신호를 복극성(Bipolar)신호로 변환하여 전송하고 수신측에서는 복극성(Bipolar) 신호를 다시 본래의 단극성(Unipolar) 신호로 되돌려 주는 역할을 수행한다.

이러한 DSU는 단극성 디지털 신호를 복극성 디지털 신호로 변환하여 디지털 신호가 전송 도중에 생길 수 있는 감쇠 및 왜곡 현상을 최소화 할 수 있으며, 극성이 한쪽으로 치우치는 것을 예방하고, 동기신호를 잃지 않게 유지시켜 준다.

ⓒ DSU의 종류

DSU의 종류는 지원하는 전송 속도에 따라 나눠지며 DSU, FDSU, CSU등이 있다.

가. FDSU(Fractional Digital Service Unit)

FDSU는 DSU와 기능과 성능이 모두 같으나 고속 전송이 가능한 장비로서 DSU는 9.6Kbps에서 64Kbps까지 지원하는 반면에 FDSU는 128Kbps에서 768Kbps까지 지원하는 디지털 전송장비이다. CSU보다는 속도가 낮아 신호 증폭 없이 전송 거리가 길어 증폭기 없이 전송이 가능하다.

나. CSU(Channel Service Unit)

T1또는 E1전용회선을 연결할 수 있는 장비로서 DSU가 가지는 기능을 모두 가지고 DS1급(T1, E1)전송로에 사용하며 최저 56Kbps에서 최대 2.048Mbps(E1)까지 지원하는 고속 디지털 전송장비이다.

이러한 CSU는 DSU나 FDSU에 비해 고속 전송이 가능하지만 전송거리가 짧아 가까운 거리 안에 신호를 증폭시켜주는 증폭기가 위치에 있어야 한다는 단점이 있다.

T1 CSU는 1.544Mbps로서 56Kbps나 64Kbps전송채널 24개를 가지고 있고 사용자가 이 24개의 채널 모두를 사용할 수 있으며, E1 CSU는 2.048Mbps로서 64Kbps전송채널 32개 가지고 있으나 사용자가 사용할 수 있는 채널은 30개 이다.

③ 광전송

광전송이란 전기적인 신호를 전송하는 아날로그 전송이나 디지털 전송방식과는 달리 광신호 즉 빛을 이용한 전송방식으로 컴퓨터(단말)장치에서 출력되는 전기적인 신호를 광신호로 변환하여 광케이블을 통해 고속으로 전송하는 형태로서 광통신은 마이크로파(수 ㎓)보다 큰 적외선 영역의 ㎔급 광파 사용함으로써 다른 어떤 통신방식보다 초고속 광대역 정보전송이 가능하다.

이러한 광전송방식은 전기적인 신호(아날로그, 디지털)를 광신호로 변환하고, 다시 광신호를 본래의 전기적인 신호로 변환시켜 주는 전광 또는 광전 변환기가 필요하며 이런 기능을 담당하는 장비가 광망 종단장치(ONU : Optical Network Unit)이다.

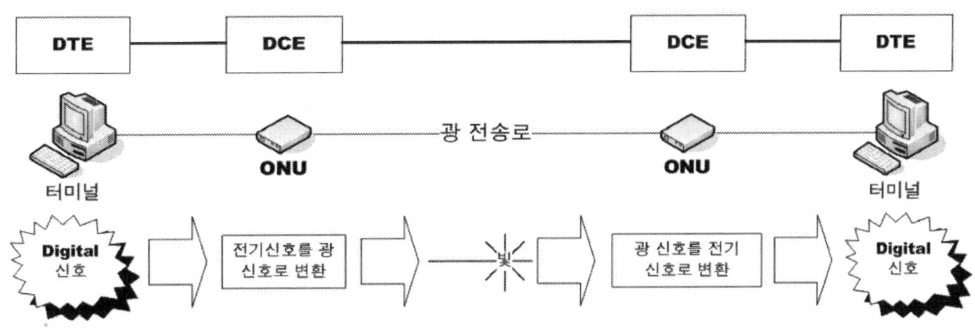

그림[5-5] 광전송형태

㉠ 빛을 이용한 광전송방식

터미널(단말)에서 발생되는 전기적인 신호는 가입자 광망 종단장치인 ONU를 거쳐 광신호로 변환되며 변환된 광신호는 광케이블을 통해 수신측으로 전송된다. 따라서 터미널과 가입자 광망 종단장치(ONU)간에는 평형케이블이나 동축케이블과 같은 동선으로 연결되며 ONU부터 전화국내의 광 전송장비(OLT : Optical Line Terminal)까지는 광케이블로 연결하여 광신호를 전송한다.

㉡ 광전송 방식의 종류

광전송 방식은 전화국내의 광전송 장비(OLT : Optical Line Terminal)에서부터 가입자까지의 연결 형태에 따라 PTP전송방식, AON방식, PON방식으로 나누어진다.

가. PTP(Point To Point)방식

PTP방식은 전화국에서 각 가입자의 단말까지 일대일로 광케이블을 연결하는 방식을 말한다. 이 방식은 가입자나 단말이 증가함에 따라 광케이블의 수요도 비례하여 늘어나고, 광망 종단장치 또한 많이 소요되기 때문에 구축비용이 다른 방식에 비해 가장 많이 들어 비효율적인 방식이다.

나. AON(Active Optical Network)

AON방식은 전화국사에서 아파트 건물의 통신실(MDF)까지, 주택인 경우에는 주택단지 부군의 전신주까지 기가비트 광케이블로 연결하고 다수의 광 연결 포트를 가진 스위치(광 모듈 스위치)나 광망 종단장치(ONU)를 이용하여 각 가입자 댁내까지 광케이블 또는 평형 케이블로 연결하는 방식이다. 이 방식은 능동형 장비인 광 모듈 스위치를 이용하기 때문에 전기가 따로 필요하다는 단점은 있지만, 광 모듈 스위치와 TPS(Triple Play Service)를 위한 각종 서버나 주변장치 등을 연결할 수 있어, 각종 서비스 제공 및 관리하기가 편리하다는 장점을 가진다.

다. PON(Passive Optical Network)

PON방식은 AON방식과 같이 전화국에서 아파트나 주택의 전신주까지 광케이블로 연결하지만 전기를 따로 공급하는 능동형 소자 대신 전기가 필요 없는 수동성 소자인 광 스플리터(Splitter)를 이용하여 각 가입자의 ONU까지 광케이블로 연결하는 방식이다.

이 방식은 현재 서비스되고 있는 FTTx방식에서 사용되는 방식으로 하나의 광케이블을 이용하여 양방향 기가비트속도로 지원되며 광 스플리터(Splitter)를 통해 16개에서 최대 32까지 분기하여 하나의 광 코어로 최대 32가입자가 이용하는 방식이다.

여기서 스플리터(Splitter)는 프리즘의 원리를 이용하여 하나의 빛을 여러 가닥의 빛으로 분산시켜 분기시키는 방식을 이용한다.

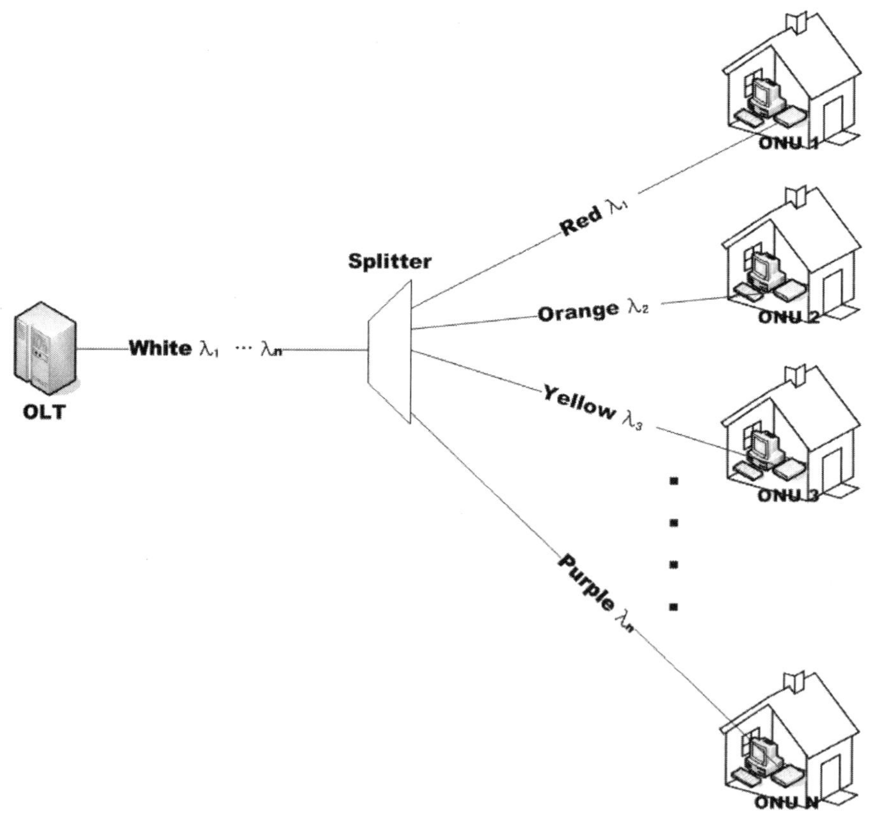

그림[5-6] PON(Passive Optical Network)방식의 구성도

이러한 광전송방식은 기존의 동선케이블에 비해 전송손실이 적고 무한대의 정보를 전송할 수 있어 앞으로의 통신환경 변화에서 대용량 멀티미디어 정보를 취급하기 위해 동선 가입자 선로의 대체 수단으로 각광받고 있으며 현재는 FTTx(Fiber To The x)의 광가입자망 서비스가 활발히 진행되고 있다.

ⓒ 광전송 서비스의 형태

광통신을 이용한 서비스는 기존의 동선케이블에 비해 전송손실이 적고 무한대의 정보를 전송할 수 있어 앞으로의 통신환경 변화에서 대용량 멀티미디어 정보를 취급하기 위해 동선 가입자 선로의 대체 수단으로 각광받고 있으며 현재는 기존의 동축케이블을 이용한 케이블 TV망에 광케이블을 혼합한 HFC전송망과 FTTx(Fiber To The x)의 광가입자망 서비스가 활발히 진행되고 있다.

가. FTTx(Fiber To The x)광 가입자망 서비스

FTTx란 전화국에서부터 구역, 지점, 기업, 가정까지 광케이블을 설치하여 초고속 대용량 서비스를 제공하는 광가입자망의 포괄적인 표현으로 광케이블이 가정이나 댁내까지 공급되는 FTTH, 빌딩이나 아파트 건물까지 공급되는 FTTO, 일정 가입자의 지역 내의 전신주나 지하에 설치된 함체까지 공급하는 FTTC등이 있다.

- FTTC(Fiber To The Curb)

  FTTC는 어느 정도의 가입자를 집합시킨 수요밀집지역까지 광케이블 공급하는 형태로서 일반적으로 가입자 지역 내에 광망 종단장치(ONU)를 설치하고, ONU부터 가입자까지는 기존의 동선 케이블로 연결한다.

  하나의 ONU가 다수의 가입자를 대상으로 서비스를 제공하는 형태를 가지고 있어 FTTH보다 경제성을 높일 수 있고, 광케이블 포설 비용 경감 효과를 얻을 수 있다. 또한 동선의 거리가 짧으면 동선을 이용하여 광대역 신호 전송도 가능하다는 장점이 있다.

- FTTO(Fiber To The Office)

  FTTO는 가입자의 빌딩 또는 아파트 건물 구내까지 광케이블이 공급되는 형태로서 가입자 건물 내의 통신실(MDF)내에 광망 종단장치(ONU)를 설치하고 ONU부터 건물 내의 각층의 가입자까지는 기존의 동선케이블로 연결한다.

  FTTO방식은 서비스 수요가 가장 많은 대규모 사무실 건물을 한 줄의 광케이블로 고속의 서비스를 제공할 수 있어 경제적인 광 가입자망을 구성할 수 있으며, 이미 대량 수요 가입자 건물을 중심으로 활발히 구축되고 있다.

- FTTH(Fiber To The Home)

  FTTH는 일반 가입자 댁내까지 광망 종단장치(ONU)를 공급하여 광케이블이 각 가정에 까지 인입되는 수준이다.

  FTTH방식은 BISDN(광대역 ISDN)이 가입자 망에 도입되어 대역폭 제한 없이 전화, 팩스, 데이터, 텔레비전 영상의 광대역 서비스를 제공하기 위해 가입자 단말까지 광케이블을 구축하는 방안으로 나온 서비스 형태로 각 가정마다 초고속 광대역 서비스를 이용할 수 있으나 고가인 광망 종단장치(ONU)와 광케이블 구축비용의 절감이 가장 중요한 관심사가 되고 있다.

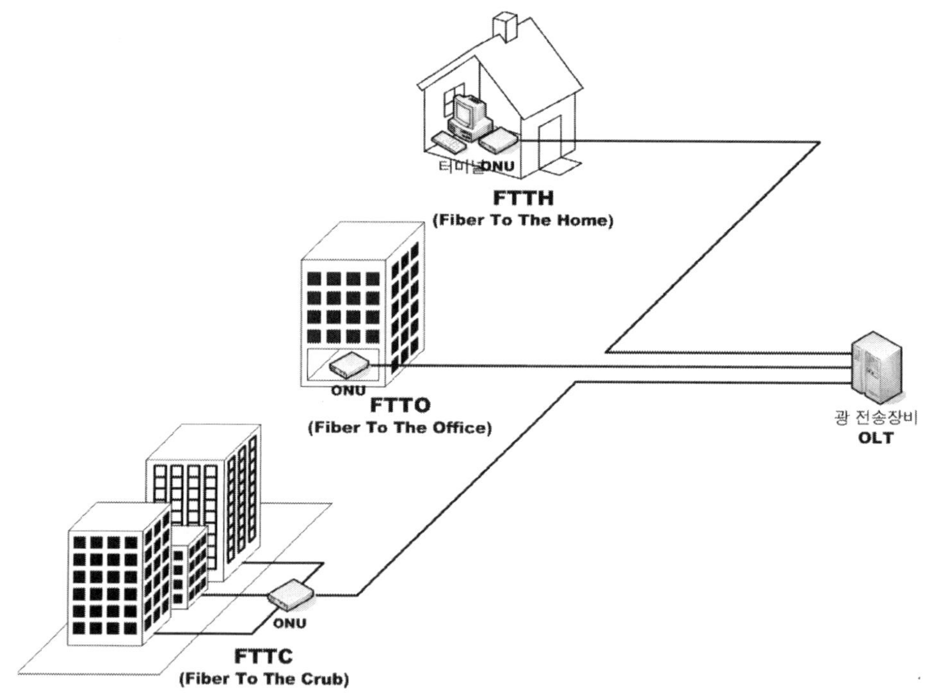

그림[5-7] 광 가입자망 서비스(FTTx) 형태

나. HFC(Hybrid Fiber Coaxial) 혼합 광 동축 케이블망

  HFC전송망은 음성 및 영상 데이터와 같은 광대역 멀티미디어 콘텐츠를 전달하기 위해 기존의 케이블 TV망을 서로 다른 부분에서 광케이블과 동축케이블을 혼합하여 사용하는 통신기술로서 서비스 구역을 여러 개의 Cell로 분할하여 방송국에서 분배센터 그리고 각 Cell내의 광망 종단장치(ONU)까지는 광케이블로 연결하고 광망 종단장치(ONU)부터 각 가입자 댁내까지는 동축케이블을 사용하여 서비스 하는 형태로 기존의

전화선을 이용하던 xDSL에 비해 속도 및 안정성이 매우 뛰어나며, 양방향 전송이 가능하다. 또한 기업이나 가정에 항상 설치되어 있는 기존의 동축케이블을 교체하지 않고도 광섬유 케이블의 일부 특성을 사용자 가까이 전달할 수 있어 동축케이블만 사용하는 것보다 초고속 광대역 데이터 전송이 가능하다.

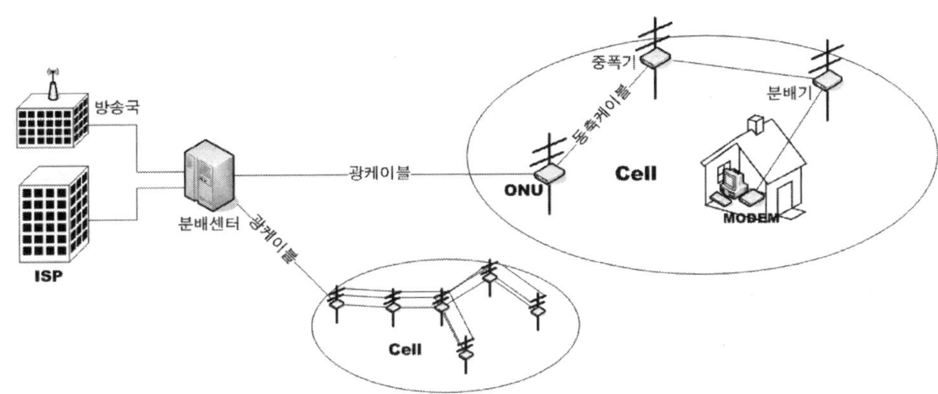

그림[5-8] 혼합 광 동축케이블 망(HFC) 형태

(2) 전송 방향에 따른 분류

데이터의 전송방향에 따라서는 한 방향으로만 데이터 전송이 가능한 단방향 통신과 양방향 데이터 전송이 가능한 반이중, 전이중 통신으로 분류할 수 있다.

① 단방향 통신(Simplex : 단신법)

단방향 통신은 데이터 전송이 한쪽 방향으로만 진행되는 통신방식으로 1쌍의 2선식 선로가 필요하며 라디오나 TV등이 이에 해당된다.

이런 단방향 통신은 송신측에서 보낸 데이터에 문제가 생기더라도 수신측에서 에러 발생 여부를 송신측에 알릴 수 없어 에러가 거의 일어나지 않는 경우나 에러가 있더라도 크게 문제가 되지 않는 경우에 사용한다.

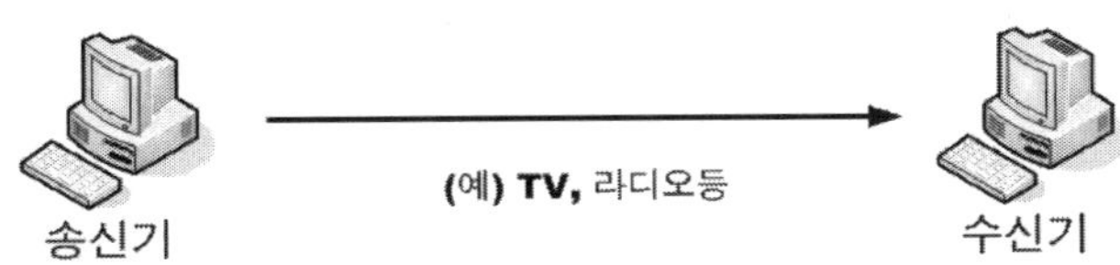

그림[5-9]단방향 통신방식

② 양방향 통신(Duplex : 이중법)

㉠ 반이중 통신(Half Duplex)

반이중 통신은 양방향 데이터 전송이 가능하나 어느 한 순간에는 한쪽 방향으로만 데이터 전송이 되는 통신방식으로 동시에 양방향 통신은 할 수 없고, 한 방향으로만 교대로 데이터 전송이 가능한 방식이다.

대표적인 예로 무전기가 있으며 이런 무전기는 서로 송·수신자가 동시에 대화가 불가능하지만 교대로 송·수신을 수행한다면 대화가 가능하다.

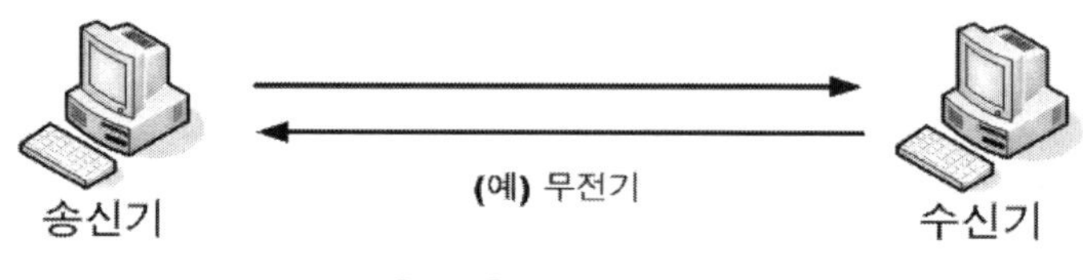

그림[5-10]반이중 통신방식

㉡ 전이중 통신(Full Duplex)

전이중 통신은 송·수신측이 동시에 데이터 전송이 가능한 방식으로 전화기를 이용한 통신에 이에 해당된다.

이런 전이중 통신은 한 회선을 송신과 수신을 위해 별도로 채널을 분할하여 사용하므로 데이터의 송신과 수신을 동시에 할 수 있으며 2쌍의 전송로 즉 4선식 선로가 필요하다.

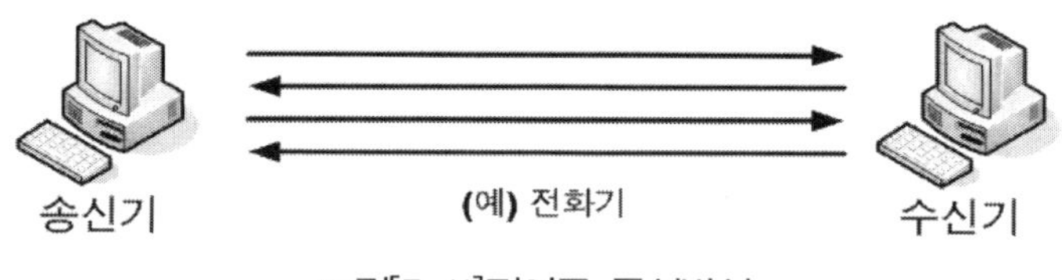

그림[5-11]전이중 통신방식

(3) 전송 방법에 따른 분류

① 직렬전송

직렬전송은 한 글자를 이루는 각 비트들이 하나의 전송매체를 통해 차례로 전송되는 방식으로 송·수신간 하나의 신호선과 하나의 기준 신호선 만이 필요하므로 한 쌍의 전송로 즉 2선의 선로를 이용하여 전송이 가능하며 다음과 같은 특징을 가진다.

㉠ 통신 시스템 구성이 간단하고, 한 쌍의 회선만이 필요하므로 통신 회선 설치비용이 절감되

어 경제적이다.

㉡ 전송 오류가 적고, 원거리 전송에 적합하다.(원거리 통신을 병렬전송으로 하면 통신 회선설치 비용이 많이 들어가므로 비효율적이다.) 따라서 대부분의 데이터 전송에서는 직렬전송방식으로 데이터를 전송한다.

㉢ 한 비트씩 전송하기 때문에 전송속도가 느리다.

㉣ 송신측 데이터는 전송하기 전에 직렬로 데이터를 배열시켜 놓아야 하며, 수신측에서는 직렬신호를 다시 병렬 신호로 변환시켜야 하므로 직/병렬 변환 회로가 필요하다.

(또한 대부분의 시스템에서 정보처리방식을 병렬처리 방식으로 수행하므로)

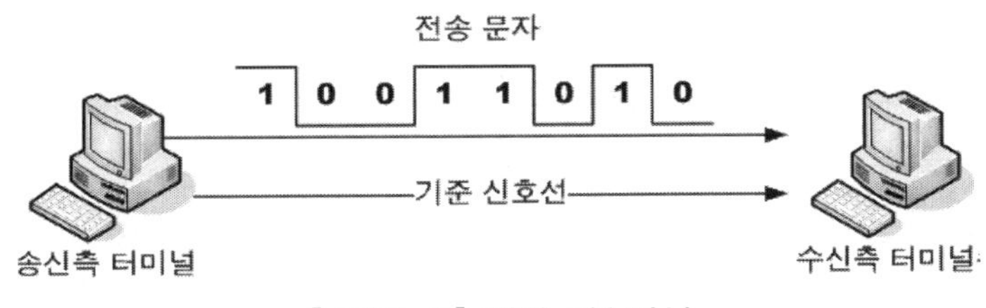

[그림5-12] 직렬 전송방식

② **병렬전송**

병렬전송은 한 글자를 이루는 각 비트들이 다수의 전송로를 통해 한꺼번에 동시에 전송하는 방식으로 고속 전송을 필요로 하는 근거리 데이터 전송에 사용되며 다음과 같은 특징을 가진다.

㉠ 단위 시간에 많은 량의 데이터를 동시에 전송할 수 있어 전송속도가 빠르다.

㉡ 병렬전송은 사용되는 선로의 수가 많으므로 거리가 멀어질수록 선로의 비용이 많이 들어 근거리 전송에만 사용된다.

㉢ strobe신호와 busy신호를 이용하여 송·수신을 한다.(병렬 전송은 속도가 빨라 송신측이 데이터 전송을 알리는 strobe신호와 수신측에 현재 데이터를 수신하고 있음을 알리는 흐름제어 신호 busy신호를 이용하여 데이터 전송 흐름을 제어한다.)

㉣ 직/병렬 변환 회로가 필요 없다.

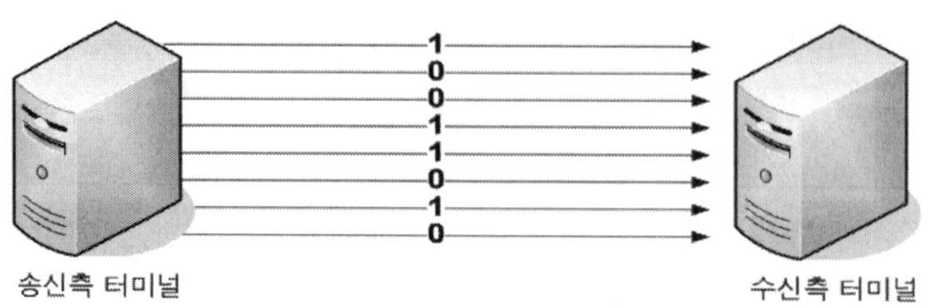

[그림5-13] 병렬 전송방식

(4) 동기 방식에 따른 분류

데이터 전송 시 송신측이 어떤 주파수로 신호를 전송할 때 수신측이 송신측과 같은 주파수가 아니면 송신측이 보낸 신호를 수신측에서 받아들일 수 없다. 특히 디지털 신호를 전송하는 경우에는 한 비트의 시간 간격을 송신측과 수신측이 정확이 인식하고 있어야 하며, 시간간격이 서로 맞지 않아 비트들이 어긋날 경우에는 에러가 발생한다. 따라서 송신측과 수신측이 정확하고 신뢰성 있는 데이터 전송을 하려면 서로 주파수를 맞추거나 시간 간격을 맞추어야하며 이러한 동작을 동기라 하고 데이터 전송 시 서로 동기를 맞추어 통신하는 방식을 동기방식, 서로 동기를 맞추지 않고 통신하는 방식을 비동기 방식이라 한다.

① 비동기 전송(Asynchronous Transmission)

비동기 전송이란 송·수신간에 서로 동기를 맞추지 않고, 수신측과는 무관하게 오로지 송신측의 클록 신호로 데이터를 송신하는 방법으로 송신할 정보가 있을 때마다 정보 전송의 시작을 알리는 start bit와 정보 전송의 끝을 알리는 stop bit를 수신측에게 알려 데이터를 전송하는 형태이다. 따라서 비동기 전송방식을 다른 말로 start – stop 전송방식이라고도 부르며 다음과 같은 특징을 가진다.

㉠ 정보 전송형태는 문자단위로 이루어지며, 송신측과 수신측이 항상 동기 상태에 있을 필요가 없다.(이 방식은 문자단위 전송되며, start bit와 stop bit로 각각의 문자들을 구분 짓는다.)

㉡ 각 문자를 전송할 때 마다 1bit의 start bit와 1~2bit의 stop bit를 추가하여 bit열을 구분한다.

가. start bit(스타트 비트)

데이터를 전송하기 위해 전단에 붙여 보내는 비트로 송신측에서 수신측으로 데이터를 보낸다고 알리는 신호로 사용한다.

채널 상에 '0'을 1비트 시간만큼 전송한다.

나. stop bit(스톱 비트)

전송된 데이터의 후단에 붙여 보내는 비트로 송신측에 수신측으로 데이터를 다 보낸다는 신호로 사용한다.

채널 상에 '1'을 1~2비트 시간만큼 전송한다.

ⓒ 각 문자와 문자 사이에는 일정한 휴지시간이 있다.

(휴지시간은 데이터 전송이 없는 시간을 의미하는 것으로 각 문자와 문자를 구분하기 위한 목적으로 사용된다. 채널 상에 '1' 상태를 유지한다.)

ⓔ 전송속도는 2000bps이하의 저속도 전송에 사용된다.

ⓜ 전송 성능도 나쁘고, 대역폭도 넓게 차지한다.

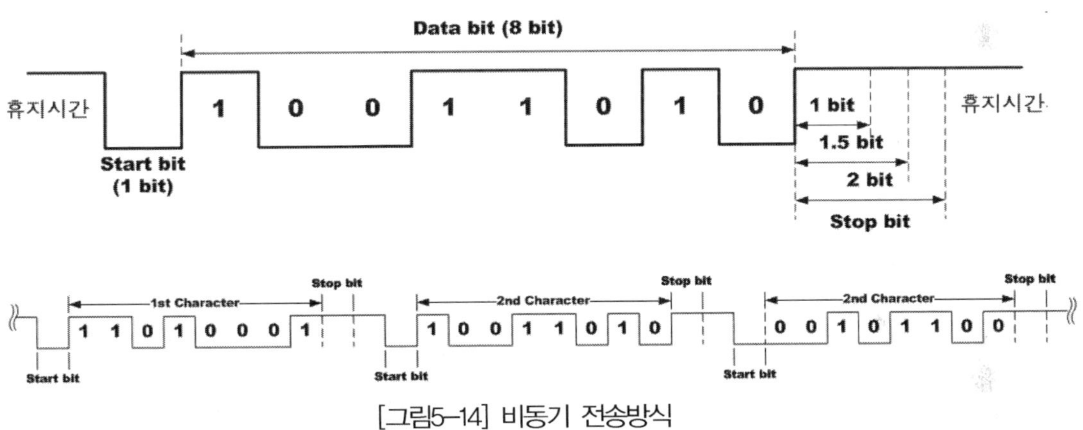

[그림5-14] 비동기 전송방식

② 동기 전송(Synchronous Transmission)

동기 전송이란 송신측에서 보낸 신호 중 동기 신호가 포함되어 있어 수신측에서는 2신호를 읽어 들여 동기가 이루어지는 방식으로 송신측과 수신측이 항상 클록이 동기 되어 동작하는 형태이다.

이 방식은 비동기 전송과 달리 문자 단위로 전송하지 않고 미리 정해진 수만큼의 문자열을 묶어 하나의 블록으로 만들어서 전송하고 start bit와 stop bit가 필요 없다. 또한 송·수신측이 항상 동기 상태를 유지하여 각 비트의 정확한 출발과 도착시간을 예측 가능 하다.

㉠ 정보 전송형태는 블록단위로 이루어지며, 송신측과 수신측이 항상 동기 상태에 있어야 한다.

㉡ 각 블록과 블록 사이에는 start bit와 stop bit가 필요 없으며 휴지시간도 없다.

㉢ 송·수신측간 서로 동기를 맞추기 위한 동기 신호(문자동기 : SYN, 비트동기 : 01111110)가

필요하다.

 ㉣ 2000bps이상의 전송속도에서 사용한다.

 ㉤ 전송 속도가 빨라 수신측 단말기에는 버퍼(buffer)라는 임시 기억 장치가 필요하다.
  (송신측의 전송속도와 수신측의 처리속도의 차이를 완화하기 위해서)

 ㉥ 전송 성능도 좋고, 전송 대역폭도 좁게 차지한다.

③ 혼합식 전송(비동기식 + 동기식 전송)

혼합식 전송방식은 비동기식 전송방식과 동기식 전송방식을 혼합한 형태로 비동기식 전송방식과 많이 흡사하지만 동기식 전송방식처럼 항상 동기 상태를 유지하며 다음과 같은 특징을 가진다.

 ㉠ 정보 전송형태는 문자단위로 이루어지며, 송신측과 수신측이 항상 동기 상태에 있어야 한다.

 ㉡ 비동기식과 같이 start bit와 stop bit가 사용된다.

 ㉢ 문자와 문자사에는 휴지시간 있다.

 ㉣ 비동기식 전송보다 속도는 빠르지만 전송성능도 좋지 않고, 비동기식과 동기식 전송방식에 비해 잘 사용되지 않는다.

5.2 회선 구성방식

회선 구성이란 둘 이상의 컴퓨터(단말)가 물리적인 통신경로인 전송매체를 통해 연결되는 방식으로 둘 이상의 컴퓨터(단말)가 통신을 하려면 같은 전송매체 상에 있어야 한다.

이러한 회선구성의 방법에는 접속방법에 따라 일대일 구성방식과 일대다 구성방식으로 구분 지을 수 있으며, 접속 형태에 따라서는 그물형, 스타형, 트리형, 버스형, 링형등으로 구분된다.

(1) 회선 접속 방법에 따른 분류

① Point To Point(점대점 방식)

일대일 방식은 각 단말 간 통신회선을 일대일로서 구성하는 방식으로 전송매체에 의해 두 개의 컴퓨터(단말이) 직접 연결되어 있는 형태이다.

이 방식은 N개의 단말을 일대일로서 직접 연결할 경우 N(N-1)/2개의 전송회선이 필요하며 각 단말은 N-1개의 통신 포트를 가지고 있어야 한다. 따라서 단말이 지리적으로 멀리 떨어져 있을 경우 두 개의 단말 간 일대일로서 연결하려면 상당한 비용이 필요하며 또한 단말의 개수가 많아 질 경우 그 만큼 통신회선을 설치해야 하므로 비경제적인 방식이다. 그래서 통신회선의 수를 줄이기 위해 보통은 교환망을 사용한다.

㉠ 전송되는 정보량이 많은 경우에 적합하다.

㉡ 회선 설정이 불필요하다.

㉢ 고장 발생이 유지보수가 용이하다.

㉣ 단말의 수가 많을 경우 통신회선을 많이 설치해야 하므로 비용이 많이 들어간다.

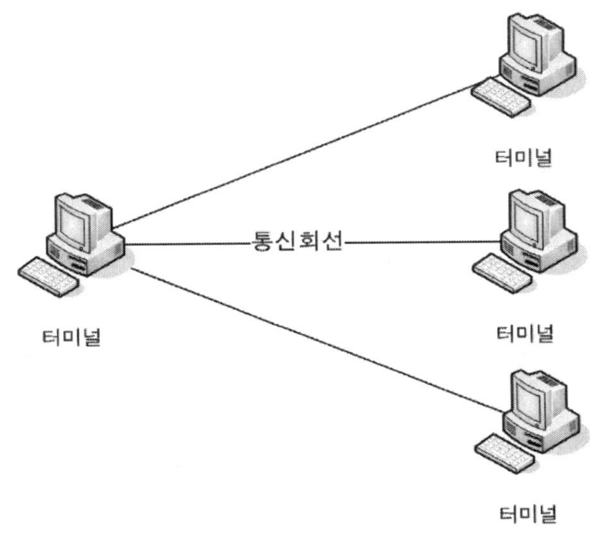

[그림5-15] 점대점 방식

② Multi - Point(다중점 방식)

다중점 연결방식은 다수의 단말기들이 하나의 통신회선을 공유하여 연결되어 있는 방식으로 데이터 흐름의 제어하기 위한 흐름제어 과정이 필요하며 각 단말기들은 각자의 주소를 가지고 있어야 한다.

일대일뿐만 아니라 일대 다수에게도 전송이 가능하며 다음과 같은 특징을 가진다.

㉠ 비교적 정보 전송량이 적을 때 적합하다.

㉡ 일대일 방식에 비해 통신회선 설치비용이 낮으며 경제적이다.

㉢ 원거리 전송에 사용한다.

ⓔ 회선의 고장 발생 시 유지보수가 복잡하다.

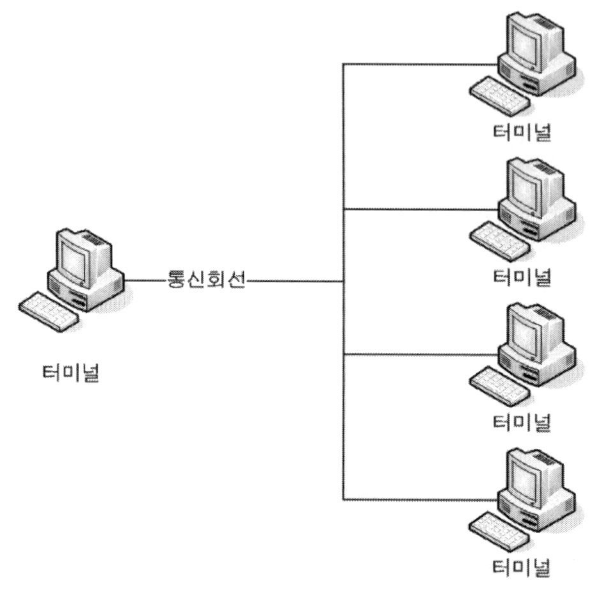

[그림5-16] 다중점 방식

③ Loop방식(Ring 방식)

서로 이웃한 단말끼리만 통신회선으로 연결하는 방식으로 각 단말의 고장 발견이 쉽지만 보안상 문제가 될 수 있으며, 단말과 단말 간 데이터 전송이 각 단말에서 전송지연이 발생할 수 있다.

(2) 회선 접속 형태에 따른 분류

회선의 접속 형태(Topology)는 물리적 혹은 논리적인 통신망의 배치 방법 즉 각각의 단말들이 하나 이상의 전송로(링크)를 통해 연결된 형태를 의미한다.

통신망의 접속 형태는 전송로(링크)와 연결된 단말간의 관계에 대한 기하학적 표현이며 기본적인 접속 형태는 그물 형, 스타 형, 트리 형, 버스 형, 링 형 등 다섯 가지가 있다.

이들 다섯 가지 용어는 통신망상의 각 단말에 대한 물리적인 배열 보다는 상호 연결방법을 나타낸다.

① 그물 형(Mesh형)

그물 형은 통신망상의 모든 단말들을 통신회선으로 상호 연결한 형태로서 모든 단말 간 개별적인 통신회선으로 연결하기 때문에 비용이 많이 들어가고 각각의 단말들은 다수의 통신 포트들을 가지고 있어야 한다. 대신 각 단말 간 데이터 전달 속도가 가장 빠르다는 장점이 있으며 다음과 같은 특징을 가진다.

㉠ 근거리 통신망(LAN) 보다는 광대역 통신망(WAN)에 많이 사용된다.

㉡ 한 회선의 장애발생시 우회 경로가 있어 위회하여 통신이 가능하다.

㉢ 데이터 전송속도가 가장 빠르고, 신뢰성이 가장 우수한 방식이다.

㉣ 가장 많은 통신회선이 필요하며, 통신망의 구축비용이 가장 높다.

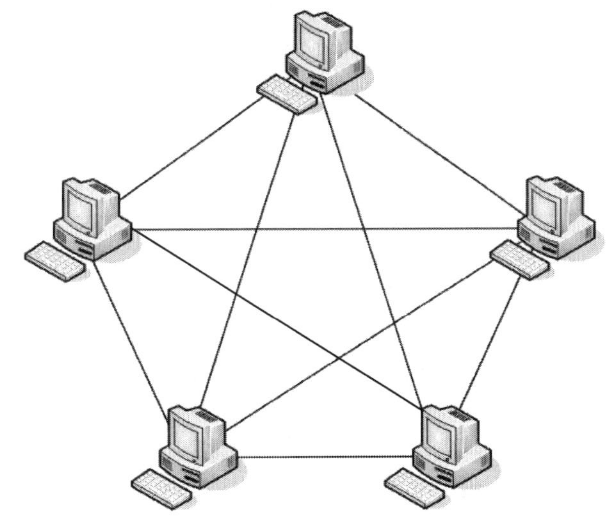

[그림5-17] Mesh Topology

② 스타 형(Star형)

스타 형은 전송되는 데이터를 중앙의 컴퓨터나 교환기가 제어해주고 중앙의 컴퓨터나 교환기에 모든 단말들이 일대일 또는 일대다로 연결된 형태로 소규모 근거리 통신망(LAN) 구축에 적합하고 통신회선의 융성의 뛰어나며 다음과 같은 특징을 가진다.

㉠ 단말의 고장 시 발견이 쉽고 유지보수가 용이하다.

㉡ 각 단말기마다 전송속도를 다르게 설정할 수 있다.

㉢ 단말의 추가 및 제거가 용이하다.

㉣ 중앙 컴퓨터나 교환기에 장애 발생 시 전체 통신망 기능이 정지된다.

㉤ 단말기 증가에 따라 통신회선이 많이 필요하다.

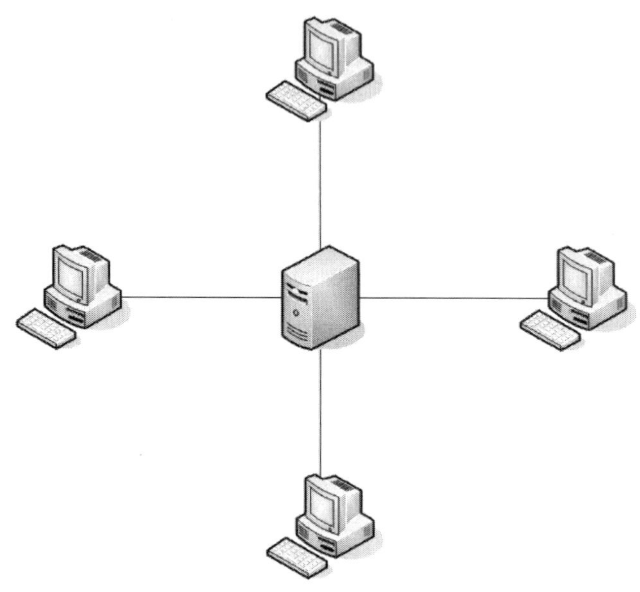

[그림5-18] Star Topology

③ 트리 형(Tree 형)

트리 형은 하나의 단말에서 여러 개의 통신회선이 뻗어 나가는 형태로서 중앙에 하나의 단말을
두고 일정 지역의 단말까지는 하나의 통신회선으로 연결되고 일정 지역의 단말에서 다시 그 지
역의 다수의 단말과 연결되어 마치 그물 형처럼 하나의 단말에 여러 개의 단말을 연결되는 방
식이다.

마치 나뭇가지가 뻗어나가는 형태로 되어 있어서 트리 형이라 부르고 통신망을 확장할 때 가장
가까운 단말에 연결하기 때문에 통신망의 확장 및 구축이 용이하다는 장점을 지니며 다음과 같
은 특징을 가진다.

㉠ 근거리 통신망(LAN) 보다는 광대역 통신망(WAN)에 많이 사용된다.

㉡ 통신망의 추가 및 확장이 용이하다.

㉢ 상위의 통신망에 장애 발생 시 하위 통신망의 모든 단말들은 통신이 중단된다.

㉣ 통신망의 확장이 많아질 경우 트래픽이 한곳에 집중될 수 있다.

㉤ 분산처리 시스템 구성이 가능하다.

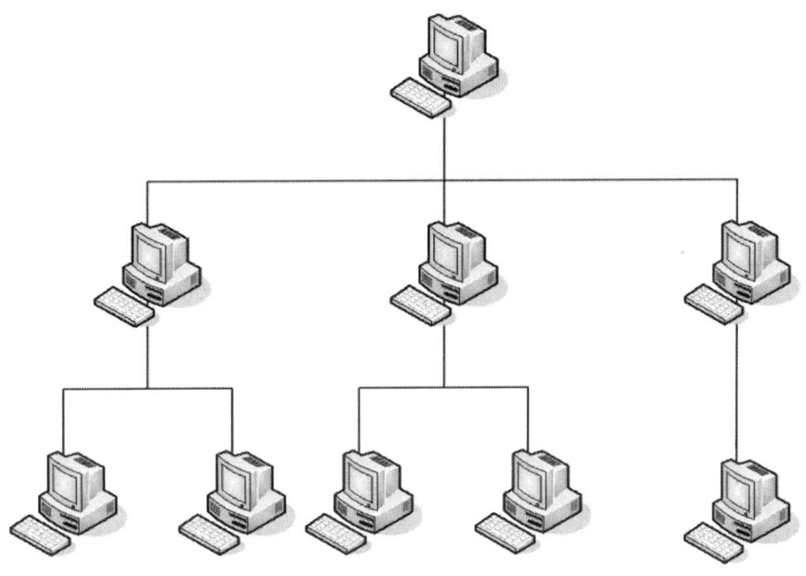

[그림5-19] Tree Topology

④ 버스 형(Bus 형)

버스 형은 하나의 케이블에 모든 단말기들이 연결되어 있는 형태로서 각 단말에서 전송되는 데 이터는 방송형태로 전송되고 모든 단말기들은 수신된 정보의 단말기 식별번호에 의해 해당하는 정보만 수신하는 방식이다.

이 방식은 통신만 구조가 간단하고, 각 단말의 추가 제거가 용이 하지만 중심 케이블 양 끝에는 신호의 바운딩 현상을 막기 위해 터미네이터라는 장치를 부착해야 하며 다음과 같은 특징을 가 진다.

㉠ 모든 단말기들이 하나의 통신회선을 공유하므로 통신망의 구축비용이 저렴하다.

㉡ 단말기 고장 시 전체 통신망에 영향을 주지 않아 신뢰성이 높다.

㉢ 모든 단말기가 통신회선 상에 전송되는 데이터를 수신할 수 있어 데이터의 비밀 보장이 곤 란하다.

㉣ 통신회선에 장애 발생 시 전체 통신망에 영향을 준다.

㉤ 통신회선의 길이에 제한을 받으며 주로 근거리 통신망(LAN)에 주로 이용된다.

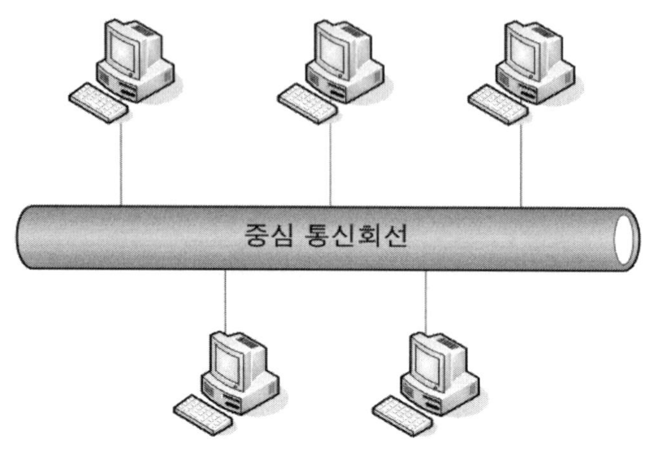

[그림5-20] Bus Topology

⑤ 링 형(Ring 형)

링 형은 각각의 단말기들이 서로 이웃하는 것끼리만 직접 또는 중계를 통해 연결하는 형태로서 전송되는 데이터는 방송형태로 전송되므로 각 단말기마다 공평한 통신 서비스를 수행할 수 있다. 이웃한 단말기간 거리가 가까울 때 경제적이며 주로 근거리 통신망(LAN)에 이용되며 다음과 같은 특징을 가진다.

㉠ 통신회선과 단말기 고장 시 발견이 용이하다.

㉡ 새로운 단말의 추가 또는 기존 단말의 삭제 시 통신회선을 절단해야 함으로 불편하다.

㉢ 단말기 고장이나 통신회선 장애 시 전체 통신망에 영향을 주므로 우회기능과 통신회선의 이중화 등이 필요하다.

㉣ 각 단말에서 데이터 전송이 전송지연이 발생할 수 있다.

㉤ 통신회선의 길이에 제한을 받는다.

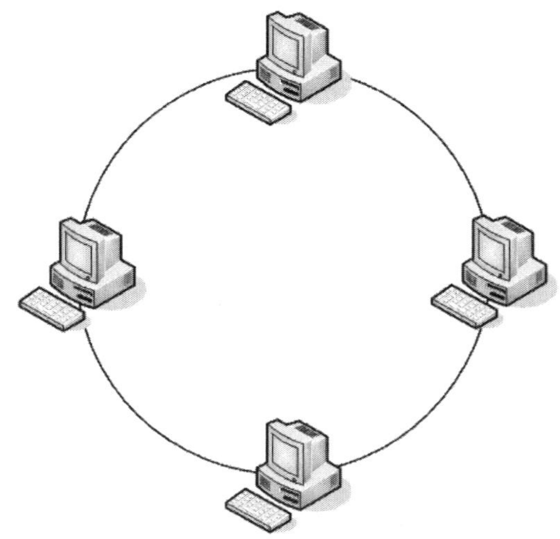

[그림5-21] Ring Topology

5.3 　데이터 교환방식

　데이터 교환이란 단말기와 단말기 사이 또는 단말기와 컴퓨터 사이에서 전송되는 데이터를 교환하는 방식으로 크게 회선교환 방식과 축적 교환방식이 있다.

　회선 교환방식은 일반적인 전화 교환방식으로 요청된 신호의 순서에 따라 통신회선을 임대하여 통신을 수행하며 축적 교환방식은 전송되는 데이터를 일정 크기만큼 분할하여 메시지 단위로 교환하는 메시지 교환방식과 컴퓨터 통신을 목적으로 한 데이터를 패킷이라는 작은 단위로 분할하여 교환하는 패킷 교환방식이 있다.

(1) 회선 교환방식

　회선 교환방식이란 전송되는 데이터를 교환하는 방식이 아닌 통신회선 자체를 교환하는 방식으로 먼저 요청된 단말에게 먼저 하나의 통신회선을 선택하여 일대일 통신을 수행하는 형태이다.

　이 방식은 통신하기 전에 송·수신간 접속 경로를 설정한 다음 통신회선을 연결하여 통신이 종료될 때까지 통신회선 연결을 유지시킨다. 따라서 일단 연결된 통신회선은 통신이 종료될 때 까지 마치 전용회선처럼 작용하여 다른 사용자가 이용할 수 없으며 회선 접속 율이 통신회선 수에 따라 결정된다.

회선 교환방식의 대표적인 예로 전화 교환기가 있으며 통신을 시도할 때마다 매번 통신 경로를 설정하기 때문에 전송제어 절차 및 정보의 형식에 제약을 받지 않으며 비교적 원거리 실시간 데이터 전송에 적합하지만 교환기내의 데이터 축적 기능을 가지지 않기 때문에 그에 따른 부가적인 기능이 없다.

㉠ 회선 교환 방식의 특징

　가. 데이터 전송 전에 경로 설정 과정을 거친다.

　　회선 교환 방식에서의 경로 설정과정은 회선 설정, 데이터의 전송, 회선의 해제단계 이 3가지 과정을 통하여 이루어진다.

- 회선의 설정 : 데이터가 전송되기 전에 송·수신 두 단말 간에 회선을 설정해 주어야 한다.

- 데이터 전송 : 회선이 설정되면 설정된 통신회선을 통해 데이터를 전송하며 전송되는 데이터는 회선에 따라 아날로그 디지털 모두 가능하지만 주로 디지털 형태로 전송되며, 일반적인 통신방식은 전이중 방식이다.

- 회선의 해제 : 일정시간 동안 통신회선을 통해 데이터 전송이 일어난 후 한 단말에 의해 데이터 전송이 완료되면 이에 따라 회선이 해제(단절)된다.

　나. 회선이 설정되어 데이터 전송이 일어나면 다른 사용자에 의해 전송되는 데이터는 해당 회선을 사용할 수 없다.

　다. 한번 설정된 회선은 통신이 종료될 때까지 유지되므로 전송 지연이 적어 실시간 고속 데이터 전송이 가능하다.

　라. 전송 중 항상 일정한 경로를 사용하므로 연속적인 데이터 전송이 가능하다.

　마. 데이터 전송에 필요한 제어 정보가 필요 없어 데이터 전송 효율이 높다.

㉡ 회선 교환 방식의 단점

　가. 수신측이 데이터를 수신할 준비가 되어 있지 않으면 데이터 전송이 불가능하다.

　나. 회선이 한번 설정되면 데이터의 전송이 없더라도 회선을 계속 점유하므로 전체적인 통신망 효율에 영향을 준다.

　다. 교환기 자체 내에 데이터 전송속도 및 코드 변환기능이 없어 동일한 속도나 코드를 가진

단말끼리만 통신할 수 있다.

라. 회선 접속 율이 회선 수에 따라 결정되므로 가입자 수용에 한계가 있다.

ⓒ 회선 교환 방식의 종류

회선 교환방식은 통신로의 설정방법에 따라 공간분할 교환방식과 시분할 교환방식으로 나누어
진다.

가. 공간분할 교환방식(SDX : Space Division Multiplexing)

교환기의 입/출력 회선을 서로 엇갈리게 놓고 단말에서 보내온 신호를 판단하여 교환기에
서 교점 스위치를 달아 회선을 접속하는 방법이다.

나. 시분할 교환방식

시분할 교환방식은 각 단말로부터 들어온 신호를 다중화 장치에 의해 시분할 다중화를 시
키고, 다중 화된 정보는 Time Switch로 들어가게 된다. Time Switch는 주소 번호를 보고
Time Slot으로 교체하여 수신지로 데이터를 전달하는 방식이다.

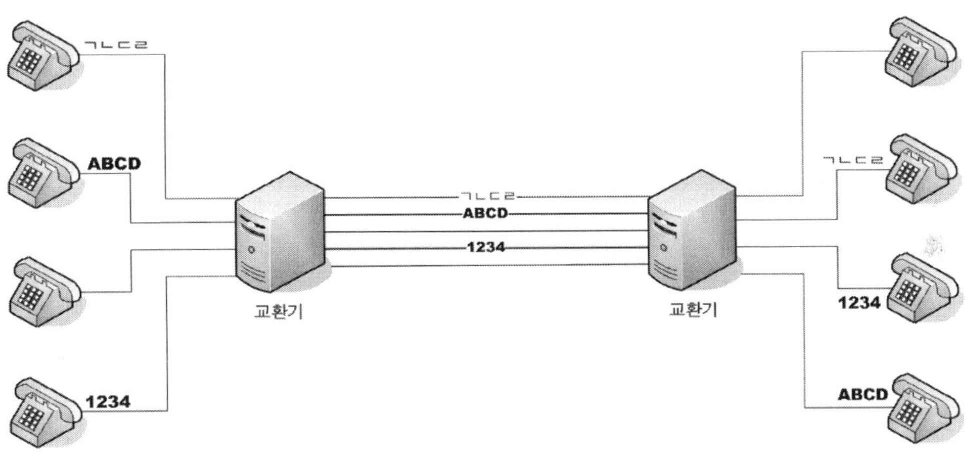

[그림5-22] 회선 교환방식

(2) 메시지(Massage) 교환방식

메시지 교환방식은 축적 교환방식(Store-and-forward)중 하나로 전송되는 데이터를 일련의 메
시지 단위로 분할하여 교환해 주는 방식으로 메시지 단위마다 목적지 주소를 부여하여 비어있는
회선을 선택 전송하는 형태이다.

이 방식은 회선교환방식과 달리 송·수신 단말 간 통신을 위한 경로를 미리 설정하지 않으며 전송

하고자 하는 데이터를 메시지 단위로 분할 각 메시지의 헤더(Header)부분에 목적지 주소를 부여하고 교환기 내의 버퍼에 저장하였다가 회선의 상태를 파악하고 적당한 회선을 골라 헤더 정보에 따라 다른 교환기를 정보를 교환시켜 준다.

메시지 교환 기법의 대표적인 예로 전자메일 경우를 들 수 있으며 실시간 데이터 전송이 곤란하고 교환기내의 축적과 처리기능이 있어 이들 기능에 의한 부가적인 기능을 데이터 통신에 적용시킬 수 있다.

㉠ 메시지 교환 방식의 특징

가. 송·수신 단말 간에 경로설정을 하지 않아 전송되는 각 메시지마다 전달되는 경로가 다르다.

나. 수신측이 데이터를 수신할 준비가 되어 있지 않더라도 메시지를 저장하였다가 추후에 자동 전송이 가능하다.

다. 전송할 데이터를 축적한 후 메시지 단위로 전송하므로 전송로를 효과적으로 이용할 수 있으며 같은 량의 정보를 전송하는 경우 회선교환방식보다 적은 비용으로 통신망을 구축할 수 있다.

라. 정보 전송량이 많아질 경우에는 축적 기능을 이용하여 혼란을 피할 수 있다.

마. 회선 접속량이 많은 경우 회선 교환방식에서는 단절될 수 있으나 메시지 교환방식에서는 정보전송에 지연만 될 뿐 단절현상은 일어나지 않는다.

바. 메시지마다 우선순위를 줄 수 있어 데이터 통신망의 전송 효율을 높일 수 있다.

사. 메시지 교환 방식은 전송속도와 전송코드 변환이 가능하여 속도나 코드가 다른 단말장치끼리도 통신이 가능하다.

아. 하나의 메시지를 다수의 단말장치로 전송할 수 있다.

자. 하나의 통신회선에 여러 메시지를 공유하여 전송할 수 있어 회선의 이용 효율을 증가 시킬 수 있다.

차. 통신망 내에 과도한 데이터에 의한 트래픽이 몰리는 현상(혼잡 현상)이 생기더라도 우회경로를 통해 데이터 전송이 가능하다.

㉡ 메시지 교환 방식의 단점

가. 축적 교환 방식이므로 전송되는 정보가 교환기내에 축적되는 동안 전송지연이 발생한다.

나. 각 메시지마다 순서번호, 목적지주소 등으로 인해 오버헤더(Overhead)가 존재한다.

다. 메시지의 길이가 일정치 않아 실시간 데이터 전송에 불리하다.

라. 빠른 응답시간이 요구되는 대화형 통신에서는 적합하지 않다.

마. 메시지 크기가 큰 경우 전송도중 오류로 인한 복구 시간이 많이 소모되며, 통신망의 효율이 떨어진다.

바. 교환기내에는 많은 량의 버퍼가 필요하다.

(3) 패킷(Packet) 교환방식

패킷 교환방식은 회선 교환방식의 장점과 메시지 교환방식을 장점을 혼합하여 만든 방식으로 전송하고자 하는 데이터를 일정한 크기의 패킷이라는 작은 단위로 만든 다음 전송하는 방식으로 전송경로 설정에 따라 가상회선 방식과 데이터 그램 방식으로 나누어진다.

메시지 교환 방식과 같이 각 패킷의 헤더(header)부분에 목적지 주소를 부여하고 교환기내의 버퍼에 저장하였다가. 통신회선을 선택하여 목적지 주소를 보고 수신측 단말로 전송되는 형태로 패킷의 크기가 작고 일정하기 때문에 여러 단말이 하나의 회선을 공유하여 패킷을 전송할 수 있어 메시지 교환 방식보다 회선 이용률이 높고 실시간 데이터 전송에도 용이하다.

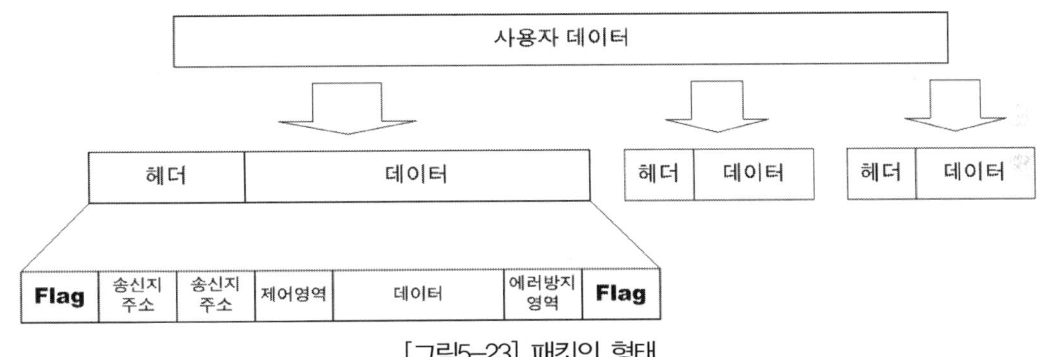

[그림5-23] 패킷의 형태

㉠ 패킷 교환 방식의 동작 원리

가. 송신측 단말장치가 전송할 데이터를 패킷 단위로 분할하여 패킷 전송망으로 전송한다.

나. 송신 단말장치로부터 전송된 패킷을 패킷 교환기내의 버퍼에 저장한다.

다. 버퍼에 저장된 패킷의 헤더 내에 들어있는 목적지 주소를 보고 목적지 단말까지의 경로를 선택하여 전송한다.

라. 목적지 교환기는 수신된 패킷을 버퍼에 저장하였다가 수신측 단말기가 수신할 준비가 되었

는지 확인한 후 수신 단말장치로 패킷을 전달시켜 정보 전송을 완료한다.

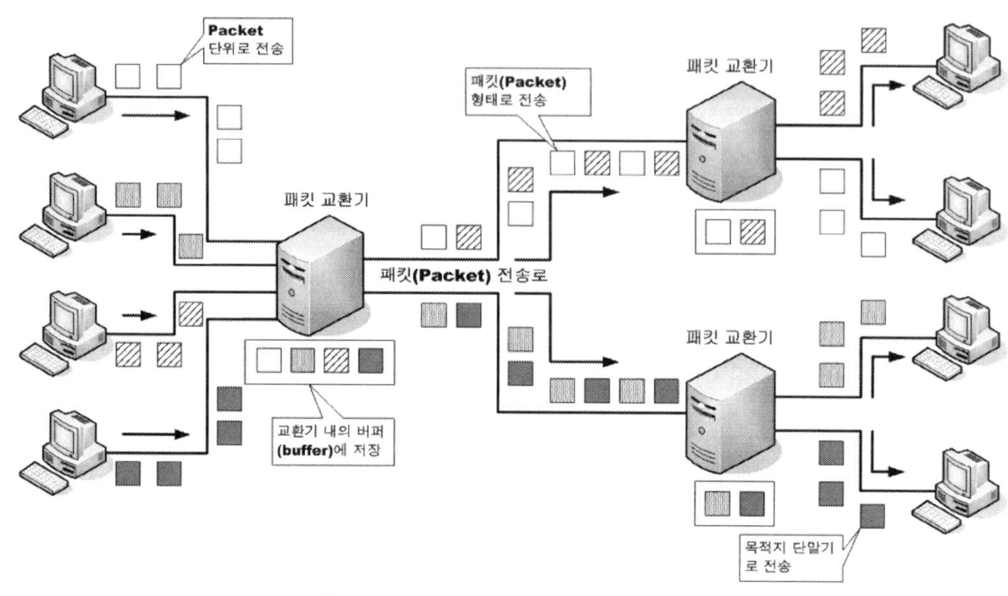

[그림5-24] 패킷 교환방식의 구성도

ⓛ 패킷 교환 방식의 특징

가. 메시지를 정해진 일정한 크기의 패킷으로 분할하여 전송한다.

나. 하나의 회선에 여러 개의 패킷을 전송할 수 있어 메시지 교환방식에 비해 회선 이용률이
높다.

다. 축적교환방식으로 수신측이 데이터를 수신할 준비가 되어 있지 않아도 송신측에서 정보 전
송이 가능하며, 동시에 다수의 단말에 정보 전송이 가능하다.

라. 각 패킷 교환기내에서 전송되는 패킷을 검사하여 에러가 발생한 경우 재전송을 요청할 수
있어 신뢰성 있는 정보 전송이 가능하다.

마. 교환기내의 부가적인 정보처리 기능으로 인해 송 · 수신 간 단말이 서로 상이하여도 통신이
가능하다.

바. 메시지 교환 방식에 비해 빠른 응답시간을 갖는다.

사. 패킷 교환 방식은 주로 디지털 전송에 이용되므로 고품질의 정보를 전송할 수 있으며 신뢰
성이 우수하다.

ⓒ 패킷 교환 방식의 단점

　가. 축적 교환 방식이므로 전송되는 정보가 교환기내에 축적되는 동안 전송지연이 발생한다.

　나. 각 패킷마다 순서번호, 목적지주소 등으로 인해 오버헤더(Overhead)가 존재한다.

② 패킷 교환 방식과 메시지 교환방식

　가. 공통점

- 패킷 교환방식과 메시지 교환방식 모두 축적교환방식으로 전달되는 데이터를 일정크기 단위로 교환기내에 저장하였다가 전송된다.
- 하나의 회선을 여러 개의 패킷이나 메시지를 공유하여 전달할 수 있어 회선 이용률이 높다.
- 수신측이 데이터를 수신할 준비가 되어 있지 않아도 축적한 후 추후에 전송할 수 있으며 여러 단말기에 동시에 전송할 수 있다.
- 송 · 수신 단말기가 서로 상이하여도 통신이 가능하다.

　나. 차이점

- 메시지 교환방식에서 전달되는 메시지 단위는 길이가 일정치 않는 반면에 패킷 교환방식은 패킷의 단위가 일정하므로 실시간 데이터 전송이 가능하다.
- 패킷 교환방식은 메시지 교환방식에 비해 빠른 응답이 요구되는 대화형 통신에 적합하다.

⑩ 패킷 교환방식의 종류

패킷 교환방식은 전송 경로설정에 따라 크게 가상회선방식과 데이터 그램 방식으로 구분된다.

　가. 가상회선 방식(Virtual Circuit)

가상회선 방식은 데이터 패킷을 전송하기 전 미리 두 스테이션 간에 전송할 경로에 대해 논리적으로 경로설정을 확립하는 방식으로 상대 교환기에게 호출 요구(Call Request)를 보내어 상대 교환기로의 연결을 요구하고 상대 교환기로부터 이에 대한 응답을 받으면 논리적 접속이 되었으므로 데이터 패킷을 전송하는 형태이다. 여기서 논리적 접속을 가상회선(Virtual Circuit)이라 하고, 각 패킷들은 정해진 가상회선 경로를 이용하여 전송된다.

이 방식은 모든 패킷들이 동일한 경로를 이용해서 전송되므로 도착된 패킷의 순서대로 패킷의 순서를 결정지을 수 있고, 모든 패킷들이 정확하게 도착함을 보장하는 에러 제어서비스도 행해진다.

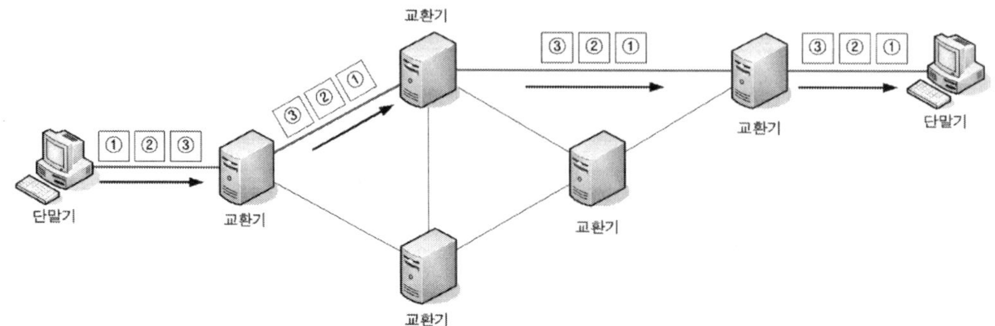

[그림 5-25] 가상회선 방식

가상 회선방식의 특징

- 가상회선 방식의 통신절차는 연결설정, 데이터전송, 연결해제 등 3단계를 지님
  연결설정(Connection setup) : 경로설정 과정에 따라 목적지까지의 논리적인 경로가 결정된다.
  데이터전송(data transfer) : 데이터 패킷을 전송한다.
  연결해제(Connection release) : 경로설정을 해제한다.
- 모든 패킷들이 정해진 경로를 통해 전달되므로 수신측에서는 도착 순서대로 패킷을 재조립할 수 있다.
- 정해진 경로로만 전달되므로 각종 제어정보를 제거할 수 있어 헤더의 크기를 줄일 수 있다.
- 경로설정에 따른 전송지연이 발생한다.
- 정해진 경로 상에 장애 발생 시 그 경로를 통해 전달되는 모든 패킷이 손실될 수 있다.
- 많은 량의 데이터 전송에 적합하다.

나. 데이터 그램 방식(Datagram)

데이터 그램 방식은 메시지 교환방식과 유사한 방식으로 데이터 패킷을 미리 정해진 경로 없이 독립적으로 처리하여 전송하는 방식이다.

이 방식은 모든 패킷들이 헤더 내에 목적지 주소 및 각종 제어 정보를 포함하고 있어야 하며 각각의 패킷들은 독립적으로 각기 다른 경로를 통해 목적지로 전송된다.

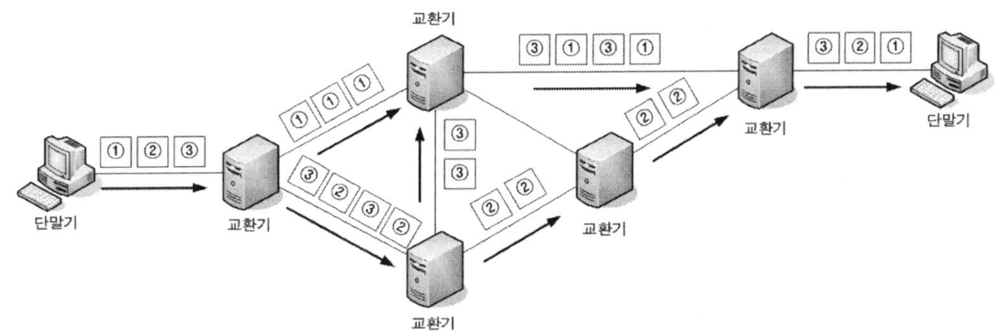

[그림 5-26] 데이터 그램 방식

데이터 그램 방식의 특징

- 가상회선 방식과 달리 경로 설정을 하지 않으므로 경로 설정에 따른 전송지연시간이 없다.
- 경로가 정해져 있지 않아 한쪽 통신망이 혼잡하면 혼잡을 피해 우회하여 전송이 가능하다.
- 특정 교환기에 문제가 발생하더라도 다른 경로를 통해 패킷을 전송할 수 있어 신뢰성이 우수하다.
- 모든 패킷들이 각기 다른 경로로 전송되므로 패킷의 순서화를 위해 따로 제어정보가 포함되어야 한다.
- 모든 패킷들이 정확히 목적지에 도착하는 것을 보장할 수 없다.
- 적은 량의 데이터 전송에 적합하다.

구 분	가상회선 방식	데이터 그램 방식
초기 설정 과정	필요하다	필요하지 않다.
전송 경로	하나의 경로, 비 점유	여러 경로, 비 점유
경로 설정 과정	통신망 전체의 정보를 이용	교환기 주변 정보만을 이용
전송 지연	경로설정 지연 + 패킷 전송 지연	패킷 전송 지연
패킷 순서	패킷들이 항상 일정하게 전달되어 순서대로 교환기를 통과한다.	패킷들이 서로 다른 경로를 통해 전달되므로 교환기내에서 재 정렬한 후 교환기를 통과한다.

[표5-1] 가상회선과 데이터 그램 방식의 비교

교환 방식 특성 구분	회선 교환 방식	메시지 교환 방식	가상회선 방식	데이터 그램 방식
전용 전송로 유무 여부	전용 전송로	전용로 없음	전용로 없음	전용 전송로
대역폭 사용 형식	고정된 대역폭	대역폭 동적 사용	대역폭 동적 사용	고정된 대역폭
데이터 전송 형태	연속적인 데이터	메시지 단위	패킷 단위	
경로 배정	호 단위	메시지 단위	호 단위	패킷 단위
실시간 데이터 전송 가능여부	가능	불가능	가능	
데이터 저장 여부	저장 안함	메시지 단위로 저장	패킷 단위로 저장	
전송 경로의 형태	물리적으로 고정된 전송로	독립적인 전송로	논리적으로 고정 된 전송로	독립적인 전송 로
지연 여부	없음	있음	경로 설정지연 패킷 전송 지연	패킷 전송 지연
속도 및 코드변환 여부	변환 없음	변환 있음	속도와 코드 변환 있음	
오버헤드 비트 유무	오버헤드 비트 없음	각 메시지마다 오버헤드 비트 있음	각 패킷마다 오버헤드 비트 있음	

[표5-2] 데이터 교환방식 비교

5.4　디지털 통신망의 동기방식

(1) 동기(Synchronous)의 개념

동기란 공간적으로 서로 떨어져 있는 송신 장치와 수신 장치 사이에서 발생되는 신호의 주기와 위상을 맞추어 주는 동작으로서 두 개의 신호가 동일한 시간에 동일한 위상을 가지도록 처리 또는 조작하는 과정을 동기라 한다.

즉 송·수신 장치 간에 클록주파수를 맞추어서 정보를 주고받는 것으로 디지털 통신에서 전달되는 모든 신호는 시간 축 상에 정보가 일정 주기로 나열되어 전송되므로 수신측에서는 정확한 정보 수신을 위해서는 어느 시점에서 신호가 시작되었으며, 어느 시점에서 신호가 끝났는지를 정확히 구별해야 한다. 따라서 송·수신간에 정확한 정보전송을 위하여 전달되는 신호의 시작점과 끝점을 맞추는 동작을 의미한다.

(2) 망 동기(Network Synchronization)

디지털 통신에서 디지털 데이터를 전송하는 모든 통신장치는 그 내부 또는 외부에서 일어나는 모든 동작이 하나의 클록신호(clock)에 의하여 제어되며 디지털 통신망에서 송·수신 장치 간에 정확한 정보를 주고받기 위해서는 송신측과 수신측간에 클록 주파수가 일치해야 한다. 만약 송·수신측간에 클록 주파수가 일치하지 않으면 정확한 정보를 주고받을 수 없게 되어 전달된 정보의 신뢰성을 보장 받을 수 없거나, 반복적인 재전송에 의해 전송효율이 저하된다. 따라서 송·수신간에 클록 주파수를 일치시키는 동작은 반드시 필요하며, 클록 주파수를 일치시키는 것을 동기화 시킨다. 라고 한다.

그러나 두 장치 간에 클록 주파수가 일치되었다고 해서 정확하게 동기 되었다고는 볼 수 없다. 이유는 디지털 신호가 전송로를 통해 전달되는 동안 주위환경(온도, 습도 등)의 영향을 받아 위상이 변동될 수 있으며 타이밍 오차가 축적되는 지터(jitter)잡음이 발생할 수 있기 때문이다.

따라서 디지털 통신망에서는 전송로에 발생되는 위상 변동을 최대한 보상해줄 수 있는 전체 디지털 통신망내의 동기화를 구현하기 위해 네트워크(Network)화 된 동기체제를 구축하여 운용하는데 이와 같이 네트워크(Network)화된 동기체제를 망 동기(Network Synchronization)라 한다.

즉 망동기란 디지털통신망내의 모든 장치들을 동일한 클록 주파수로 동기화 시키는 것으로서 각 전송장비나 통신장비 등의 시스템에 동기 신호를 입력시켜 동기 신호가 기준이 되어 상대 시스템으로 하여금 동기신호를 맞추게 되는 것이다.

(3) 망 동기의 품질 판정요소

㉠ 슬립(Slip)

디지털 통신망에서 디지털 신호의 분기, 삽입, 교환 등을 유연하게 하기 위해서는 전송장치 간에 클록신호가 시간적으로 동기화 되어 있어야 하며 동기가 맞지 않으면 데이터 송·수신시 슬립(Slip)이라는 데이터 오류현상이 발생하는데, 여기서 슬립(Slip)이란 디지털 신호가 전송로를 통해 통신망내의 교환국에 입력될 때 입력단의 버퍼에 입력되는 속도와 버퍼에서 출력되는 속도의 차이로 발생하는 오류현상으로 입출력 속도의 차이가 크면 버퍼의 최대 용량을 초과하거나 또는 버퍼가 비어있게 되어 정보의 유실 또는 중복되는 현상을 슬립(Slip)이라 한다.

이러한 슬립(Slip)현상은 디지털 신호의 전송 시 버퍼(Buffer)의 입력 클록과 출력 클록 속도 차이에 의한 것으로 버퍼에 입력되는 데이터 속도는 송신 교환국의 클록 타이밍에 따르며, 버퍼에 출력되는 데이터 속도는 수신 교환국의 클록 타이밍과 일치한다. 따라서 이들 상호간에 클록신호의 동기화가 이루어져야 하며 만약 동기가 이루어지지 않아 입력속도가 출력속도 보다 빠르면 버퍼의 데이터를 중복해서 출력하게 되고, 반대로 출력속도가 입력속도보다 빠르면 버퍼의 데이터를 빠뜨리고 출력하는 현상이 발생한다.

ⓛ 지터(Jitter)

동기가 잘 이루어진 디지털 통신망에서도 슬립현상은 발생하는데 이유는 디지털 신호의 전송도중 주위 환경의 변화와 전송설비의 환경적 영향에 의해 비트열(Bit Stream)의 순간적인 절단이나 위상의 변동으로 인해 주파수 편차를 야기함으로서 슬립을 발생시킬 수 있기 때문이다.

이와 같이 동기 망의 품질저하의 발생으로는 지터(Jitter)와 원더(Wonder)가 있으며, 여기서 지터(Jitter)란 전송선로를 통해 전송된 펄스신호의 위상변화를 말하며 이상적인 디지털 신호가 10Hz이상의 빠른 주기로 위상이 변화하는 정도를 지터(Jitter)라 한다.

ⓒ 원더(Wonder)

원더(Wonder)란 지터(Jitter)중에서 10Hz 미만의 매우 느린 주기로 펄스의 위치가 변동되는 현상으로 주로 전송매체에서의 주변온도 변화에 따른 반복적 지연특성의 변동에 의해 발생하며 일 단위의 온도변화와 계절단위의 온도 변화로 인하여 발생하는 것으로 알려져 있다.

(4) 망 동기 구성 방식의 종류

망 동기 방식은 운용되는 방식에 따라 독립 동기방식, 종속 동기방식, 상호 동기방식 등이 있으며 일반적으로 독립 동기방식은 비용이 많이 든다는 단점이 있고, 상호 동기방식은 구조가 너무 복잡하고 통신망이 불안해 질 수 있다는 단점이 있어 종속 동기방식이 주로 사용되며 우리나라에서는 종속 동기방식 중에서 비용이 저렴하면서 안정성이 우수한 PAMS방식이 사용되고 있다.

㉠ 독립 동기방식(Plesiochronous Synchronization Method)

디지털 통신망내의 각 시스템마다 동기클록신호를 가지고 있어 각각의 시스템들이 각자의 동기 클록신호를 사용하여 독립적으로 운영되는 방식이다.

이 방식은 각각의 클록신호에 대하여 높은 정확도를 유지하기 위해 클록신호의 주파수에 대한 편차를 일정한도 내로 제한하며 각 시스템들을 독립적으로 동작시킴으로서 통신망 전체를 거의 동기에 가까운 상태로 만든다.

ITU-T에서는 국제 접속을 독립 동기방식으로 운영하는 것을 권고하고 있으며 이에 따라 운영, 관리, 유지보수에 독자성이 요구되는 국제 관문국에 적용할 수 있다.

ⓛ 종속 동기방식(Despotic Synchronization Method)

종속 동기방식은 특정 시스템에서 사용하는 클록 신호를 다른 시스템들이 공급받아 클록신호를 맞추어 하나의 클록신호만을 모든 시스템들이 동일하게 사용하는 방식으로 여기서 클록을 제공해주는 시스템을 상위국 또는 주국(Master)라 하고 클록신호 공급받는 시스템을 하위국 또는 종속국(Slave)로 하며 주국이 오실레이터에 의해 발생된 클록신호(주 클록 : Master Clock)를 모든 종속국들이 공급받아 동기화 시키는 형태이다.

이 방식은 통신망의 클록분배구조가 트리구조(Tree : 나무구조)로 구성되어 망의 전체적인 구조가 간단하고 실현이 용이하며 전체 통신망을 하나의 클록신호에 동기화 시킬 수 있다는 장점을 가진다.

하지만 주국의 클록신호가 마지막단의 종속국으로 전송되는 과정에서 타이밍오차가 축적되는 문제점이 생길 수 있어 독립 동기방식에 비해 정확도가 다소 떨어지고 또한 주국이 고장 나면 망 전체에 영향을 미치는 심각한 문제를 야기 시킬 수 있다는 단점을 가진다. 그래서 이러한 단점을 보완하기 위해 주 클록신호의 분배방식과 주국의 장애 대비 대응책에 따라 다음과 같은 동기 방식이 존재한다.

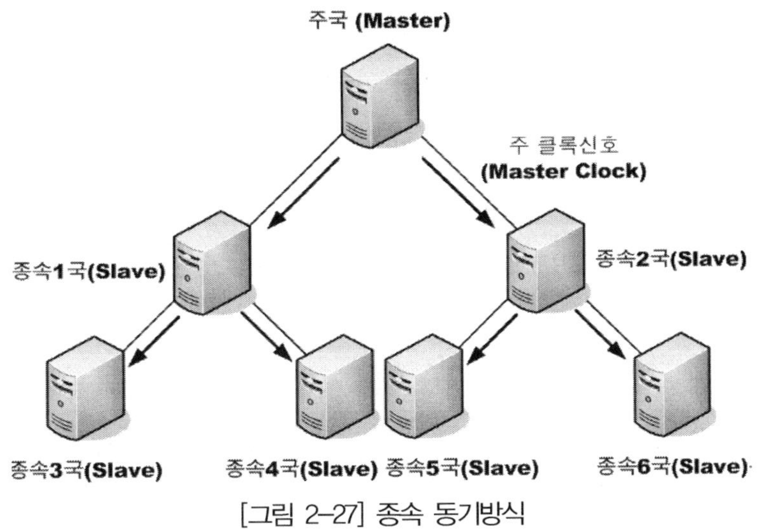

[그림 2-27] 종속 동기방식

가. 단순 종속 동기방식(SMS : Simple Master Slave)

단순 종속 동기방식은 하나의 주국과 다수의 종속국으로 구성되어 주국의 클록신호를 중심으로 종속국들이 동기를 맞추는 방식이다.

이 방식은 종속 동기방식 중에서 망구조가 가장 간단하고 안정성이 높으나 주국에 장애 발생 시 전체 망에 영향을 미치므로 신뢰도가 떨어진다. 주로 소규모 성형 망에 사용된다.

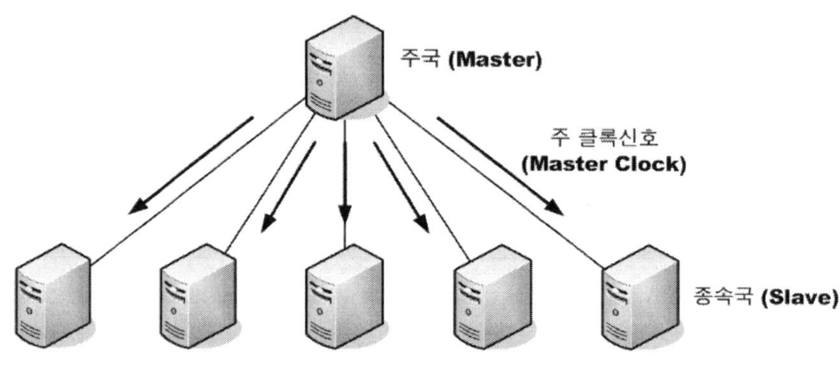

[그림 5-28] 단순 종속 동기방식

나. 계층 종속 동기방식(HMS : Hierarchical Master Slave)

계층 종속 동기방식은 단순 동기방식의 단점인 주국 고장 시 전체 망에 영향 받는다는 문제점을 보완하기 위해 정해진 우선순위에 따라 주국을 계층적으로 구성하고 각 계층 간 동기 링크를 1차 및 2차등 다수 링크로 구성하여 신뢰성을 높인 방식으로 주로 1차 동기링크를 통해 동기 클록신호가 공급되며 1차 동기 링크 고장 시 미리 정해진 우선순위에 따라 대기 중인 우회링크(2차, 3차 순서의 동기링크)가 동작되며 동기를 맞추며 주국에 장애 발생 시 자동적으로 그 하위의 2차 3차 주국이 동기 클록신호를 공급하여 망 동기를 잃지 않고 유지시킨다.

이 방식은 안정성과 신뢰도, 융통성이 다른 동기방식에 비해 매우 뛰어나나 관리 비용이 많이 든다는 단점을 가진다.

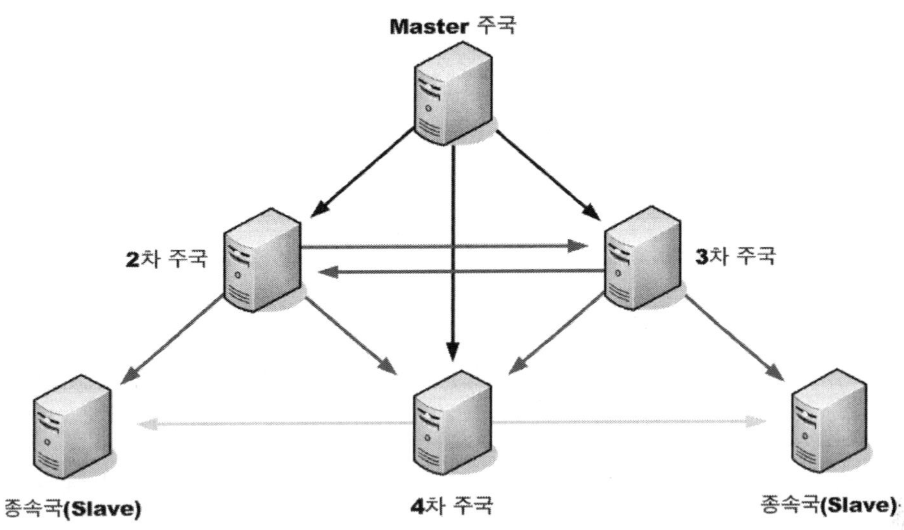

[그림 5-29] 계층 종속 동기방식

다. 선 지정 대체 종속 동기방식(PAMS : Pre-Assigned Master Slave)

선 지정 대체 종속 동기방식은 계층 종속 동기방식이 신뢰성은 높으나 비용이 많이 들어간다는 단점을 보완하기 위해 주국을 계층적으로 두지 않고, 단지 장애 대비용 교환국을 하나더 두는 방식으로 두 개의 교환국중 하나를 Active교환국으로 하고 나머지 하나를 Stand-by교환국으로 지정하여 평상시에는 Active교환국을 주국으로 운영하다가 Active 교환국에 장애 발생 시 자동적으로 Stand-by교환국이 주국이 되어 동작하는 형태이다.

이 방식은 계층 종속 동기방식에 비해 신뢰성은 다소 떨어지지만 비용 부담을 줄일 수 있고, 구조가 간단하다는 장점을 가진다.

실제로 우리나라에서 채택되어 사용되는 방식이다.

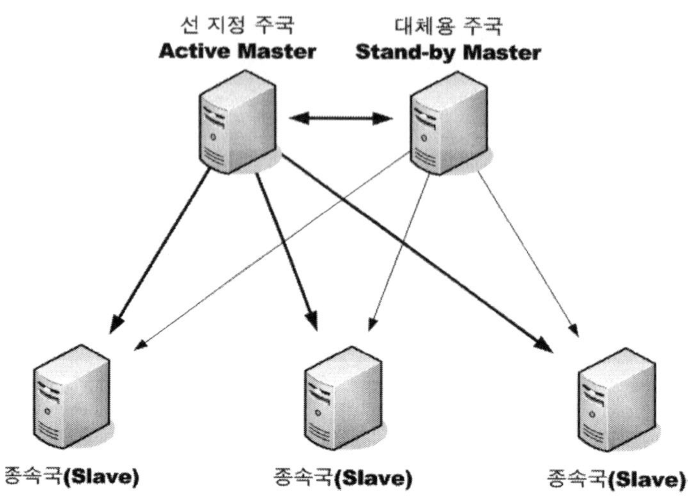

[그림 5-30] 선 지정 대체 종속 동기방식

ⓒ 상호 동기방식(Mutual Synchronization Method)

상호 동기방식은 주국과 기준 클록신호가 존재하지 않으며 모든 교환국의 독립된 자체 클록신호의 평균값으로 공통의 동기 클록신호를 생성 망 전체에 공급함으로서 클록신호를 동일하가 유지시키는 방식으로서 망 전체 구성을 교환국간의 계층구조형태로 두지 않고 자유롭게 구성할 수 있으며 특정 교환국에 장애가 발생하더라도 해당 교환국에만 영향이 제한되므로 이론적으로는 전체 동기방식 중에서 가장 우수하다.

하지만 모든 교환국들의 클록신호의 평균값을 구하고 공통의 동기 클록신호를 유지하기 위한 제어장치 등의 구현이 매우 복잡하며 교환국을 새롭게 추가하거나 또는 새로운 망을 추가하는 것이 어렵고 주위환경에 따라 전체 망의 클록신호의 주파수나 위상이 변할 수 있다는 단점이 있다.

가. 단방향 상호 동기방식(Single-Ended Mutual Synchronization Method)

단방향 신호 동기방식은 각 교환국의 자체 클록신호와 다른 교환국으로부터 입력되는 클록신호의 위상간의 평균값을 구하여 동기 클록신호를 생성 송출하는 방식으로 구조는 양방향 상호 동기방식에 비해 그리 복잡하지 않으나 전체 망의 동기 클록 주파수가 주위환경에 따라 변할 수 있다는 단점을 가진다.

나. 양방향 상호 동기방식(Double-Ended Mutual Synchronization Method)

양방향 상호동기 방식은 단방향 상호 동기방식의 단점을 보완하기 위한 방식으로 단방향 상호 동기방식을 이용하는 교환국간의 위상차와 또 다른 단방향 상호 동기방식을 이용하는 교환국간의 위상차의 평균값을 구하여 동기 클록신호를 생성 망 전체에 송출하는 방식이다.

이 방식은 단방향 상호동기 방식의 단점을 보완한 만큼 주위 환경이나 전송지연의 변화에 영향을 받지 않으며 다른 동기방식들에 비해 가장 안정적인 클록신호를 사용할 수 있다는 장점이 있으나 다른 교환국간의 위상차 정보를 얻기 위한 별도의 전송채널이 필요하며 각종 제어 장치 및 시스템 구조가 다른 방식에 비해 가장 복잡하다는 단점이 있다.

(1) 데이터 전송 방식

① 전송 방향에 따른 분류

■ **단방향 통신**
정보의 흐름이 한쪽 방향으로만 진행하는 방식

■ **양방향 통신**
- 반이중 통신 : 양방향 통신이나 동시통신이 불가능하며 어느 한순간에는 한쪽 방향으로만 데이터 전송이 일어나는 방식
- 전이중 통신 : 동시에 양방향으로 데이터 전송이 일어나는 방식

② 전송 방법에 따른 분류

■ **직렬전송**
한 글자를 구성하는 각 비트들이 하나의 전송매체를 통해 차례로 전송하는 방식
- 시스템 구성이 간단하고 경제적이다.
- 원거리 전송에 적합하다.
- 전송속도가 느리다.
- 직/병렬 변환 회로가 필요하다.

■ **병렬전송**
여러 개의 비트를 다수의 전송로에 한꺼번에 전송하는 방식
- 전송속도가 빠르다.
- 근거리 전송에 적합하다.
- Strobe와 Busy신호를 이용하여 송·수신을 한다.
- 직/병렬 변환 회로가 필요 없다.

③ 동기 방식에 따른 분류

■ **비동기 전송**
정보 전송 형태는 문자단위로 이루어지며 송신측과 수신측이 항상 동기 상태에 있을 필요가

없다.

- 1비트의 스타트 비트와 1~2비트의 스톱 비트가 필요하다.
- 문자와 문자 사이에 휴지 시간이 있다.
- 각 문자를 전송할 때 마다 스타트 비트와 스톱 비트를 추가하여 비트열을 구분하는 방식이다.
- 2000bps이하의 전송속도에 사용된다.
- 전송 성능이 나쁘고, 대역폭도 넓게 차지한다.

■ 동기 전송

송신 신호 중 동기 신호가 포함되어 있어, 수신측에서 두 신호를 읽어 들여 동기가 이루어지는 방식

정보 전송 형태는 block단위로 이루어지고, 송신측과 수신측이 항상 동기 상태에 있어야 한다.

- 2000bps이상의 전송 속도에 사용된다.
- 전송속도가 빨라 수신측 단말기에는 버퍼 기억 장치가 필요하다.
- 전송 성능도 좋고 전송 대역폭도 좁게 차지한다.

(2) 회선 구성 방식

① Point to Point(일대일 방식)

각 단말 간 회선을 일대일로서 구성하는 방식으로 회선이 많아져서 비경제적이다.

회선을 줄이기 위해서 교환망을 사용한다.

- 전송되는 정보량이 많은 경우에 적합하다.
- 회선의 설정이 불필요하다.
- 고장 발생 시 유지보수가 용이하다.

② Multi to Point(일대다 방식)

다수의 단말장치를 하나의 통신회선에 직접 접속하는 방식으로 각 단말기는 각자의 주소를 가지고 있어야 한다.

- 비교적 정보량이 적을 때 적합하다.
- 원거리 전송 시 사용 한다.

- 회선의 유지 보수가 복잡하다.

② Loop(Ring 방식)

서로 이웃하는 단말끼리만 연결하는 구성 형태

(3) 데이터 교환 방식

① 회선 교환망

먼저 요청된 신호가 먼저 하나의 회선을 선택하고, 일대일 통신을 하는 방식 접속률이 회선 수에 따라 결정된다.

속도는 빠르나 가입자 수용에 한계가 있다.

② 메시지 교환망

데이터를 메시지 단위로 전송하는 방식으로 데이터 전송 단위에 목적지 주소를 부여 비어 있는 회선을 골라 전송하는 방식

하나의 회선에 여러 개의 메시지를 보낼 수 있어 회선 이용률이 높다.

- 전송되는 정보가 교환기내에 축적되는 동안 전송지연이 발생한다.
- 각 메시지마다 순서 번호가 부여된다.
- 목적지 주소 등 오버헤드가 존재한다.
- 메시지의 길이가 일정치 않아 실시간 데이터 전송에 불리하다.

③ 패킷 교환망

데이터를 패킷 단위로 일정하게 나누어서 전송하는 방식

- 실시간 데이터 전송에 유리하다.
- 메시지 교환 방식보다 회선 이용률이 높다.
- 가상회선 방식과 데이터 그램 방식으로 나눠진다.

(4) 망 동기 방식

① 독립 동기 방식

동기가 필요할 때 시스템 마다 따로따로 각자의 동기 클록을 사용하는 방식

② 종속 동기 방식

송신측, 수신측 둘 중 한 개의 동기 클록만을 동일하게 사용하는 방식

■ SMS(단순 종속 동기 방식)

주국의 클록을 중심으로 부국들이 동기를 맞추는 방식

단 주국 고장 시 전체 통신이 마비된다.

■ HMS(계층 종속 동기 방식)

주국 고장 시 전체 통신 마비 현상을 막기 위해서 계층적으로 주국을 두는 방식으로 비용이
많이 든다는 단점이 있다.

■ PAMS(선 지정 대체 종속 동기 방식)

예비용으로 대체 주국을 따로 하나 더 두고 운용하는 방식

마스터 주국 고장 시 대체 주국이 사용되는 방식이다. 계층 종속 동기 방식의 비용 부담을
줄이기 위해 사용된다.

③ 상호 동기 방식

각 시스템은 각자의 클록 원과 제 3의 클록 원 2개를 가지고 있어 서로 다른 시스템끼리 데이
터 전송 시 제 3의 클록을 발생시켜서 동기를 맞추는 방식

제6장 프로토콜(Protocol)

6.1 프로토콜(Protocol)

정보통신망은 수많은 단말과 호스트 컴퓨터, 전송장비들로 이루어져 있으며 이들 구성 요소 간에는 서로 데이터를 주고받을 수 있다. 당연한 말일지 모르지만 이들 각각의 구성요소들은 특징과 성격 그리고 사용하는 하드웨어와 소프트웨어가 각각 다를 수 있다.

이렇게 서로 다른 장비들 간에 통신망을 통해 서로 통신을 할 수 있는 것은 바로 프로토콜(Protocol)이 있기 때문이다.

따라서 프로토콜은 물리적으로 또는 지리적으로 멀리 떨어져 있는 각각의 시스템들과 통신하기 위한 필수 조건이며, 정보통신망이 성립되기 위한 가장 기본적인 요소이다.

(1) 프로토콜(Protocol)의 개념

프로토콜이란 원래 국가와 국가 간의 외교상의 언어로서 국가 간에 원활한 교류를 하기 위한 외교상의 의례나 국가 간의 약속을 정한 의정서이다. 이것을 통신에 적용한 것이 통신 프로토콜(Communication Protocol)인 것이다.

즉 통신 프로토콜은 어떤 시스템과 다른 시스템 사이에서 데이터 교환이 필요한 경우 이를 원활하게 수용하도록 해주고 신뢰성 있는 정보를 전송하기 위하여 미리 약속된 여러 가지 통신 절차 및 규정을 말한다.

한마디로 통신규약을 의미한다.

여기서 통신 규약이라 함은 시스템 상호간의 연결 설정과 해제, 통신방식, 주고받을 데이터의 형식, 오류 검출방법, 전송속도 등에 대하여 정하는 것으로서 일반적으로 서로 다른 형태의 시스템들은 통신 규약도 서로 다르다. 따라서 이러한 이 기종 시스템 간에 원활한 통신을 수행하려면 표준 프로토콜을 설정하여 채택한 후 통신망을 구축해야 한다.

대표적으로 인터넷망에서 사용되고 있는 표준 프로토콜로는 TCP/IP가 있다.

(2) 프로토콜(Protocol)의 기본 구성요소

멀리 떨어져 있는 원격지 통신 시스템 간에 신뢰성 있는 정보를 전달하기 위해서는 전송도중 발생

될 수 있는 에러에 대응하기 위한 약속이 매우 중요하며 정확하고 효율적으로 정보를 전송하기 위해 전달되는 데이터의 형식과 전기적인 신호의 형태, 송·수신 시스템간의 정보 전송시점과 수신시점, 수신된 정보의 종단점을 맞추는 동기화도 수행되어야 하고, 또한 정보 전송흐름의 양을 조절하는 흐름제어 방법도 정의되어야 한다. 이러한 기법들은 사전에 약속하여 프로토콜 속에 포함시켜야 하며, 기본적으로 포함되어 있는 구성요소로는 구문, 의미, 타이밍 3가지가 존재한다.

㉠ 구문(Syntax)

전달되는 데이터의 형식, 부호화, 신호레벨 등을 규정한다.

② 의미(Semantic)

정확하고 효율적인 정보 전송을 위한 객체간의 조정과 에러 제어 등을 규정한다.

③ 순서(Timing)

접속되는 개체간의 통신 속도의 조정과 메시지의 순서 제어 등을 규정한다.

(3) 프로토콜(Protocol)의 기능

프로토콜의 기능이란 통신망에서 사용되고 있는 모든 프로토콜들이 수행하는 여러 가지 기능들을 복합적으로 종합시켜 놓은 것으로서 단말과 단말 간에 서로 연결되어 데이터를 주고받는 통신망에서의 중요한 요소는 정확성, 효율성, 안정성, 편의성이며, 통신 프로토콜은 이 4가지 요소를 모두 만족시켜야 한다. 따라서 이를 위해서는 프로토콜이 여러 가지 다양한 기능을 수행해야 하며 프로토콜이 가지는 대표적인 기능으로는 다음과 같다.

㉠ 분리와 조합(Fragmentation and Reassemble)

송신지에서 보내고자 하는 정보의 긴 데이터블록을 전송의 편의를 위하여 더 작은 데이터 블록으로 세분화 하여 전송하며 수신지에서는 세분화된 작은 데이터블록을 재결합하여 원래의 정보로 되돌리는 기능으로 이 때 두 개체 간에 교환되는 세분화된 데이터블록을 프로토콜 데이터 단위(PDU : Protocol Data Unit)라 한다.

가. 분리(Fragmentation) : 전송하고자 하는 데이터를 일정 크기의 작은 데이터 블록 단위로 나누는 것으로 다른 말로는 단편화라고도 부른다.

나. 조합(Reassemble) : 수신측에서 수신된 작은 데이터 블록을 재결합하여 원래의 데이터로 복원시키는 것으로서 재조립이라고도 한다.

프로토콜의 이러한 기능은 통신망을 통해 원거리 정보 전송 시 발생할 수 있는 오류를 줄이면서 전송효율을 증가시키기 위해 이용되며 일반적으로 패킷 교환망에서 사용된다.

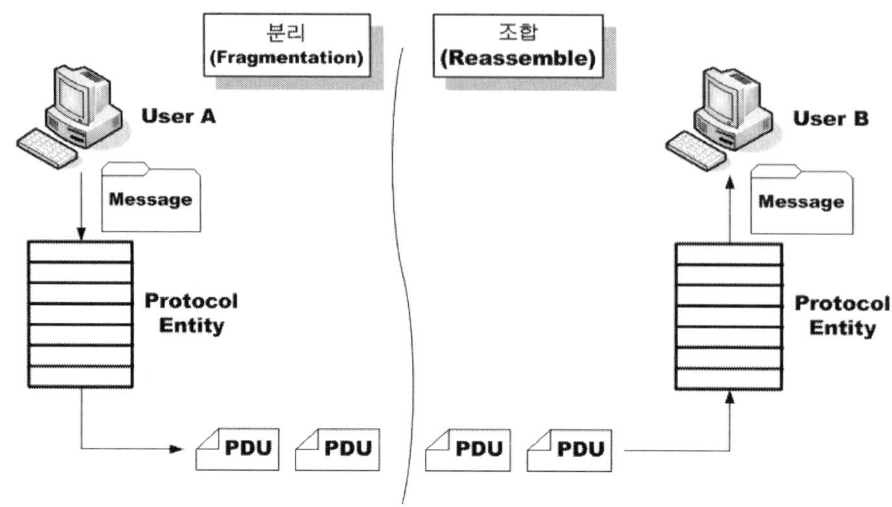

[그림 6-1] 분리와 조합의 개념

ⓛ 프레임화(Framing), 투명성(Transparency)

가. 프레임화(Framing)란 전송할 데이터를 일정 크기의 틀에 맞게 분할하고 시작 비트와 종료
비트를 삽입하여 규정된 포맷의 단위(Frame)로 만들어 전송하는 것을 의미한다.

나. 투명성(Transparency)이란 원래 분산처리 시스템에서 각각의 자원들의 존재 위치에 관계
없이 사용자가 동일한 방법으로 자원에 접근할 수 있도록 하는 것으로서 정보통신망에서의
투명성은 전송할 데이터의 내용이나 구조 등을 변경하지 않고 모든 데이터를 동일한 방법
으로 전송할 수 있는 기능을 의미한다.

ⓒ 요약화 와 비요약화(Encapsulation and De-Encapsulation)

송신지에서 발생된 데이터를 정확히 목적지 까지 전달하기 위하여 전송할 데이터의 앞부분과
뒷부분에 각종 제어정보와 주소정보, 오류검출을 위한 오류 검사 정보 등을 가지는 헤더
(Header)와 트레일러(Trailer)를 첨가하여 각 계층의 프로토콜에 적합한 데이터 블록을 만들어
전송하며, 수신측에서는 수신된 데이터를 각 계층의 프로토콜에 의해 헤더(Header)와 트레일
러(Trailer)의 내용이 해석되고 데이터들을 재결합하여 원래의 데이터로 복원시키게 된다.

가. 요약화(Encapsulation) : 각각의 데이터블록에 제어정보를 첨가하여 하나의 데이터 단위
(PDU)로 만드는 과정으로 캡슐화라고도 부른다.

나. 비요약화(De-Encapsulation) : 요약화된 각각의 데이터 단위에서 제어정보를 해석하고,
폐기한 후 원래의 순수 데이터 정보만을 추출하는 과정을 의미한다.

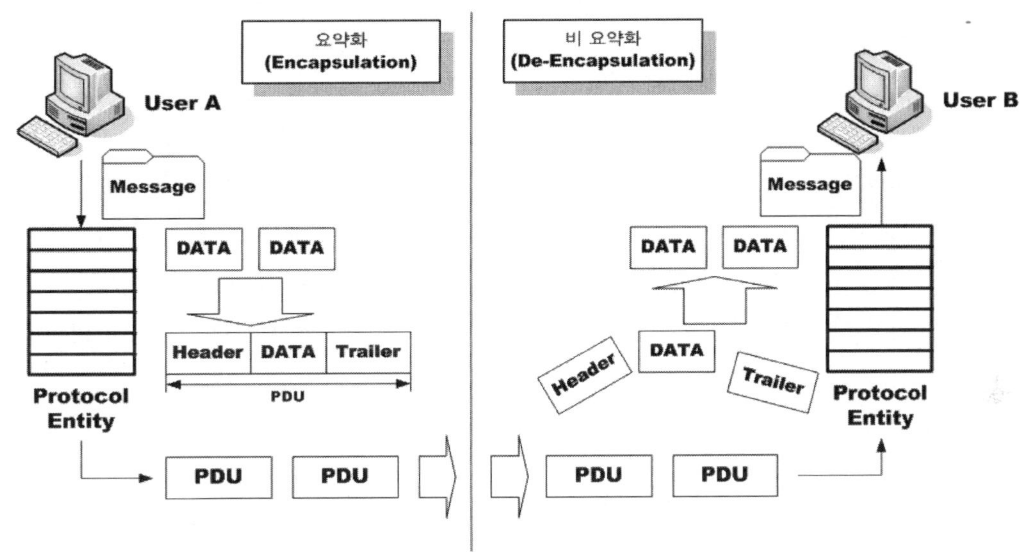

[그림 6-2] 요약화 와 비 요약화의 개념

이러한 요약화 과정은 각 계층의 프로토콜에 의해 생성되며, 각각의 프로토콜 데이터 단위
(PDU)에는 전송할 데이터와 각종 제어정보가 들어있는 헤더(Header) 그리고 전송 도중 발생
될 수 있는 오류를 검출하기 위한 오류 검출 코드가 들어있는 트레일러(Trailer)로 구성된다.

ⓔ 에러 제어(Error Control)
정보 전송의 불완전성으로 인해 전송 시 데이터나 제어정보가 손실 또는 변형되는 현상을 대비
하기 위한 기법으로 전송 도중 발생한 에러들을 검출하고 정정한다.

대부분의 오류 제어는 프레임 순서를 검사하여 에러를 찾고 에러가 발견된 경우에는 프로토콜
데이터 단위(PDU)를 재전송 한다.

ⓜ 흐름 제어(Flow Control)
송신측으로부터 전달되어 오는 데이터의 양이나 속도 등을 수신측의 처리 속도에 따라서 적절
히 조절하는 기능으로 송·수신간의 속도차이로 인해 수신측에서 수신된 데이터를 모두 처리
하지 못하고 정보가 유실되는 현상을 막고 시스템 전체의 안정성을 유지시켜 준다.

ㅂ 접속 제어(Connection Control)

접속 제어는 두 통신 개체 사이에 원활한 데이터 전송을 하기 위한 방법으로 실제로 데이터를
전달하기 위해서는 먼저 두 개체 간에 논리적인 연결과정을 통해서 이루어진다. 여기서 통신이
일어나기 위한 논리적인 연결과정은 연결 확립(Connection Establishment), 데이터 전송
(Data Transfer), 연결 해제(Connection Termination)의 3단계 과정을 거치며, 접속제어 방
식에 따라 연결 데이터 전송과 비 연결 데이터 전송 두 가지로 구분할 수 있다.

가. 연결 데이터 전송(Connection Oriented Data Transfer)

데이터를 송·수신하는 두 통신 개체 간에 사전에 연결과정을 통해 논리적인 연결을 설정
한 후 데이터를 전송하는 방식이다. 즉 송·수신 개체 사이에 논리적으로 경로를 미리 설정
하고 데이터를 전달하는 형태로 대표적인 예로 가상회선(Virtual Circuit)방식이 있다.

나. 비 연결 데이터 전송(Connection Oriented Data Transfer)

연결 데이터 전송과는 달리 송·수신 개체 간에 논리적인 연결설정 과정을 거치지 않고 바
로 데이터를 전송하는 방식으로 사전에 설정된 경로가 없으므로 전달되는 각 데이터 블록
들이 서로 다른 경로를 통해 전송되는 형태이다. 대표적인 예로 데이터 그램(Datagram)방
식이 있다.

ㅅ 동기 제어(Synchronous Control)

동기제어란 두 통신 개체사이에 안정적인 데이터 전송하기 위하여 송·수신 간에 타이밍을 맞
추어 두 개체가 서로 같은 상태를 유지하도록 관리하는 것으로 통신을 하기 위해 두 개체는 초
기화 상태, 검사 상태, 종료상태 등을 명확히 정의된 상태로 유지함으로서 통신이 이루어진다.

ㅇ 순서 바로 잡기(Sequencing)

순서 바로 잡기란 송·수신되는 데이터 블록들을 재결합하기 위해 전송되는 각각의 PDU에 순
서번호를 지정하여 전송하는 기능으로서 수신측에 수신된 데이터 블록들이 송신측에서 전송한
데이터 블록의 순서와 반드시 일치하는 것이 아니므로 송신측에서는 각각의 PDU에 순서를 정
하여 전송하고 수신측에서 지정된 순서번호를 참조하여 PDU의 순서에 따라 데이터 블록들을
재조립 원래의 정보로 복원시킬 수 있다.

ㅈ 주소지정(Addressing)

주소지정이란 통신망 상에 존재하는 각각의 송·수신 개체들을 구별하기 위한 기능으로서 각
객체들은 서로를 인식할 수 있는 자신만의 고유한 주소가 부여된다. 이러한 주소 정보로 인해
목적지로의 올바른 데이터 전달과 각 객체간의 연결 설정이 가능하다.

ⓒ 다중화(Multiplexing)

다중화란 하나의 통신로를 다수의 단말들이 동시에 사용가능하도록 하는 기능으로 송신측에서
는 다수의 채널을 다중화 하여 다수의 단말에서 발생된 데이터를 하나의 통신로를 통해 수신측
에 전달하고, 수신측에서는 이를 역 다중화(De-Multiplexing)하여 다수의 채널로 나누어 각
각의 단말에 데이터를 전송함으로서 효율성을 높일 수 있다.

ⓚ 경로배정(Routing)

경로배정이란 송신측에서 수신측으로 데이터를 전달할 경로를 결정하는 기능으로 통신망에서
각 개체들에 지정된 주소를 이용하여 목적지까지 데이터가 정확히 전달되는 것을 보장할 수 있다.

ⓔ 우선순위 결정(Priority)

우선순위 배정이란 송신측에서 수신측으로 전달되는 데이터에 우선순위를 부여하여 우선순위
가 높은 데이터를 우선으로 전송하는 기능이다.

통신망에서는 다양한 종류의 데이터들이 지나다니는데 이중 어떤 것들은 상대적으로 중요한 데
이터가 될 수 있는데, 이렇게 중요한 데이터를 다른 데이터보다 먼저 전송할 수 있게 함으로서
통신의 효율성과 안정성, 신뢰성을 높일 수 있다.

(4) 프로토콜(Protocol)의 특성

프로토콜은 특성에 따라 다양한 형태로 구분하여 분류 할 수 있는데 일반적으로 직접/간접적 프로
토콜, 단일/구조적 프로토콜, 대칭/비대칭 프로토콜, 표준/비표준 프로토콜 등이 있다.

㉠ 직접적/간접적 프로토콜(Direct/Indirect Protocol)

직접/간접적 프로토콜은 통신 객체의 연결 형태에 따라 구별되는 프로토콜의 특성으로 직접적
프로토콜은 두 통신 개체가 점대점(Point To Point)으로 연결된 형태로 다른 객체의 도움 없
이 직접적인 송·수신이 가능한 경우의 프로토콜이고, 간접적 프로토콜은 다수의 개체들이 하
나의 특정 교환국에 연결되어 통신을 수행하는 형태로서 두 개체간의 직접적인 통신은 불가능
하고 반드시 다중간의 다른 객체(교환국)의 도움을 받아야만 정보 교환이 가능한 경우의 프로
토콜이다.

따라서 객체 간에 직접 정보 교환이 가능하면 직접 프로토콜의 특성을 반대로 직접적인 정보
교환이 불가능하고 중간 매개체의 도움을 받아서만이 정보 교환이 가능하면 간접 프로토콜이라
는 특성을 가진다.

ⓛ 단일/구조적 프로토콜(Monolithic/Structured Protocol)

두 개체 간에 통신을 담당하는 프로토콜의 능력에 따라 구별되는 프로토콜의 특성으로 단일 프로토콜이란 하나의 프로토콜로 통신에 관한 모든 기능을 수행하는 형태로서 구조는 간단한 반면에 처리할 수 있는 데이터의 양에 한계가 있다. 이러한 단일 프로토콜의 단점을 보완한 방식이 통신에 필요한 기능을 계층별로 나누어 처리하는 구조적 프로토콜이다.

구조적 프로토콜은 모든 통신에 관한 기능을 계층별로 나누어 처리하는 형태로서 이 프로토콜은 하위계층에서 보다 원시적인 기능을 수행하고 상위 계층으로 서비스를 제공하는 것으로 대표적인 예로 OSI 7 Layer가 해당된다.

ⓒ 대칭/비대칭 프로토콜(Symmetric/Asymmetric Protocol)

두 개체 간의 관계에 따라 구별되는 프로토콜로서 대칭적 프로토콜은 상호 통신을 수행하는 개체간의 관계가 서로 동등한 위치에서 이루어지는 것으로 대부분의 프로토콜이 이에 해당되며 일반적으로 peer-to-peer관계의 프로토콜이라고도 한다.

비대칭적 프로토콜은 두 개체간의 관계가 동등한 위치에 속하지 않고, 호스트 컴퓨터와 단말 또는 서버와 클라이언트 관계의 위치에서 통신이 이루어지는 것으로 특정 개체나 시스템의 기능을 최대한 간단하게 할 때 사용되는 프로토콜이다. 대표적인 프로토콜로는 HDLC(High-Level Data Link Control)프로토콜의 응답모드가 이에 해당된다.

ⓔ 표준/비표준 프로토콜(Standard/Non-standard Protocol)

프로토콜을 구분할 때 가장 단순한 형태로 구분 지을 수 있는 것으로 표준과 비표준이 있다.

표준 프로토콜은 어떤 개체나 시스템에 국한되지 않고 모두 사용 가능한 프로토콜로서 가장 일반적인 프로토콜이며, 비표준 프로토콜은 특정 객체나 시스템 또는 특정 벤더(Vender)안에서만 제한적으로 사용 가능한 프로토콜이다.

6.2 통신망의 계층구조

(1) 계층화의 개념

통신망의 계층화란 통신네트워크상에 분산되어 있는 각각의 통신시스템 상호간에 정보 교환을 위해 사용되는 복잡한 절차들을 간소화시키기 위하여 통신기능들을 여러 개의 계층으로 분할하여 정리한 기법을 의미한다. 즉 통신망 상에 존재하는 여러 개의 단말들 또는 교환국, 데이터 통신서버 들 간에 효율적인 정보 전송을 위하여 서로 비슷한 통신기능들을 모아서 모듈(Module)이라는 하나 의 단위로 묶고 각각의 모듈들을 유기적으로 결합시켜 모듈과 모듈 간에 수직적 상·하 관계를 가 지도록 한 것이 계층화의 개념이다.

여기서 하나의 계층은 곧 하나의 모듈을 의미하며 각각의 계층들 간에는 계층 사이에 적용되는 규 칙이나 절차 등을 최소화하고 특정 계층 내의 변경사항이 다른 계층에 영향을 끼치지 않게 하여 각 계층들이 서로 독립적으로 유지 관리 된다.

(2) 프로토콜의 계층화

프로토콜의 계층화는 프로토콜이 수행하는 통신 절차 및 규약에 관한 내용들을 단계적으로 분할하 여 통신 범위 및 기능에 따라 계층(Layer)이라는 형태로 정의해 놓은 것으로 계층구조는 하위 계층 과 상위 계층으로 나누어 구분되어 지고, 하위 계층은 상위 계층에 특정 서비스를 제공하고 상위 계층은 하위 계층으로부터 특정 서비스를 제공 받으며, 각 계층마다 통신 시 필요한 기능들과 발생 되는 문제들을 한 부분씩을 도맡아서 처리하게 된다. 따라서 송신측이 정보 전송을 위해 데이터를 수신측으로 전달하면 자신의 상위 계층에서 하위 계층으로 차례대로 데이터가 전달되고, 하위 계층 에서는 통신망을 통해 수신측의 하위 계층에 전달된다. 하위 계층에 도착한 데이터는 상위 계층으 로 차례대로 전달되어 수신측까지 정보가 도달하는 것이다.

이러한 통신이 가능한 것은 프로토콜이 있기 때문이며 프로토콜은 동일한 기종 간에는 특별히 중요 한 요소가 되지 않으나 서로 다른 타 기종 간에는 프로토콜의 표준화가 반드시 이루어 져야 한다.

대표적으로 이 기종 간에 통신이 가능하게 하기 위한 통신망의 프로토콜 표준으로는 7개의 계층으 로 구성된 OSI(Open System Interconnection)참조 모델이 있다.

(3) OSI 참조 모델(OSI Reference Model)

기존의 통신 네트워크는 각 벤더들마다 자사만의 독립적인 프로토콜을 사용하였으며 벤더가 서로 다른 시스템(이 기종)간의 통신을 하고자 하는 경우에는 서로 다른 프로토콜을 사용하기 때문에 직접 적인 통신이 불가능하고 반드시 프로토콜을 변환해 주는 별도의 장치를 사용하거나, 소프트웨어 적 으로 변환 처리를 해 주어야만 통신이 가능하였다. 그리하여 이 기종간의 하드웨어나 소프트웨어의 변화 없이 서로 다른 시스템간의 통신을 원활하게 하고자 1984년 국제 표준화 기구(ISO : International Standards Organization)에서 네트워크 표준 모델인 OSI 참조 모델을 발표하였다.

OSI 참조 모델은 모든 네트워크 통신에서 일어나는 여러 가지 문제들을 완화하기 위하여 국제 표준화 기구(ISO)에서 표준화된 네트워크 구조를 제시한 기본 모델로서 개방형 시스템간의 통신이 일어나는 과정을 7단계로 나누고 표준화하여 호환성 있는 통신 프로토콜의 개발을 위한 지침을 제공하였다.

각 계층은 서로 독립된 기능을 가지며 전체 모델이 올바르게 작동할 수 있도록 계층 간에 상호의존함으로서 서로 다른 벤더에서 제조된 시스템이라 할지라도 상호 원활한 통신을 할 수 있다.

(4) OSI 7 Layer 각 계층의 기능

OSI 7 Layer는 국제 표준화 기구(ISO)에서 통신을 담당하는 모든 프로토콜을 기능별로 구분지어 7개의 계층으로 나눈 표준모델로서 이 7계층은 상위 3계층과 하위 4계층으로 나누고 각 계층은 하위 계층의 기능만을 이용하고 상위 계층에게 기능을 제공한다.

상위 3계층은 사용자가 통신 서비스를 더욱더 편리하게 이용할 수 있도록 편리함을 제공해 주는 계층으로 응용계층, 표현계층, 세션계층으로 이루어져 있으며 응용 프로그램간의 연결에서부터 데이터 변환 인터페이스 제공 등의 역할을 수행한다.

제 7계층 : 응용계층(Application Layer)
제 6계층 : 표현계층(Presentation Layer)
제 5계층 : 세션계층(Session Layer)

하위 4계층은 목적지 까지 데이터가 에러 없이 정확하게 도착할 수 있도록 안정된 데이터 전송을 지원하는 계층으로 전송계층, 네트워크계층, 데이터링크 계층, 물리계층으로 이루어져 있으며 인접 단말간의 데이터 전송에서부터 원격지 단말까지의 효율적이고 신뢰성 있는 데이터 전송을 담당한다.

제 4계층 : 전송계층(Transport Layer)
제 3계층 : 네트워크계층(Network Layer)
제 2계층 : 데이터링크 계층(Data link Layer)
제 1계층 : 물리계층(Physical Layer)

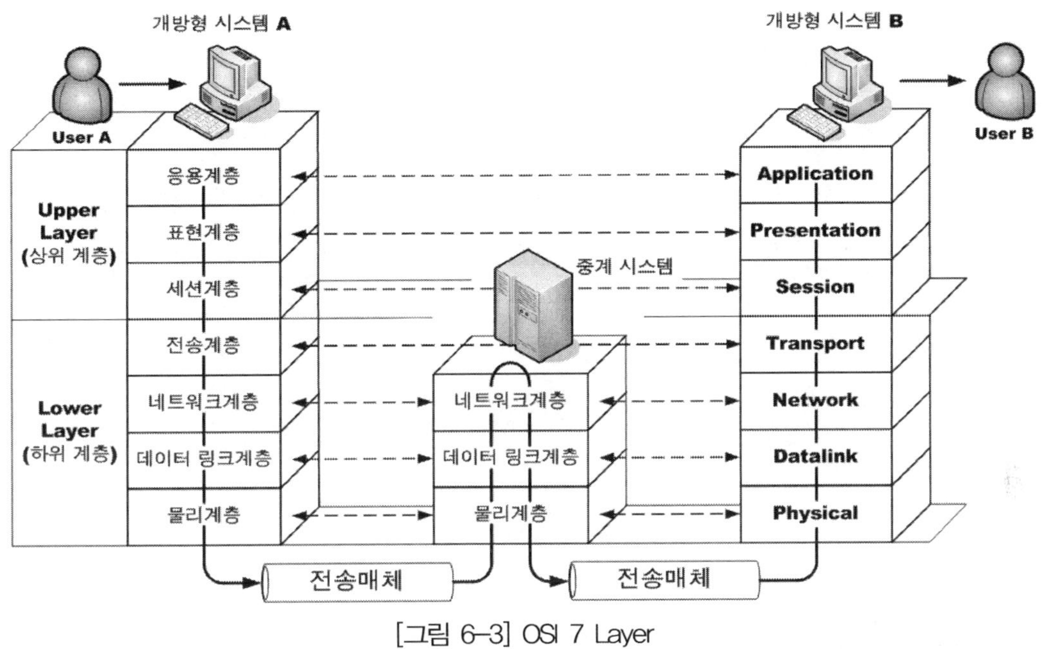

[그림 6-3] OSI 7 Layer

① 제 1계층 (물리 계층 : Physical Layer)

물리 계층은 최하위 계층으로서 상위계층으로부터 전달되어 온 정보를 물리적인 전송매체를 통해 다른 개방형 시스템에 전기적인 신호로 전달하는 역할을 한다.

이 계층은 전송매체를 통해 비트열(0,1)을 전송하기 위한 기계적, 전기적 사항에 관한 규칙을 정의하며, 전송매체에 관한 표준 및 물리적인 인터페이스, 전압레벨, 각종 제어신호의 이름과 기능 등을 결정한다.

가. 물리 계층의 주요 기능

- 통신장치와 전송 매체간의 인터페이스 특성과 전송매체 유형 규정
- 전기적인 신호의 형식(아날로그 신호, 디지털 신호) 및 디지털 전송에서의 비트 표현 방법
- 데이터의 전송 속도 결정
- 회선 구성방식(점대점, 다중점, 루프방식)
- 회선의 접속 형태(망형, 성형, 링형, 버스형, 트리형)

나. 물리 계층의 프로토콜

Ethernet/IEEE802.3, Token Ring/IEEE802.5, FDDI

EIA/TIA-232, EIA/TIA-449, EIA/TIA-530, V.21, V.24, X.21

② 제 2계층 (데이터 링크 계층 : Data Link Layer)

데이터 링크 계층은 바로 상위 계층인 네트워크 계층으로부터 온 패킷(Packet)을 프레임(Frame)의 형태로 만든 후 물리적인 전송매체를 사용하여 인접 시스템 간에 안정적이고 신뢰성 있는 정보를 전송하는 기능을 제공한다.

이 계층은 신뢰성 있는 데이터 전송을 위하여 전송제어를 수행하며, 송·수신 단말 간 정확한 데이터 전송을 위하여 물리적인 어드레싱(Physical Address), 회선 사용 규칙, 프레임 전달 등에 대해 정의한다.

가. 데이터 링크 계층의 전송제어 기능
- 입출력 제어
- 회선 제어(흐름 제어)
- 동기 제어
- 오류 제어

나. 데이터 링크 계층의 프로토콜

LLC(Logical Link Control), MAC(Media Access Control)

HDLC, SDLC, ADCCP, CCDMP, LAP-B, X.25, SLIP, PPP, Frame Relay

③ 제 3계층 (네트워크 계층 : Network Layer)

네트워크 계층은 상위 계층인 전송계층으로부터 받은 데이터를 패킷(Packet)단위로 만든 후 통신망 상에 존재하는 각각의 시스템들을 구별할 수 있는 논리적인 주소(IP Address)를 설정 목적지까지 정보가 정확하게 전달될 수 있도록 중계 장치 간 경로설정(Routing), 중계(Relay), 교환(Switching)기능을 수행하는 계층이다.

이 계층은 전송할 데이터를 패킷(Packet)으로 분할하며 분할된 패킷이 목적지까지 순서대로 정확하게 전달될 수 있도록 보장한다. 또한 통신망 상의 시스템들을 구별할 수 있는 주소체계를 설정하고 발신지에서 목적지까지의 최적의 경로 선택 과 네트워크 연결성을 제공한다.

가. 네트워크 계층의 주요 기능
- 논리적인 주소 설정(IP) 목적지까지의 정확한 데이터 전달 책임
- 패킷이 목적지에 도달할 수 있도록 경로 설정 및 교환, 중계기능 제공
- 논리 주소(IP Address)와 물리 주소(Physical Address)변환 기능(ARP, RARP) 제공

나. 네트워크 계층의 프로토콜

IP, IPX, Apple Talk, ICMP, ARP, RARP

④ 제 4계층 (전송 계층 : Transport Layer)

전송계층은 종단 시스템(End to End)간 신뢰성 있는 데이터 전달을 담당하는 계층으로 발신지에서 목적지까지 정확하고 안전하게 데이터가 전달될 수 있도록 가상회선(Virtual Circuit) 구축 과 데이터 전달 확인 및 전송 시 발생할 수 있는 전송에러 복구, 흐름제어(Flow Control)기능을 제공한다.

이 계층은 상위 계층과 하위 계층 간의 경계가 되는 계층으로 상위 계층으로부터 받은 데이터를 전달 가능한 크기(Segment)로 세분화 하여 하위 계층으로 전달하고, 반대로 하위 계층으로부터 수신한 데이터를 재조립하여 상위계층으로 전달한다. 또한 전송되는 데이터의 에러 복구를 수행함으로서 하위 계층에서 보다 효율적인 데이터 전송이 가능하도록 도와주며 수신된 Packet들을 재조립하여 본래의 정보로 복구시켜 상위 계층에서 데이터 처리가 순조롭게 진행될 수 있도록 도와준다.

가. 전송 계층의 주요 기능

- 전달시킬 데이터의 분할과 수신된 데이터의 재조립 기능
- 전송에러의 검출 과 회복 기능(오류 제어)
- 흐름 제어
- 연결 제어

나. 전송 계층의 프로토콜

TCP(Transmission Control Protocol), UDP(User Datagram Protocol)

⑤ 제 5계층 (세션 계층 : Session Layer)

세션계층은 두 시스템의 응용 프로그램 간 정보교환을 위한 연결을 설정, 유지, 종료하는 기능에 의해 대화를 담당하는 계층이다.

이 계층은 상위 계층인 표현 계층 사이의 대화 링크를 동기화 시키고, 데이터 교환을 관리하며 통신 도중에 발생할 수 있는 세션의 이상 상태를 복구하여 적절한 상태에서 통신이 가능하도록 응용 프로세스 간 통신 서비스와 호환성을 제공하여 준다.

가. 세션 계층의 주요 기능

- 응용 프로그램 간 연결 설정 및 유지 종결기능
- 대화 링크 동기화 기능
- 자원 접근에 대한 인증역할 담당(비밀번호가 맞지 않으면 연결을 끊고, 접속을 차단)

나. 세션 계층의 프로토콜

NFS, SQL, RPC, ASP, DECnet, ASP, SCP

⑥ 제 6계층 (표현 계층 : Presentation Layer)

표현 계층은 한 시스템의 애플리케이션에서 전송한 데이터를 다른 시스템의 응용프로그램이 읽을 수 있도록 Data의 형식이나 문법, 표현 형태 등을 표준화하여 응용 계층 간의 통신을 도와주는 계층이다.

이 계층은 실질적인 데이터 통신이 가지는 기능과는 무관하지만, 통신을 하는데 있어 전달되는 데이터 처리에 관련된 사항들을 정의하며 시스템 간 서로 상이한 데이터 표현 방식 및 부호체계를 서로 변환하여 주는 서비스를 제공한다. 또한 전달되는 데이터의 보안을 위해 암호화 기능도 제공한다.

가. 표현 계층의 주요 기능
- 통신망을 통해 전달되는 데이터의 형식 변환 기능
- 데이터의 압축 및 압축 해제 기능
- 데이터의 보안의 위한 암호화 및 복호화 기능

나. 표현 계층의 프로토콜

ASCII, EBCDIC, JPEG, MPEG, TIFF, GIF, AVI, MIDI

⑦ 제 7계층 (응용 계층 : Application Layer)

응용 계층은 최상위 계층으로서 사용자가 다양한 응용 프로그램을 이용하여 네트워크에 접근할 수 있는 통로를 제공해 주며 편리하게 네트워크 자원을 사용할 수 있도록 도와주는 계층이다.

이 계층은 통신 수단의 이용자 위치에 있으며 다른 어떤 계층과도 연관성을 맺지 않고 통신 상호간의 효율적인 소프트웨어적 데이터 처리를 할 수 있도록 필요한 서비스를 제공하여 준다.

가. 표현 계층의 주요 기능
- 원격지 시스템에 접근할 수 있도록 네트워크 가상 터미널 기능
- 파일 전송 및 관리 기능
- 전자 우편 서비스
- 통신망 관리 기능

나. 응용 계층의 프로토콜
- Remote Access Service : Telnet, SSH, VNC
- File Transfer Service : FTP, TFTP

- E-mail Service : SMTP, POP3, IMAP
- Network Management Service : SNMP
- Domain Management Service : DNS
- Web Service : HTTP, HTTPS, NNTP

6.3 전송제어 프로토콜(Transmission Control Protocol)

전송제어 프로토콜이란 OSI 참조 모델의 제 2계층인 데이터 링크 계층에서 수행하는 기능으로 전송제어가 담당하는 대표적인 제어 기능으로는 입출력 제어, 회선 제어(흐름제어), 동기 제어, 착오 제어 등 4가지가 있으며 전송제어에 사용되는 프로토콜을 전송제어 프로토콜이라 한다.

전송제어 프로토콜은 문자방식 프로토콜, 바이트 방식 프로토콜, 비트 방식 프로토콜 등으로 나누어지며 문자 방식으로는 BSC, BASIC이 있고, 바이트 방식은 DDCMP, 비트 방식은 SDLC, HDLC가 있다.

(1) 전송제어 절차

전송제어 절차란 목적지 까지 데이터를 안정적으로 정확하게 전달하기 위해 필요한 데이터 전송제어의 규칙이나 절차를 의미하며, OSI 참조모델에서는 제 2계층인 데이터 링크 계층 이하의 프로토콜이 전송 제어 절차에 해당된다.

이러한 전송 제어 절차는 교환망을 이용할 경우 다음의 5단계로 분류된다.

① 제 1단계 : 교환망에서의 회선의 접속

데이터 전달 가능한 상태로 만드는 단계로 전화기와 같은 음성 단말의 경우 다이얼에 의한 상대방의 호출이나 컴퓨터 통신의 경우 모뎀을 통해 데이터 전송가능 상태로 설정한다.

② 제 2단계 : 데이터 링크의 확립

회선 접속과정을 통해 상대방의 준비 상태 와 송 · 수신 상태 등을 확인해서 입출력 장치를 지정하여 회선이나 단말 등이 데이터 전송 가능 상태로 만드는 단계로 송 · 수신측간의 데이터 전송을 위한 논리적인 경로를 구성한다.

이 단계에서는 송 · 수신 간에 데이터 전송을 시작하기 전에 이루어져야 하는 모든 기능을 포함하며 점 대 점(Point To Point)방식에서는 회선 경쟁 방식(Contention)을, 다중 점(Multi Point)방식에서는 폴링(Polling)과 셀렉션(Selection)방식을 이용하여 데이터 송·수신이 가능한 경로인 데이터 링크를 확립한다.

③ 제 3단계 : 데이터의 전송

제 2단계인 데이터 링크의 확립을 통해서 설정된 링크를 이용하여 데이터의 전송과 전송되는 데이터의 에러제어, 회선제어(흐름제어)등을 수행하는 단계이다.

④ 제 4단계 : 데이터 링크의 해제

데이터의 전송 종료 후 데이터의 완료를 수신측에 통보하고 데이터 링크 설정전의 초기단계로 되돌아가기 위해 데이터 링크를 해제하는 단계로서 이 단계가 모두 끝나면 데이터 링크 확립 전 상태에 있게 된다.

⑤ 제 5단계 : 교환망에서의 회선의 절단

전송 제어 절차 중 가장 마지막에 수행하는 단계로 상대방과 접속된 회선을 절단한다.

그러나 전용회선을 이용하는 경우에는 제 1단계인 회선이 접속과 제 5단계인 회선의 절단 단계가 필요치 않아 3단계로 이루어진다.

(2) 전송제어 프로토콜의 종류

전송제어 프로토콜은 OSI참조 모델의 제 2계층인 데이터 링크계층에서 데이터 전송단위인 프레임(Frame)의 데이터 블록 형태와 시작과 끝을 구분하는 구조에 따라 문자 방식 프로토콜, 바이트 방식 프로토콜, 비트 방식 프로토콜의 3가지로 나누어진다.

① 문자 방식 프로토콜(Character-Oriented Protocol)

일련의 문자들을 이용하여 프레임의 데이터 블록을 구성하고, 프레임의 앞과 뒤에 시스템 상호간에 약속된 특별한 전송제어 문자를 부가하여 전송하는 방식으로 프레임의 동기, 프레임의 시작과 종료 표시, 에러제어 및 데이터 제어 등을 모두 10가지의 전송제어 문자로 사용한다.

이 방식은 프레임의 구성단위가 8비트 단위의 문자로 이루어져 있으며 모든 전송하는 프레임의 길이가 8비트 정수배이므로 문자 전송에 유리하다.

point-to-point방식과 Multi-point통신 방식에 이용되며 대표적인 프로토콜로는 BSC(BISYNC)프로토콜과 BASIC프로토콜이 있다.

가. BSC(Binary Synchronous Communication)프로토콜

BSC프로토콜은 1968년 IBM에서 발포된 후 1973년 IBM의 SDLC 프로토콜이 나올 때 까지 사용되어온 문자 방식의 표준 프로토콜이다.

이 프로토콜은 반이중 통신(Half Duplex)방식만을 지원하며 데이터 링크 형태는 점대점(Point To Point), 다중점(Multi Point) 방식만 가능하고 에러 제어 방식은 정지 대기 ARQ(Stop-and-Wait ARQ)를 사용하여 전파 지연이 긴 전송로에서는 비효율적이다. 또한 같은 전송로를 사용하는 단말장치는 동일한 부호만을 사용해야 하므로 사용 코드에 제한이 있으나 직·병렬 데이터 전송이 모두 가능하다.

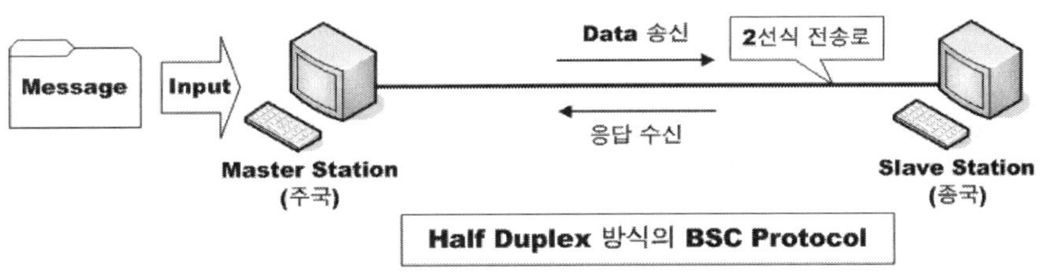

[그림 6-4] BSC 프로토콜의 전송방식

나. 전송제어 문자(10 TCC : Transmission Control Character)

데이터 전송에 필요한 제어를 하거나 데이터 전송을 원활하게 하기 위하여 사용되는 제어 문자로 SOH, STX, ETX, EOT등의 10가지 문자가 있으며 국제적으로 표준화 되어 있다.

부호	명칭	의미
SYN	Synchronous Idle	문자에 동기를 부여하기나 문자 동기를 유지시키기 위해 사용
SOH	Start Of Heading	헤더 정보의 시작을 나타냄
STX	Start Of Text	헤더 정보의 종료 및 정보 메시지인 텍스트의 시작을 나타냄
ETX	End Of Text	텍스트의 종료를 나타냄
ETB	End of Transmission Block	전송 블록의 종료를 나타냄
EOT	End Of Transmission	정보 전송의 종료 및 데이터 링크의 초기화
ENQ	Enquire	송·수신 간 데이터 링크 확립 및 상대국에 어떤 응답을 요구하기 위해 사용

DLE	Data Link Escape	둘 이상의 문자들의 의미를 변경하거나 전송 제어 기능을 추가할 때 사용
ACK	Acknowledge	수신한 정보 메시지에 대한 긍정적 응답
NAK	Negative Acknowledge	수신한 정보 메시지에 대한 부정적 응답

다. BSC 프로토콜의 프레임(Frame)구조

BSC 프레임은 명령 요구 및 응답에 사용되는 제어 프레임과 사용자의 정보 데이터 전송에 사용되는 정보 프레임 2가지 종류가 있다.

이 중에서 정보 프레임은 프레임의 시작을 나타내는 SYN과 헤더의 시작을 나타내는 SOH, 데이터의 시작을 나타내는 STX, 데이터 전송의 끝을 나타내는 ETX 등으로 이루어져 있다.

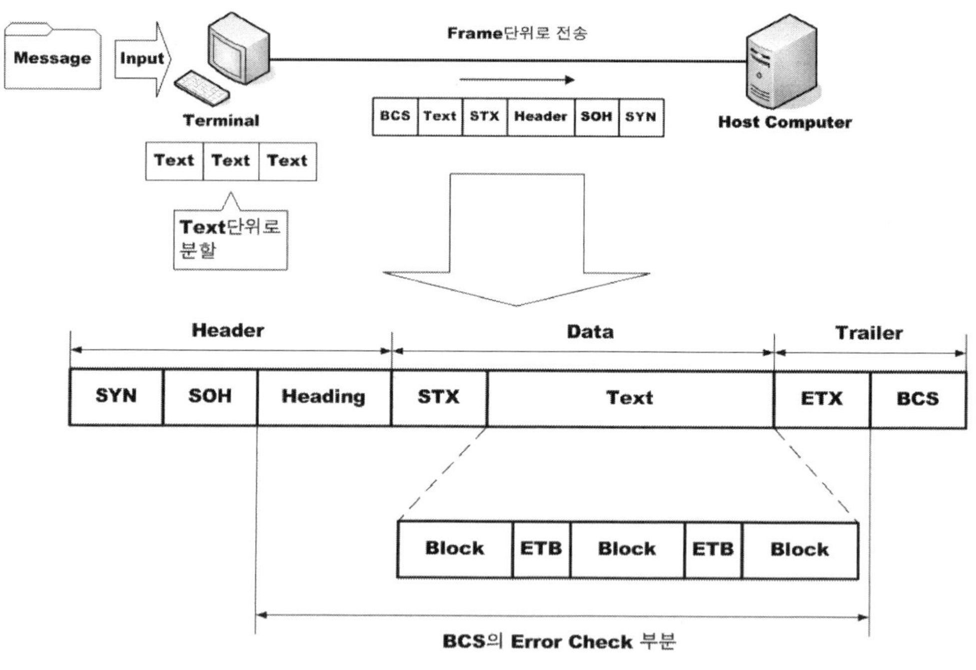

[그림 6-5] BSC 프로토콜의 프레임 구조

ⓐ 전송되는 프레임(Frame)은 동기문자 헤더, 본문(텍스트) 등으로 구성된다.

- 동기 문자를 나타내는 제어 문자는 SYN이며 송·수신간의 동기를 맞추기 위해 사용된다.

- 헤더(Header)는 데이터 프레임의 순서 번호나 송·수신 측 주소 정보 등 정보 데이

터를 전송하기 위한 보조적인 제어 정보들이 들어 있다.

- 텍스트(Text)는 데이터 전송의 대상이 되는 실제 정보가 들어 있으며, 텍스트가 긴 경우에는 블록(Block)단위로 나누어 전송된다.

  각 블록(Block)과 블록(Block)사이에는 ETB라는 제어 문자가 붙으며 가장 마지막 블록(Block)다음에는 텍스트의 끝을 의미하는 제어 문자 ETX가 붙는다.

ⓑ 전송제어 문자로 SYN, SOH, STX, ETB, ETX를 사용한다.

  헤더는 SOH로 시작하고 STX로 끝나며, 각 데이터 블록은 STX로 시작하고 ETB, ETX로 종료된다.

ⓒ 각 프레임 가장 끝에는 정보 메시지의 에러 체크를 위해 BCS(Block Check Sequence)가 있으며 동기 데이터 전송 시 순환 잉여 검사법(CRC)을 비동기 데이터 전송 시에는 패리티 검사법을 사용하며 헤더부터 ETX까지 에러를 검출해 준다. 다른 말로는 BCC(Block Check Character)이라고도 부른다.

ⓓ 전송제어 문자에 해당하는 문자가 텍스트 중간에 나오게 되면 전송제어 문자로 오인하여 인식될 수 있으므로 이를 해결하기 위해 DLE라는 문자를 사용하며, DLE문자는 텍스트 영역에 전송제어 문자가 나타날 경우 그 제어 문자 앞에 추가하여 제어 문자로 인식되지 않도록 하는 Escape기능을 수행한다.

이러한 방식을 문자 삽입(Character Stuffing)이라 하며 데이터 전송의 연속성을 보장해 준다.

제어 프레임은 데이터 링크확립(송신권 제어)을 위한 폴링과 셀렉션 정보와 정보 프레임에 대한 응답 확인(ACK/NAK)을 위한 제어 정보를 지니고 전송되는 프레임으로 감시 순서라고도 부른다.

이러한 제어 프레임은 전송되는 방향에 따라 순방향 감시 순서 제어 프레임과 역방향 감시 순서 제어 프레임으로 나누어진다.

ⓐ 순방향 감시 순서 제어 프레임

  주국에서 종국으로 전송되는 정보로 폴링, 셀렉션 데이터 해지지시 정보 등을 말한다.

ⓑ 역방향 감시 순서 제어 프레임

  순방향으로 전달되는 정보에 대응하여 역방향으로 전달되는 정보를 의미한다.

다. 국(Station)의 구조

　ⓐ 국(Station)의 정의

국(Station)이란 데이터 통신망이나 통신회선인 전송로에 접속되어 데이터의 전송과 전송된 데이터의 처리를 수행하는 장치나 그 장치가 설치되어 있는 장소를 의미하며 스테이션이라고도 부른다.

이러한 국(Station)은 크게 주국(중앙국), 종국(터미널), 제어국, 종속국 등이 있다.

 ⓑ **국(Station)의 종류**

- **주국** : 정보 메시지를 전송할 수 있는 국(Station)을 의미하며 데이터 통신에서 데이터 송·수신의 주도권을 가지고 데이터 송·수신을 행한다.
- **종국** : 주국의 제어를 받아 데이터를 송·수신하는 국(Station)으로서 정보 메시지를 수신하는 국을 의미한다.
- **제어국** : 데이터 통신 시스템에 접속되어 모든 국의 데이터 상태를 제어하고, 전송되는 데이터를 감시하여 이상상태의 회복을 제어하는 국을 말한다.
- **종속국** : 제어국의 제외한 모든 국을 의미하며 단순히 단말장치라고도 한다.

라. 송신 권의 제어

 ⓐ **송신 권 제어의 정의**

송신권의 제어란 데이터 링크 확립방법을 나타내는 것으로 각 단말 장치에 정보를 전송할 수 있는 송신 권한을 부여하는 방식을 의미하며 이러한 제어 방식은 폴링과 셀렉션, 회선 경쟁 방식 등으로 나누어진다.

 ⓑ **송신 권 제어의 분류**

- **회선경쟁방식** : 먼저 송신을 요구하는 단말에게 먼저 회선을 선택할 수 있는 선택권을 주어 데이터 링크를 확립하는 방식이다.
주로 점대점(Point-to-point)회선에 주로 이용되며 둘 이상의 단말에서 동시에 송신을 요구할 경우 충돌이 발생할 수 있다.
- **폴링(Polling)** : 종국이 데이터를 보낼 때 이용하는 것으로 주국이 각 종국에게 데이터 전송 유무를 문의하여 전송할 데이터가 있는 종국에게 poll하는 방식이다.
- **셀렉션(Selection)** : 종국이 데이터를 받을 때 이용하는 것으로 주국이 특정 종국에게 데이터를 수신할 준비를 묻고 그 종국이 데이터를 수신할 준비가 되어 있다는 긍정적 응답을 받으면 데이터를 전송하는 방식이다.

마. 특징

8비트 부호 체계를 사용하며 문자 위주의 데이터 전송이 가능하다.

송신권의 제어방식으로 폴링/셀렉션, 회선 경쟁 방식이 사용된다.

통신방식으로는 단방향 통신과 반이중 통신 모두 가능하지만 전이중 통신은 불가능하다.

통신 시스템들이 사용하는 문자 코드 체계가 모두 통일화 되어 있어야 한다.

동기 전성과 비동기 전송 모두를 사용할 수 있으며, 주로 점대점(point-to-point)방식에 사용된다.

에러 검출이 어렵고, 전송 효율이 떨어져서 컴퓨터 통신에 비효율적이다.

② 바이트 방식 프로토콜(Byte-Oriented Protocol)

데이터 프레임의 시작과 끝에 헤더 정보를 나타내는 특수 문자, 전송할 데이터의 수를 나타내는 문자 개수, 동기 정보, 블록 검사 등을 포함하여 전송하는 방식의 프로토콜로서 문자 방식과 같이 8비트 단위의 데이터 전송에 이용되며 8비트의 정수배 길이를 가지고 문자 전송에 적합하다.

이 방식은 문자 방식과 거의 비슷하며 point-to-point방식과 Multi-point통신 방식에 이용되고 직병렬, 동기/비동기 전송을 모두 가능하다. 대표적인 프로토콜로는 DEC사의 DDCMP프로토콜이 있다.

③ 비트 방식 프로토콜(Bit-Oriented Protocol)

비트 방식의 프로토콜은 전송되는 데이터 프레임의 시작과 끝에 문자를 사용하지 않고, 특수 플래그 비트열(01111110)을 포함하여 전송하는 방식으로 문자 방식의 프로토콜과 달리 전송 제어 문자를 사용하지 않고 0과 1로만 구성된 비트중심의 정보를 전송하므로 컴퓨터 통신에 적합하다.

반이중 방식과 전이중 방식 모두 지원하며 고속전송이 가능하고 전송효율 및 신뢰성이 우수하다.

대표적인 프로토콜로는 IBM사의 SDLC와 ISO의 HDLC 프로토콜이 있다.

가. SDLC(Synchronous Data Link Control)프로토콜

SDLC는 1970년대에 IBM에서 개발된 비트 방식의 프로토콜로서 그 이전에 사용하던 BSC 프로토콜을 대체하기 위해 만들었으며 ISO 표준 데이터 링크 프로토콜인 HDLC의 기반을 제공하였고, 결국 본질적으로 표준 HDLC의 여러 가지 변종 중 하나인 NRM(Normal Response Mode)가 되었다.

이 프로토콜은 단방향, 반이중, 전이중 방식을 모두 지원하며 데이터 링크 형태는 점대점, 다중점 방식에 루프(Loop)방식도 가능하다. 에러 제어 방식은 Go-Back-N ARQ를 사용

하고 데이터 링크 설정을 Fast-Select방식을 사용한다.

나. HDLC(High Data Link Control)프로토콜

HDLC프로토콜은 ISO에서 제안한 고급 데이터 링크 계층의 제어 프로토콜이며 비트 중심의 정보 전송을 위한 통신 규약의 한 종류로서 BASIC프로토콜의 전송 효율과 신뢰성 저하의 기술적인 제약 조건을 해결하기 위한 대안으로 나온 프로토콜이다.

이러한 HDCL는 IBM의 SDLC에 기반을 둔 비트 중심의 표준 프로토콜이며 임의의 비트열을 이용하여 양방향 동시 통신가 가능하고, HDLC의 모든 프레임에 대해 CRC(Cyclic Redundan Check)에 의한 오동작을 제어할 수 있어 신뢰성이 높고, 긴 전송로나 고속 전송로에서도 높은 전송효율을 가진다.

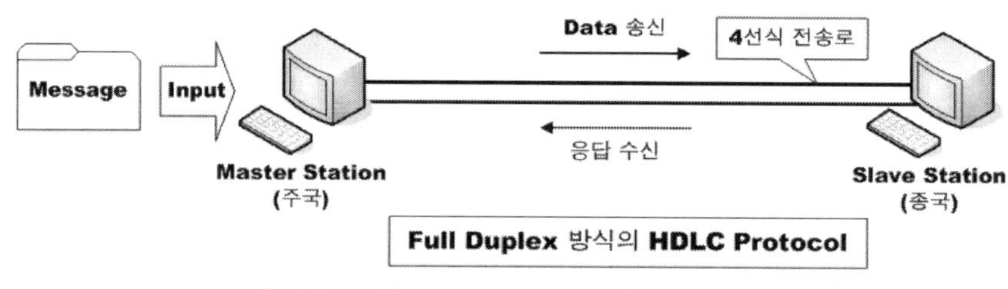

[그림 6-6] HDLC 프로토콜의 전송방식

다. HDLC 프로토콜의 프레임(Frame)구조

HDLC 프레임은 HDLC 프로토콜을 사용하는 국간 교환되는 데이터의 기본 전송 단위로서 명령을 전송하는 명령 프레임과 응답을 전송하는데 사용하는 응답 프레임 2가지로 나누어진다.

여기서 명령프레임(Command Frame)은 1차국(주국)과 2차국(종국) 또는 복합국과 복합국간 명령을 전송하는 프레임으로 프레임의 주소부에 지정된 상대국에 대한 데이터 링크 설정 및 데이터 전송과 종료를 지시하기 위해 사용되며 응답 프레임(Response Frame)은 명령 프레임에 대한 결과 및 상태를 보고하기 위해 사용된다.

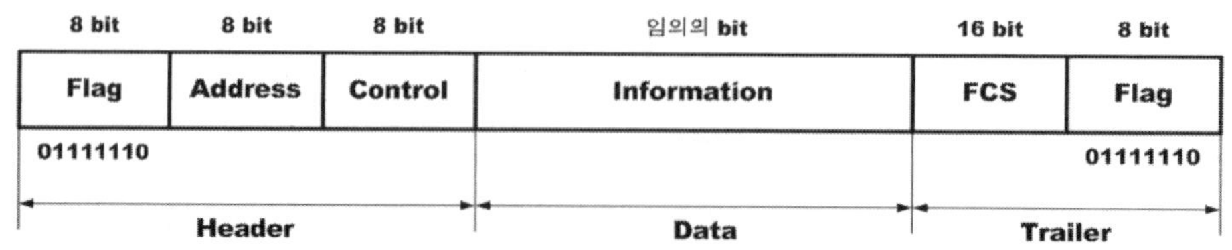

[그림 6-7] HDLC 프로토콜의 전송방식

ⓐ 플래그(Flag)필드

프레임의 시작과 끝을 구별하기 위해 사용하는 8비트로 구성된 필드로서 프레임의 양 끝에 01111110이라는 비트 패턴을 가진다.

전달되는 모든 프레임은 양 끝단에 플래그 필드가 필요하며 플래그와 플래그 사이에는 적어도 32비트 이상의 비트열로 구성되어 있어야 한다. 만일에 플래그 사이가 32비트 미만일 경우에는 그 프레임은 무효가 된다. 또한 프레임 내부에 플래그 필드와 같은 "01111110" 비트열이 나타나는 것을 방지하기 위해 비트 채우기(Bit Stuffing)방식을 사용한다.

● 비트 채우기(Bit Stuffing)

비트 채우기란 프레임 내에 플래그와 동일한 비트열을 가지는 것을 방지하기 위해 것으로 프레임 내에 1이 연속해서 6번 발생할 경우 처음 5개의 1비트 이후에 강제로 0을 삽입하여 전송하고 수신측에서는 플래그를 제외하고 "1"이 연속 5번 나타난 후 그 뒤의 강제 삽입된 "0"을 제거하여 임의의 비트열에 플래그가 나타나는 형상을 방지하는데 이러한 것을 데이터 투명성(Data Transparency)라 한다.

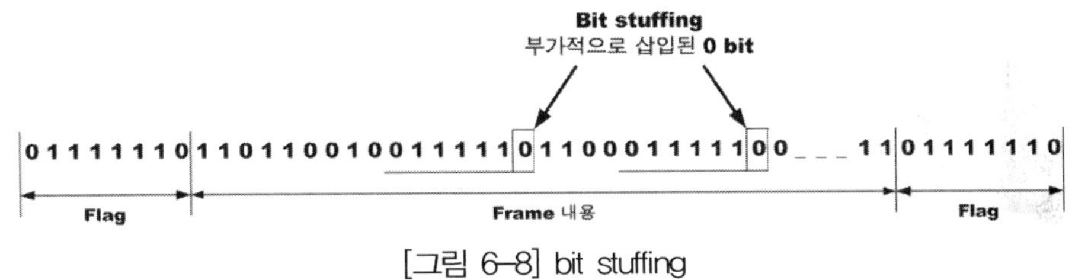

[그림 6-8] bit stuffing

ⓑ 주소(Address)필드

프레임을 송·수신할 수 있는 각국(Station)을 서로 식별하기 위한 주소를 설정하는 필드로 표준 8비트로 128가지의 주소를 표시할 수 있지만 부족한 경우에는 주소 필드를 확장하여 확장 주소 24비트(3 Octet)를 사용할 수 있다.

이러한 주소 필드는 명령 프레임의 경우 2차국 또는 복합국의 주소를 나타내거나, 응답 프레임인 경우에는 1차국 또는 복합국의 주소를 나타내지만 특정 주소 중에는 모든 국을 나타내는 방송 주소(Broadcast Address)와 어떠한 국도 나타내지 않는 No Station Address도 있다.

● Broadcast Address

모든 국(Station)을 나타내는 주소로 프레임의 주소필드가 모두 "1"로 구성되어 있다.

주로 불특정 상대국과의 동시 통신용으로 사용되며 Global Address라고도 부른다.

- No-Station Address

  어떠한 국(Station)도 나타내지 않는 주소로 프레임의 주소필드가 모두 "0"으로 구성되어 있다.

  주로 시험용으로 사용되는 주소이다.

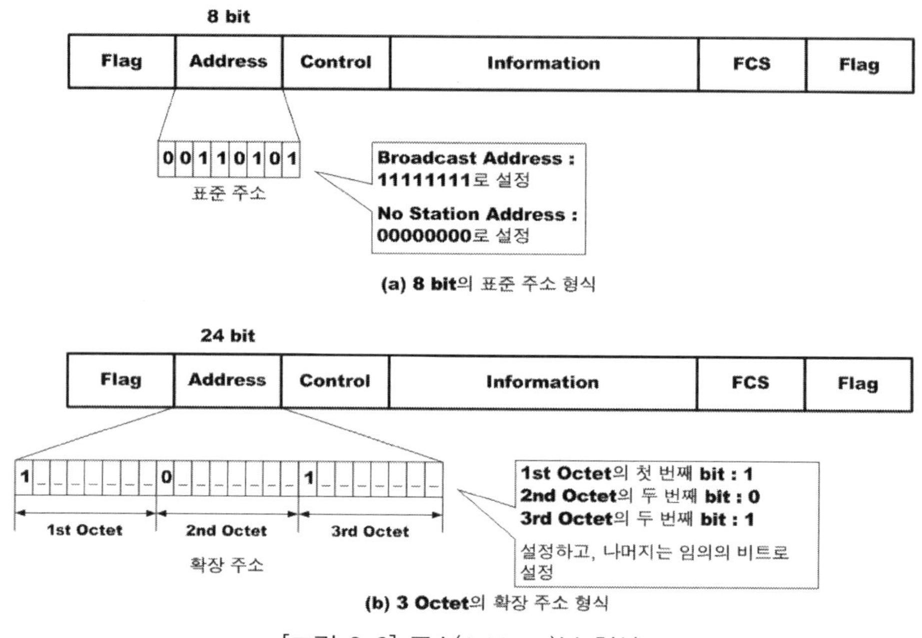

[그림 6-9] 주소(Address)부 형식

ⓒ 제어(Control)부

   상대국(Station)에 대해 동작을 명령하거나 또는 응답을 나타내는 필드로 명령 프레임의 경우 2차국 또는 복합국에 대해 동작을 명령하고 응답 프레임의 경우 1차국이나 복합국에 응답을 전송할 때 사용한다.

   제어부의 형식에 따라 정보 프레임, 감시 프레임, 비번호제 프레임 등의 3가지 형식으로 나누어진다.

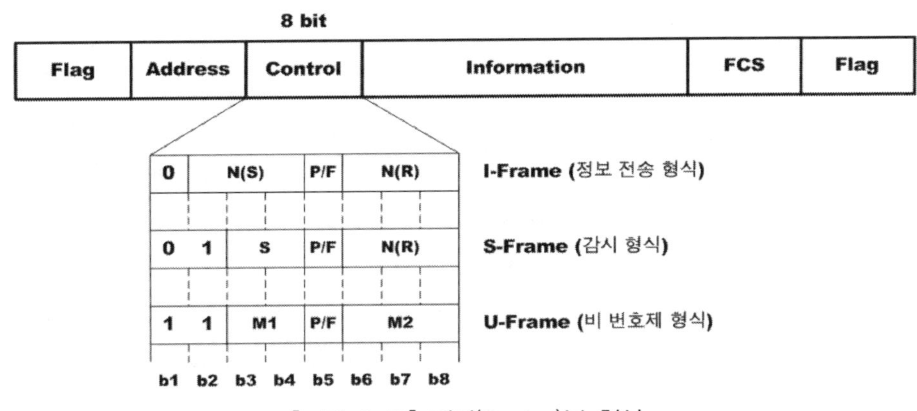

[그림 6-10] 제어(Control)부 형식

ⓓ 정보(Information)부

송·수신 국간에 교환되는 정보 데이터가 들어가는 부분으로 전송되는 실제 사용자의 데이터가 들어있다.

정보부는 I-프레임과 U프레임에만 있으며 비트 수에 제한이 없어 전달되는 비트열의 길이가 정해져 있지 않고 가변적이다. 주로 송·수신 국간의 합의에 의해서 이루어지며 따라서 많은 량의 데이터를 전달할 수 있지만 정보부의 길이가 너무 길면 에러 검출 능력이 떨어진다. 일반적으로 8비트 단위로 구성된다.

ⓔ FCS(Frame Check Sequence)부

전달되는 프레임에 발생할 수 있는 전송 에러 검출을 하기 위한 부분으로 프레임의 양 끝에 존재하는 플래그 필드를 제외한 주소부부터 정보부까지 에러 검출을 수행한다.

에러 검출 방식은 집단적인 에러 검출을 위한 16비트의 순환 잉여도 검사(CRC : Cyclic Redundancy Check)방식을 사용한다.

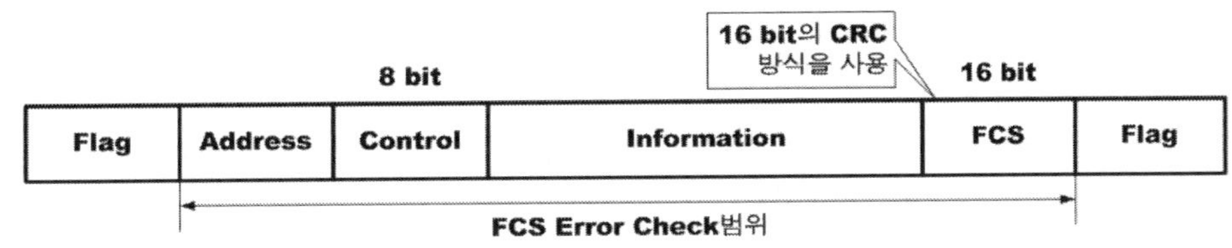

[그림 6-11] FCS 에러 체크 범위

라. HDLC 제어 필드의 구성

HDLC프레임의 제어필드는 1차국과 2차국간 또는 복합국간 송·수신 되는 프레임의 동작 명령, 응답을 위한 프로토콜의 제어와 프레임의 종류, 순서번호 등의 제어 정보가 들어있으며 정보 프레임(I-프레임), 감시 프레임(S-프레임), 비번호제 프레임(U-프레임)등이 있다.

정보 프레임은 프레임의 시작을 나타내는 SYN과 헤더의 시작을 나타내는 SOH, 데이터의 시작을 나타내는 STX, 데이터 전송의 끝을 나타내는 ETX등으로 이루어져 있다.

ⓐ 정보 프레임(Information Frame)

정보 프레임 줄여서 I-프레임(정보전송형식)이라고도 부르며, 실제 사용자의 데이터를 전송을 위해 사용되는 형식으로 정보부를 가지는 정보 전송용 프레임을 의미한다.

정보 프레임의 제어부에는 첫 비트가 "0"으로 시작하고 현재 전송중인 프레임의 순서 번호와 수신 프레임의 순서 번호 등이 들어 있다.

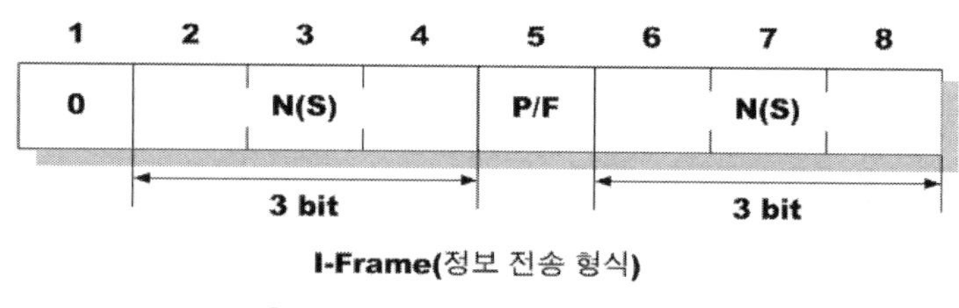

[그림 6-12] 정보 프레임 형식

- N(S)비트는 전달되는 프레임의 송신 순서 번호(0~7)를 나타낸다.
- P/F(Poll/Final)비트는 명령(Poll)와 응답(Final)을 나타내는 비트로 "1"이라는 값을 가지면 1차국으로 부터의 명령(Poll)을 의미하고 "0"이라는 값을 가지면 2차국으로 부터의 응답(Final)을 의미한다.
- N(R)비트는 수신되는 프레임의 수신 순서 번호(0~7)를 나타낸다.

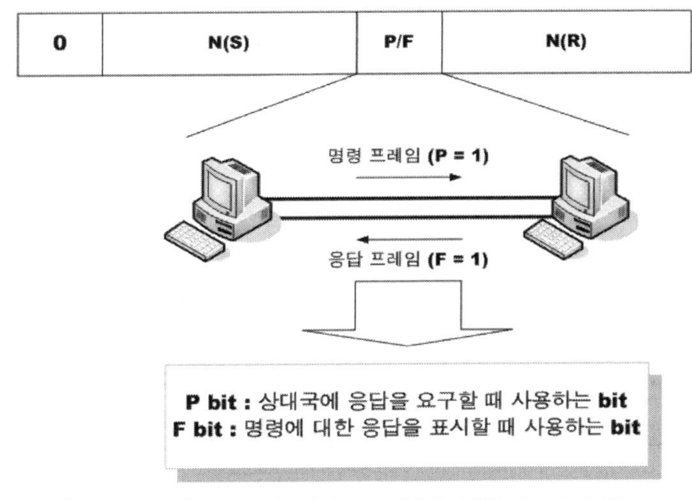

[그림 6-13] 명령 및 응답 프레임에 사용되는 P/F비트

ⓑ 감시 프레임(Supervisory Frame)

감시 프레임 줄여서 S-프레임(감시 형식)이라고도 부르며, 송·수신 국간의 I-프레임에 대한 수신 확인(RR : Receive Ready), 재전송 요구(REG)와 같은 상대국을 감시 제어할 경우에 사용하는 형식으로 에러 제어와 흐름제어를 위한 프레임 이다.

제어 부의 첫 비트가 "10"으로 시작하고 정보부가 존재하지 않는다는 것이 특징이며

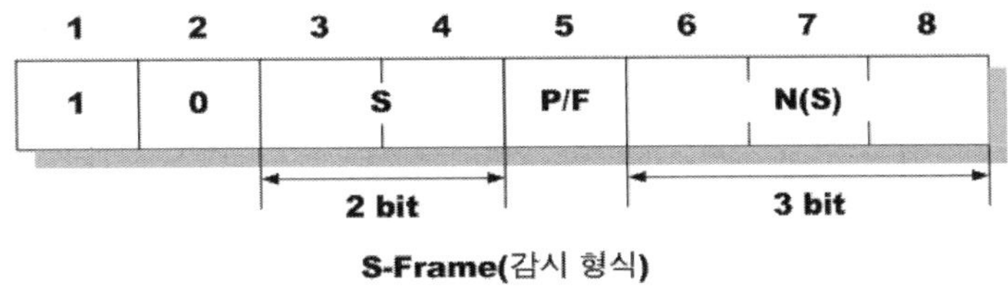

[그림 6-14] 감시 프레임 형식

S비트는 감시 기능 비트로 2비트로 구성되고 4가지 형식으로 나누어진다.

- RR(Receive Ready) : "00"값을 가지며 수신 가능 확인 및 긍정적 응답을 나타낸다.

- REJ(Reject) : "01"값을 가지며 Go-Back-N ARQ방식을 이용하여 에러 복구와 함께 재전송 요구를 나타낸다.

- RNR(Receive Not Ready) : "10"값을 가지며 프레임을 수신할 준비가 되어 있지 않아 프레임을 수신할 수 없음을 나타낸다.

- SREJ(Selective Reject) : "11"값을 가지며 선택적 ARQ방식을 이용하여 에러 복구
  와 함께 재전송 요구를 나타낸다.

ⓒ 비번호제 프레임(Unnumbered Frame)

비번호제 프레임 줄여서 U-프레임이라고도 부르며, 정보 전송을 하기 전에 송·수신
국간 데이터 링크 확립, 상대국의 동작모드 설정 과 응답, 데이터 링크 해제 등에 사용
되는 형식으로 제어 부의 첫 비트가 "11"로 시작하고 수신 프레임에 대한 수신확인(RR
: Receive Ready)기능이 없으며 송·수신의 순서 번호를 사용하지 않고 정보부를 보
낸다.

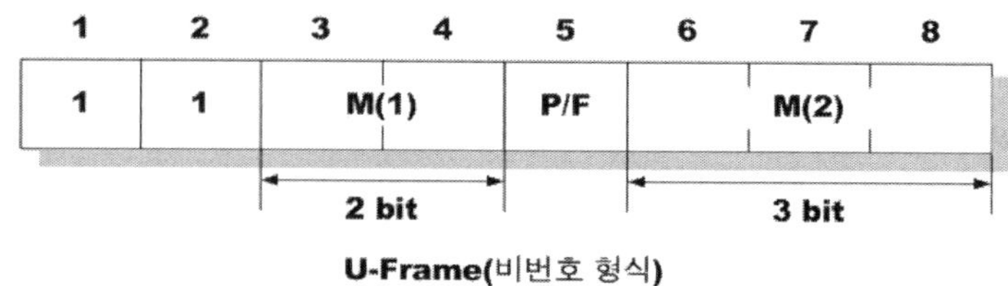

[그림 6-15] 비번호제 프레임 형식

M1, M2비트는 수식 기능비트로 모두 합쳐 5비트로 구성되며 17가지의 형식을 가진다.
17가지의 형식 중 중요한 몇 가지만 알아보면 다음과 같다.

- SNRM(Set Normal Response Mode) : 동작 모드를 NRM으로 설정함을 나타낸다.
- SARM(Set Asynchronous Response Mode) : 동작 모드를 ARM으로 설정함을 나
  타낸다.
- SABM(Set Asynchronous Balanced Mode) : 동작 모드를 ABM으로 설정함을 나
  타낸다.
- SIM(Set Initialization) : 논리적 데이터 링크의 초기화 요구를 나타낸다.
- UA(Unnumbered Acknowledgment) : U-프레임에 대한 긍정적 응답을 나타낸다.
- DM(Disconnected Mode) : U-프레임에 대한 부정적 응답을 나타낸다.
- DISC(DISConnected) : 논리적 데이터 링크의 해제 요구를 나타낸다.
- RIM(Request Initialization Mode) : SIM명령을 요청하기 위해 사용되며 데이터
  링크의 초기화를 나타낸다.

마. HDLC 국(Station)의 구조

HDLC 제어 절차에서 통신제어의 주도권을 명확하기 구분하기 위한 방법으로 1차국, 2차
국, 복합국 등으로 구성된다.

ⓐ 1차국(Master Station)

1차국은 데이터 링크 제어의 모든 책임을 가지는 국으로 상대국과의 송·수신되는 프레임의 흐름제어와 에러제어 등을 수행하며, 2차국 으로부터 명령 프레임을 송신하고 응답 프레임을 수신한다.

ⓑ 2차국(Second Station)

2차국은 1차국에 의해서 통신 제어를 받는 국으로 1차국 으로부터 명령 프레임을 수신하며 해당 프레임에 대한 응답 프레임을 송신한다.

ⓒ 복합국

1차국과 2차국의 기능을 모두 가지고 있는 국으로 데이터 링크 제어에 대해 서로 상호간에 대등한 책임을 가지며 명령 프레임과 응답 프레임을 모두 송·수신할 수 있다.

바. HDLC의 전송 모드

HDLC프로토콜에서 2차국 또는 복합국에 대한 동작 상태를 결정하는 모드로 초기모드(Initialization Mode), 동작모드, 절단모드(Disconnected Mode)로 구분된다.

일반적으로 1차국이나 주국의 역할을 하는 복합국의 경우 특별한 모드가 정해져 있지 않지만 2차국이나 종국의 역할을 하는 복합국의 경우에는 특정 모드를 인식하여 해당 모드에 대응하는 동작을 수행하여야 한다.

ⓐ 초기모드(IM : Initialization Mode)

초기모드란 송·수신국간 논리적인 경로인 데이터 링크의 초기화를 수행하는 모드로 1차국(복합국)과 2차국(복합국)간 데이터 링크가 논리적으로 절단된 상태에서 1차국(복합국)이 SIM(Set Initialization Mode)에 의해 상대국과의 데이터 링크제어 프로그램과 해당 매개변수 등을 초기화를 지시한다.

ⓑ 동작모드

1차국과 2차국간 데이터 링크가 설정 된 후 2차국의 명령의 수신 및 응답에 관해서 규정짓는 모드로 절차 등급과 관계가 있으며 정규 응답 모드(NRM), 비동기 응답 모드(ARM), 비동기 균형 모드(ABM)등이 구분된다.

• 정규 응답 모드(NRM : Normal Response Mode)

1차국으로부터 송신 허가를 받아야만 2차국이 응답을 송신할 수 있는 모드로 프레임의 제어 필드에서 P비트가 1로 설정된 명령프레임을 수신할 경우에만 2차국에서 응답을 송신할 수 있으며 응답프레임을 송신 할 경우에는 제어 필드의 F비트를 1로 하여 송신해야 한다.

이 모드는 2차국 마음대로 프레임 송신이 불가능하며 반드시 1차국으로부터 송신 허가를 받아야 한다. 따라서 1,2차국간 교대로 통신이 일어나며 점대점 다중점 모두에서 사용될 수 있다.

- 비동기 응답 모드(ARM : Asynchronous Response Mode)

1차국으로부터 송신 허가를 받지 않고도 2차국이 언제든지 응답을 송신할 수 있는 모드로 프레임의 제어 필드에서 P비트가 "1"로 설정된 명령프레임을 수신할 경우에는 즉각 응답 프레임을 송신하여야 한다.

이 모드는 2차국이 스스로 1차국의 허락 없이 프레임을 전송할 수 있어 양방향 동시 통신이 가능하고, 점대점 이중 링크에서 사용된다.

- 비동기 평형 모드(ABM : Asynchronous Balanced Mode)

복합국과 복합국간 프레임을 송 · 수신 할 수 있는 모드로 복합국 간에는 상대 복합국의 허가 없이 명령 프레임이나 응답 프레임을 송 · 수신 할 수 있다.

ⓑ 절단 모드

절단 모드란 송 · 수신국간 논리적인 경로인 데이터 링크가 설정되어 있지 않거나, 해제된 모드로 2차국(복합국)이 데이터 링크로부터 논리적으로 절단된 상태를 말한다.

이 모드에서는 1차국의 DISC명령에 의해 동작모드에서 절단모드로 이동하게 되며 2차국(복합국)이 1차국 으로부터 제어 필드의 P비트가 "1"이나 "0"으로 설정된 Unnumbered Poll명령을 수신했을 때에만 DM(Disconnected Mode), RIM(Request Initialization Mode)등의 응답 프레임을 송신할 수 있다.

사. HDLC의 절차등급

송 · 수신 상호 국간 구성과 데이터 링크 기능에 의해 구분되는 등급으로 불 평형 절차 등급과 평형 절차 등급 등으로 구분된다.

ⓐ 불 평형 절차 등급

국과 국간 1차국과 2차국으로 구분되어 주종 관계를 가지고 프레임을 송 · 수신 하는 등급으로 1,2차국 간 비동기적으로 프레임을 동시에 송 · 수신 할 수 있는 불 평형 비동기 응답 등급과 1차국의 명령 프레임에 의해서만 2차국이 응답 프레임을 송신 할 수 있는 불 평형 정규 응답 등급으로 나누어진다.

- 불 평형 비동기 응답 등급(UAC : Unbalanced operation Asynchronous response mode Class)

1차국과 2차국간 명령 프레임과 응답 프레임이 비동기 적으로 동시에 송신 할 수 있는 등급을 의미한다.

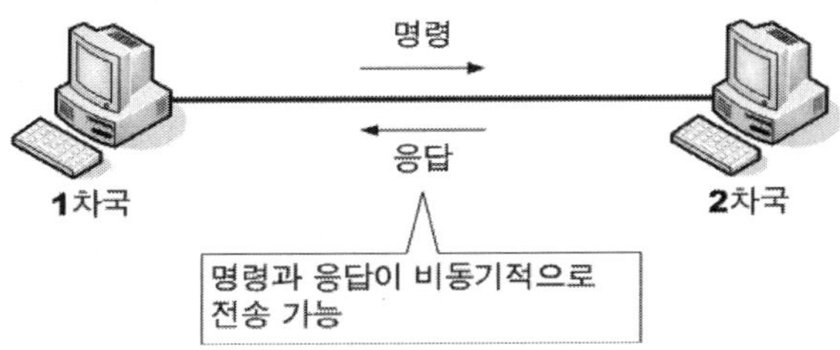

[그림 6-16] 불 평형 비동기 응답 등급(UAC)

- 불 평형 정규 응답 등급(UNC : Unbalanced operation Normal response mode Class)
  1차국의 명령 프레임에 의해서만 2차국이 응답 프레임을 송신할 수 있는 등급을 의미한다.

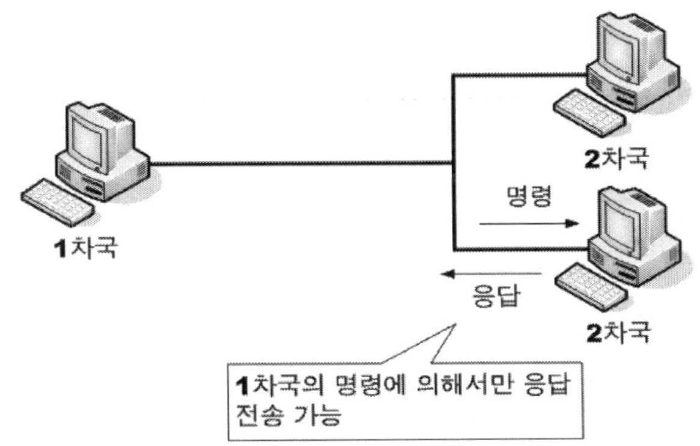

[그림 6-17] 불 평형 정규 응답 등급(UNC)

ⓑ 평형 절차 등급(BAC : Balanced operation Asynchronous response mode Class)
  1차국과 2차국의 기능을 모두 가지고 있는 복합국간 비동기 적으로 명령 프레임과 응답 프레임을 송·수신 할 수 있는 등급을 의미한다.

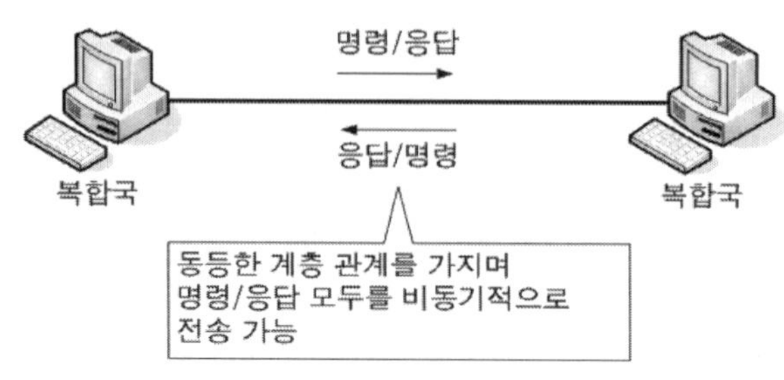

[그림 6-18] 평형 절차 등급(BAC)

아. HDLC프로토콜의 특징

- **전송 효율 향상** : 데이터의 송신과 수신을 따로 수행하는 반이중 통신에 비해 HDLC는 동시에 데이터를 송·수신 할 수 있는 양방향 동시 통신이 가능하여 전송 효율이 증대된다.
- **신뢰성의 향상** : CRC라는 에러 검출 방식을 이용하여 플래그를 제외한 모든 프레임의 필드의 에러를 감사하여 신뢰성이 높다.
- **비트의 투과성** : 문자 방식의 프로토콜과 달리 HDLC프로토콜은 전송제어 문자의 제한을 받지 않으면서 자유롭게 비트 형태의 데이터를 전송할 수 있다.
- **데이터 링크의 다양성** : 점대점(point-to-point), 다중점(multipoint), 루프(loop)방식 모두에 적용이 가능하다.
- **전이중 동기식 전송** : 반이중 통신과 전이중 통신 모두를 지원하며 동기 전송방식으로 고속으로 대용량 데이터 전송이 가능하다.
- **에러 제어** : Go-back-N ARQ과 Selective ARQ방식을 지원한다.

자. BSC프로토콜 HDLC프로토콜의 비교

구분	BSC 프로토콜	HDLC 프로토콜
① 제어 방식	문자 제어 방식의 프로토콜	비트 제어 방식의 프로토콜
② 전송방향	반 이중 방식만 지원	단방향, 반이중, 전이중 통신 방식을 모두 지원
③ 데이터 링크 형식	점대점, 다중점만 지원(루프형태는 불가)	점대점, 다중점, 루프방식 모두 가능
④ 에러 제어 방식	Stop-and-Wait ARQ 방식	Go-back-N ARQ Selective ARQ
⑤ 신뢰성	신뢰성이 낮다.	신뢰성이 우수하다.
⑥ 효율성	비효율적	효율적

(3) 회선 제어

신호 변환장치에 의한 데이터 송·수신 제어 및 교환회선에서의 회선의 접속과 절단을 제어하는 것으로 통신 시스템간의 데이터 송·수신과정에서 어떤 국에게 송신의 우선권을 부여할 것이며, 수신된 데이터를 특정 단말에게 어떠한 방식으로 전달시킬 것인가를 나타낸다.

일반적으로 점대점(Point to Point)방식에서는 회선 경쟁 방식을 이용하며 다중점(Multi Point)과 교환회선 방식일 경우에는 폴링과 셀렉션 방식을 사용한다.

① 회선 경쟁 방식(Contention)

회선 경쟁 방식은 동일 회선에서 동시에 다수의 단말이 데이터를 전송하려고 할 때 통신채널을 두고 경쟁하는 방식으로 먼저 송신요구를 빨리하는 단말에게 통신 채널을 선택할 수 있는 권한을 부여한다. 이 방식은 주로 점대점(Point to Point)방식에서 사용되며 주국의 역할이 없고 단말장치가 제어 주도권을 가지고 서로 대등한 입장에서 경쟁하는 관계를 가진다. 따라서 통신의 주체가 단말이므로 보다 자율적으로 통신할 수 있고 상대국과 한번 링크가 형성되면 정보 전송이 종료될 때까지 회선을 독점하므로 계속적인 데이터 전송이 가능하다.

② 폴링(Polling)/셀렉션(Selecting) 방식

Multi-Point방식에서 통신 채널을 관리하기 위해 널리 이용되는 방법으로 주국(중앙국)과 부국(단말장치)으로 이루어져 있으며 주국에서 송·수신의 제어 권을 가지고 부국의 송·수신을 제어하는 방식이다.

대표적인 예로 폴링과 셀렉션 방식이 있으며 폴링은 부국이 주국으로 데이터를 전송하기 위해 poll이라는 명령을 셀렉션은 주국이 부국으로 데이터를 전달하기 위해 select라는 명령을 사용한다.

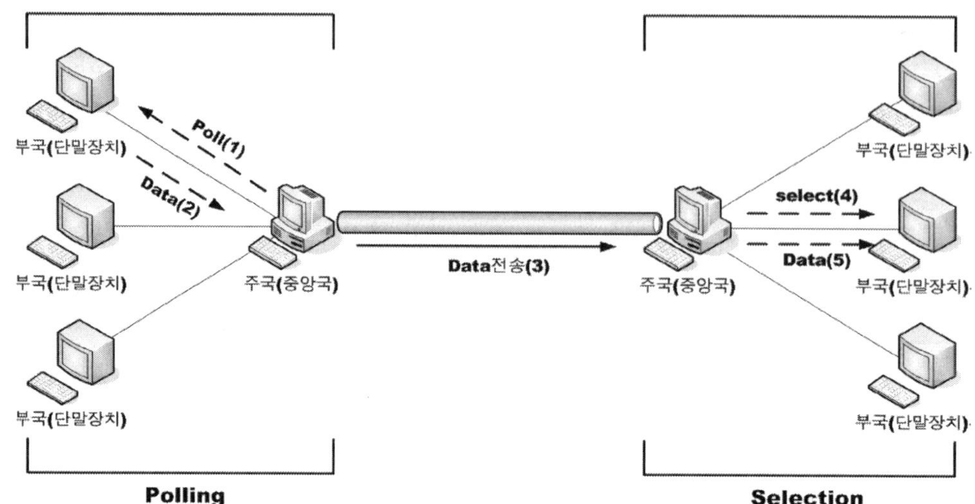

[그림 6-19] Polling/Selection 방식

가. 폴링(Polling)방식

부국(단말장치)이 데이터를 전송할 때 이용하는 것으로 주국(중앙국)이 부국(단말장치)을 하나씩 선택하여 데이터의 송신 유무를 문의하여 전송할 데이터가 있는 단말에게 Poll하는 방식이다. 여기서 폴링을 받은 부국은 송신할 데이터가 있으면 데이터를 송신하고, 그렇지 않으면 NAK(부정적 응답)신호를 발생시켜 전송할 데이터가 없음을 밝힌다.

이런 폴링 방식은 롤—콜 폴링(Roll Call Polling)과 허브-고-어헤드 폴링(Hub Go-Ahead)의 두 가지 유형으로 나누어진다.

ⓐ 롤—콜 폴링(Roll Call Polling)방식

하나의 주국(중앙국)이 정해진 순서에 따라 각 부국(단말장치)에게 전송할 데이터가 있는지를 물어보는 것으로 부국이 전송할 데이터가 있으면 주국으로 데이터를 전송하고 만약 전송할 데이터가 없으면 주국이 다음 부국으로 poll을 하는 방식이다.

이 방식에서 주국이 폴링을 행하는 순서는 부국의 폴링 목록에 나타나는 데이터 전달 빈도수에 따라 결정되며 임의적으로 폴링 목록의 항목을 소프트웨어적으로 수정하여 폴링의 순서를 바꿀 수 있다. 또한 하루 중에 가장 많은 데이터 전송을 한 부국을 더 빈번하게 폴링하게 되는 수도 있다.

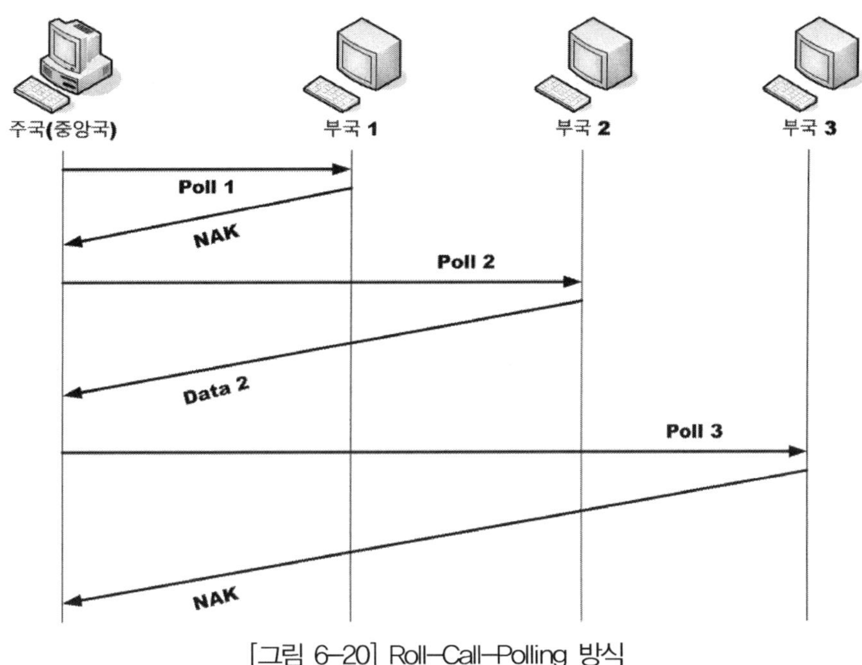

[그림 6-20] Roll-Call-Polling 방식

ⓑ 허브-고-어헤드 폴링(Hub Go -Ahead)방식

롤-콜 폴링에서 주국이 각 부국에게 데이터 전송 유무를 물어볼 때 마다 들어오고 나
가는 신호가 빈번하여 오버헤드가 많다는 단점을 보완하기 위해서 나온 대안으로 주국
이 가장 멀리 떨어져 있는 부국에게 전송할 데이터가 있는지를 물어보고 그 부국이 전
송할 데이터가 있으면 주국으로 데이터를 전달하고 없으면 NAK신호를 전달 한 후 다
음번 부국으로 poll보내어 차례로 주국으로 이동해 오는 방식이다.

이 방식은 주국이 가장 멀리 있는 부국으로 Poll을 하면 그 부국이 다음번 부국으로
poll을 또 그 부국이 다음번 부국으로 poll하여 건네주고 각 부국은 poll을 수신하면
전송할 데이터를 데이터 회선을 통해 주국으로 전송한다. 따라서 하나의 회선을 공유하
여 사용할 수 있으므로 비용이 절감되며 또한 주국과 부국 간의 제어신호가 적게 사용되
어 오버헤더가 적고 응답시간이 개선된다. 그러나 제어 루프의 신뢰도과 매우 높아야
하며 통신망과 사용자 쪽에 특별한 하드웨어의 보완이 필요하다는 단점을 가진다.

현재 많은 항공 회사의 좌석 예약 통신망에 채택되어 사용되고 있다.

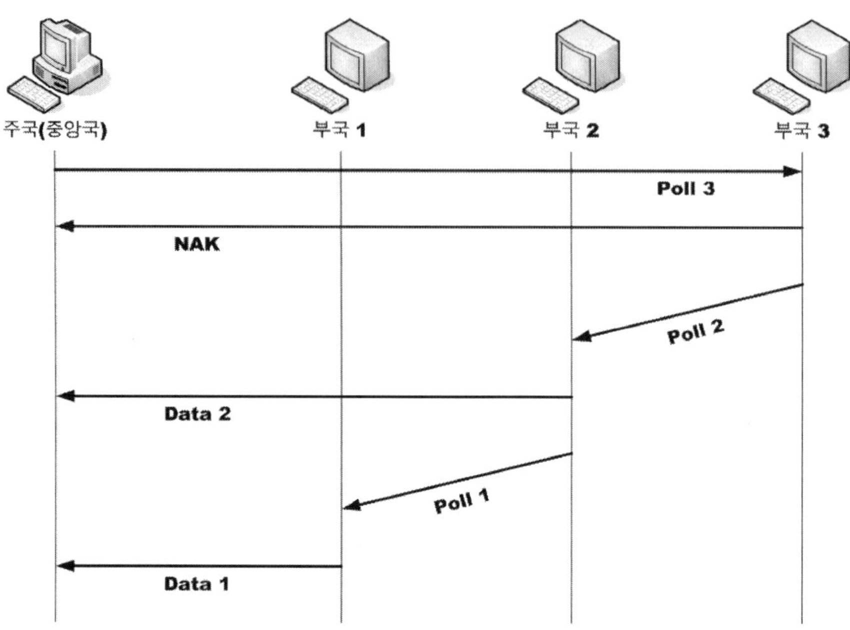

[그림 6-21] Hub Go -Ahead 방식

나. 셀렉션(Selection)방식

부국(단말장치)이 데이터를 수신할 때 이용하는 것으로 주국이 특정 부국으로 전송할 데이터가 있을 경우 그 부국이 데이터를 수신할 준비가 되어 있는지를 묻고 준비가 되어 있으면 부국으로 데이터를 전송하는 방식이다. 여기서 부국이 데이터 수신이 가능하면 ACK(긍정적 응답)신호를 보내고 그렇지 않으면 NAK(부정적 응답)신호를 보낸다.

이 셀렉션 방식은 셀렉트-홀드 방식(select-hold)과 패스트-셀렉트 방식(fast-select)의 2가지로 구분된다.

ⓐ 셀렉트-홀드(select-hold)방식

주국이 하나의 부국을 선택하여 수신 준비가 되어 있는지를 먼저 물어본 후 부국에서 수신 준비가 되어 있으면 데이터를 전송하는 방식으로 주국과 부국 간에 select신호와 응답신호 2단계 과정을 거치며 BSC 프로토콜에서 사용된다.

ⓑ 패스트-셀렉트(fast-select)방식

주국이 부국을 선택하여 데이터 수신 여부를 물어보지 않고 그대로 데이터를 즉시 부국으로 전송하는 방식으로 회선의 질이 좋은 경우에는 굉장히 효율적이지만 복잡한 에러 체크 절차가 필요하다.

주로 SDLC 프로토콜에서 사용된다.

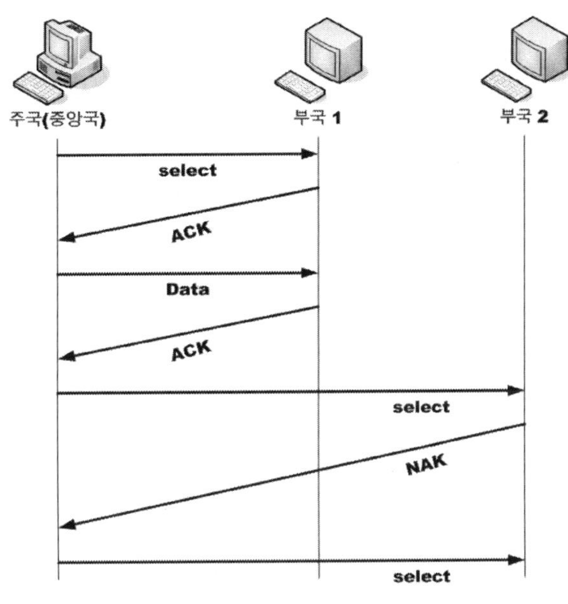

(a) Select-Hold 방식

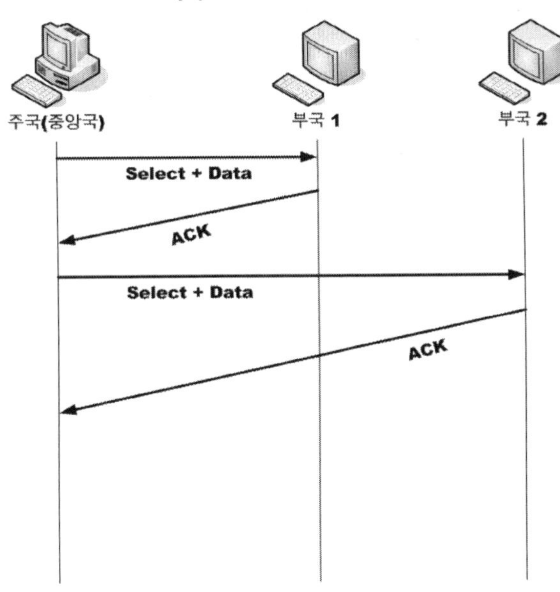

(b) Fast-Select 방식

[그림 6–22] Selection 방식

(4) 흐름제어

흐름제어란 송·수신시스템 간에 원활한 데이터 전달을 위해 송신측에서 전송한 데이터를 수신측에 처리할 수 있도록 데이터의 흐름을 제어하는 기법으로 송신측이 전송한 데이터의양이 수신측이 처리 할 수 있는 양을 넘어가지 않도록 수신측의 송신측에게 데이터 전달 속도와 데이터양을 제어하는 것을 의미한다.

즉 예를 들어 송신측이 한번에 10개씩의 데이터 프레임을 전달한다고 가정할 경우 수신측에서는 전달된 모든 데이터 프레임을 수신하여 처리할 수 있어야 한다. 하지만 수신측이 한 번에 수신하여 처리할 수 있는 량이 2개 밖에 되지 않는다면 나머지 8개의 데이터 프레임은 손실되는 것이다.

이렇게 전달되는 데이터의 손실을 막기 위해서 수신측이 송신측에게 자신이 최대로 수신하여 처리할 수 있는 데이터의양을 알려주고 송신측에서는 수신측이 처리할 수 있는 데이터양만큼만 전송해 주는 기법을 흐름제어라 한다.

이러한 흐름제어 기법으로는 대표적으로 Stop-and-Wait기법과 X-ON/X-OFF기법 Sliding Window기법 등이 있다.

① Stop-and-wait 기법

stop-and-wait는 송신측이 데이터를 전달할 때 한번 에 하나의 프레임만 전송하고 수신측에서 전달된 프레임을 처리 다음 프레임의 전송 여부를 송신측에 알려서 다음 프레임의 전송을 결정짓는 방식으로 데이터의 흐름을 제어하는 기법이다.

즉 송신측이 1번 프레임을 전달하고 수신측으로부터 1번 프레임에 대한 ACK응답을 받을 때 까지 기다리다 1번에 대한 ACK를 받으면 다음 2번 프레임을 전송 또 2번 ACK응답을 받으면 그 다음 3번 프레임을 전달하는 형태이다.

이 기법은 흐름제어 기법 중 가장 간단한 형태로 흐름제어에 필요한 제어 정보가 불필요하며, 알고리즘이 단순하지만 한 번에 한 개의 프레임만 전송할 수 있고 수신측으로부터 다음 프레임에 대해서 전송해도 좋다는 응답을 받을 때 까지 기다려야 하므로 데이터의 전송 효율이 떨어진다.

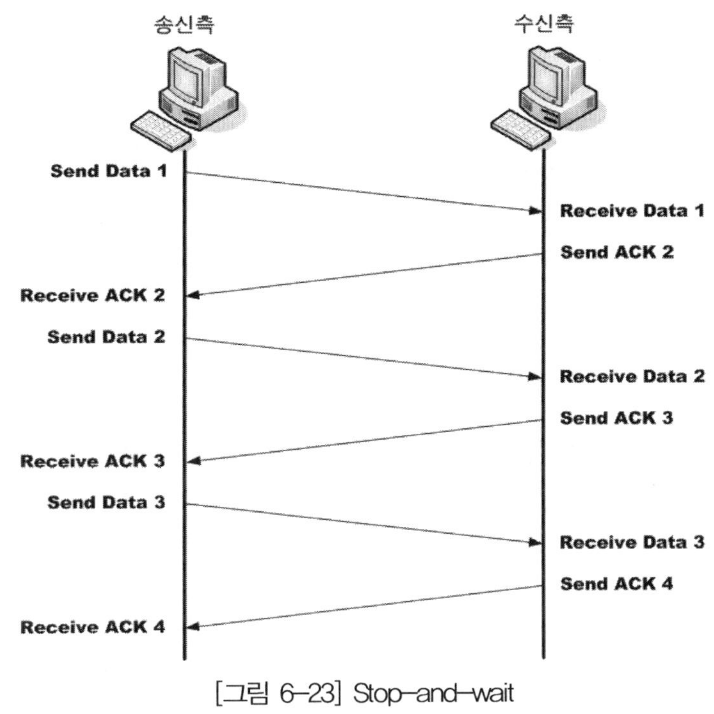

[그림 6-23] Stop-and-wait

② X-ON/X-OFF 기법

X-ON/X-OFF는 stop-and-wait기법이 한 번에 하나의 데이터 프레임만 전송할 수 있어 비효율적 이라는 단점을 어느 정도 보완한 방식으로 수신측에서 전달된 데이터의 임시 저장 공간인 버퍼를 이용하여 흐름제어를 수행하는 기법이다.

즉 이 기법은 송신측에서 데이터 프레임을 전송 할 때 한 개씩 전송하지 않고 임의의 양 만큼을 한 번에 수신측에 전송하고 수신측에서는 전달된 데이터 프레임을 버퍼에 저장하였다가 버퍼가 가득 차면 송신측으로 X-OFF신호를 보내 데이터 전송 중단을 지시한다. 그러다 수신측이 어느 정도 데이터를 처리하여 버퍼에 다시 저장 공간의 여유가 생기면 다시 송신측에 X-ON신호를 보내 데이터 전송을 재개하는 방식이다. 따라서 모든 데이터의 전송은 수신측의 X-OFF신호와 X-ON신호에 의해 결정되므로 주로 비 동기식 통신방식에서 사용되며 컴퓨터 시스템과 프린터와 같은 주변장치 사이의 흐름제어에 이용된다.

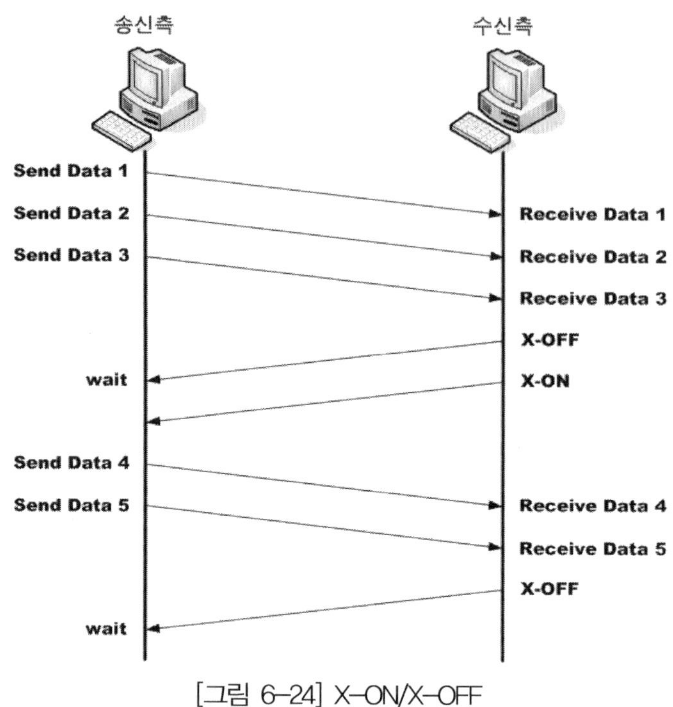

[그림 6-24] X-ON/X-OFF

③ Sliding Window기법

Sliding Window는 송신측에서 자신의 윈도우 크기만큼의 데이터 프레임을 연속해서 전송하고, 수신측 에서는 ACK의 응답 메시지를 이용해서 송신측의 윈도우 크기를 조절해 나가는 방식으로

여기서 윈도우 크기(Window Size)란 송신측이 한 번에 연속해서 전송할 수 있는 최대 데이터 프레임의 개수를 의미하며 일반적으로 최초의 통신과정에서 크기가 정해진다.

즉 이 기법은 먼저 송신측이 자신의 윈도우 크기만큼 데이터 프레임을 전송하고 수신측에서는 수신하여 처리할 수 있는 데이터에 한해서만 ACK응답 메시지를 송신측에 보낸다.

송신측이 자신이 전송한 모든 데이터 프레임에 대한 ACK를 받으면 자신의 윈도우 크기를 1개 더 증가시키고, NAK를 받으면 가장 마지막에 ACK를 받은 데이터 크기만큼 윈도우 크기를 감소시킨다.

따라서 Sliding Window는 수신측으로부터 응답 메시지가 없더라도 미리 약속한 윈도우 크기만큼의 데이터 프레임을 한 번에 전송할 수 있고, 수신측의 ACK메시지를 이용하여 송신측의 윈도우 크기를 조절할 수 있어 전송효율이 높다.

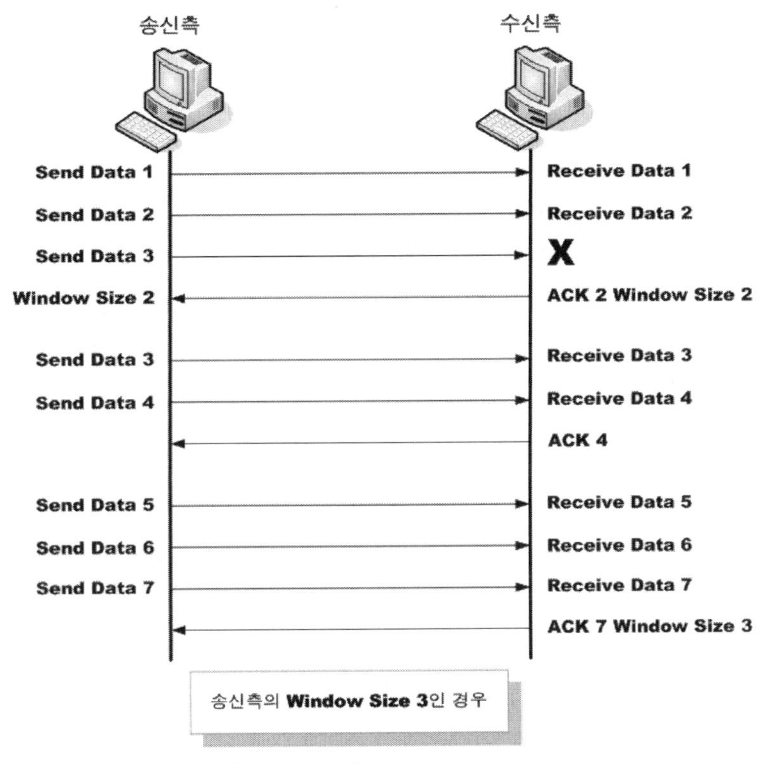

[그림 6-25] Sliding Window

(5) 착오제어

착오제어란 송·수신국간 연결되어 있는 물리적인 전송로를 통해 전달되는 데이터가 각종 잡음이나 왜곡에 의해 변질되는 것을 방지하기 위한 방법으로 전송로 상에서 발생할 수 있는 각종 전송 에러를 검출하고 정정하는 것을 의미한다.

일반적으로 전기적인 전송로를 통해서 데이터가 전달될 경우 $10^{-5} \sim 10^{-4}$정도의 전송에러가 발생할 수 있으며 원활한 통신을 하기 위해서는 10^{-7}정도가 가장 적당하다.

① 착오 제어의 평가 방법

착오 제어 평가 방법이란 송·수신국간 전달되는 전체 데이터 중에서 에러가 발생한 데이터가 얼마나 되는가를 나타내는 척도 즉 전체 데이터 중 에러가 발생할 수 있는 확률이 얼마나 높은가를 평가하는 기준으로 착오제어 방법에는 비트 에러 율, 문자 에러 율, 블록 에러 율 등이 있다.

여기서 문자 에러 율은 전신/전화 회선의 품질을 평가하는 기준이 되며 비트 에러율과 블록 에러 율은 데이터 통신망에서의 데이터 전송의 기준 척도로 사용된다.

가. 비트 에러 율

전달되는 전체 비트열 중에 에러가 발생한 비트가 얼마나 많은가를 나타내는 척도로 비트 에러 율을 구하는 공식은 다음과 같다.

$$비트\ 에러율 = \frac{에러가\ 발생한\ 비트수}{전송된\ 총\ 비트수}$$

나. 블록 에러 율

전달되는 전체 데이터의 블록들 중에 에러가 발생한 데이터 블록이 얼마나 많은가를 나타내는 척도로 블록 에러 율을 구하는 공식은 다음과 같다.

$$블록\ 에러율 = \frac{에러가\ 발생한\ 블록수}{전송된\ 총\ 블록수}$$

다. 문자 에러 율

전달되는 전체 문자 데이터들 중에 에러가 발생한 문자가 얼마나 많은가를 나타내는 척도로 문자 에러 율을 구하는 공식은 다음과 같다.

$$문자\ 에러율 = \frac{에러가\ 발생한\ 문자수}{전송된\ 총\ 문자수}$$

② 착오 제어 방식의 분류

착오제어란 송·수신측간에 데이터 전송 시 발생하는 전송에러를 제어하는 것으로 착오제어를 수행하는 방법은 송신측이 데이터 전송 시 에러 검사용 정보를 부가하여 데이터를 전송하고 수신측에서는 수신된 데이터에 부가된 에러 검사용 정보를 이용하여 에러를 검사 하고 자체 정정 및 재전송 요청에 의해서 에러를 수정하여 에러를 제어하게 된다.

따라서 에러를 제어하는 방법에는 크게 수신측이 수신한 데이터 내의 에러 제어 정보를 가지고 자체적으로 에러를 복구하는 방법과 에러를 검출하여 에러가 있을 경우 송신측에 재전송을 요구하여 복구하는 방법으로 나누어 생각해 볼 수 있으며 일반적으로 통신망에서의 에러제어 방식으로는 다음과 같이 4가지로 방식으로 구분할 수 있다.

가. 에러를 무시하는 방식

에러를 무시하는 방식은 말 그대로 데이터 전송 시 발생할 수 있는 에러를 전혀 고려하지 않고 단순히 데이터만 전달하는 방식으로 그다지 중요하지 않는 데이터 전송에 적합한 방법이다.

나. 반송 및 연송방식

송신측이 전송한 데이터를 수신측에서 다시 반송시켜 에러를 체크하거나 또는 송신측에서 데이터를 전송할 때 두 번 전송하여 수신측에서 두 개의 데이터를 비교하여 송신측의 재전송에 의해서 에러를 제어하는 방식이다.

다. 에러 검출 후 재전송(ARQ)에 의한 방식

수신측에서 에러 검출부호를 사용하여 에러를 체크한 후 에러가 발생하면 송신측에 재전송을 요청하는 방식이다.

라. 전진 에러 수정(FEC)에 의한 방식

수신측이 에러 검출 부호와 정정 부호를 이용하여 에러를 검출과 수정까지 수행하는 방식이다.

③ 반송 및 연송방식

이 방식은 송·수신측간 전달되는 데이터를 서로 비교하여 에러를 체크하는 방식으로 송신측이 전송한 데이터와 수신측으로 부터 다시 반송된 데이터를 비교하는 반송방식과 송신측이 같은 데이터를 두 번 전송하여 수신측이 두 개의 데이터를 서로 비교하는 연송방식으로 나누어진다.

이 두 방식은 모든 데이터를 두 번 전송해야 하므로 전송효율이 떨어지며 에러 율이 많은 전송로에 효과적으로 에러를 제어 하면서 데이터를 전송하기 위해 주로 사용된다.

가. 반송방식

반송방식은 먼저 송신측이 전송할 데이터를 버퍼에 축적 한 후 수신측으로 전송하며 수신측에서는 수신된 데이터를 수신측 버퍼에 축적 한 후 다시 송신측으로 되돌려서 송신측에서 에러 유무를 체크하는 방식으로 송신측에서는 수신측으로부터 반송된 데이터와 버퍼에 축적된 데이터를 비교하여 에러 발생 유무를 체크 두 데이터가 다른 경우 에러가 발생했다고 판단하고 데이터를 다시 전송하며, 똑같을 경우 에러가 발생하지 않았다고 판단하여 다음 데이터를 수신측에 전송한다.

이 방식은 송·수신 측 모두에 버퍼가 있어야 하며 송신된 데이터가 다시 되돌아오므로 다른 말로는 Echo에 의한 방식이라고도 한다.

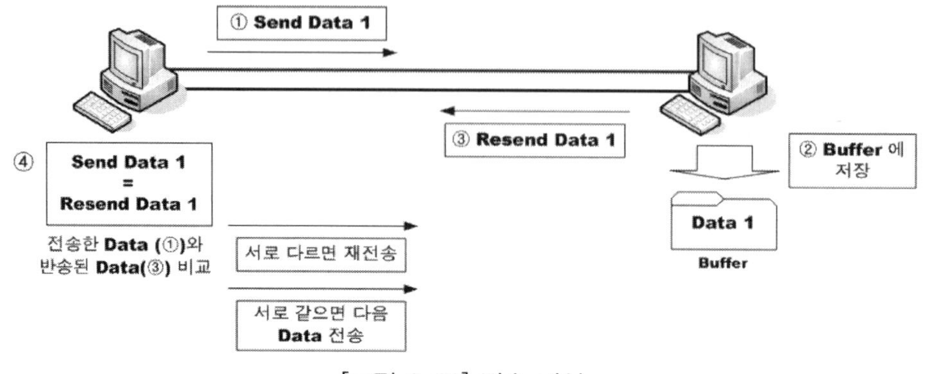

[그림 6-26] 반송 방식

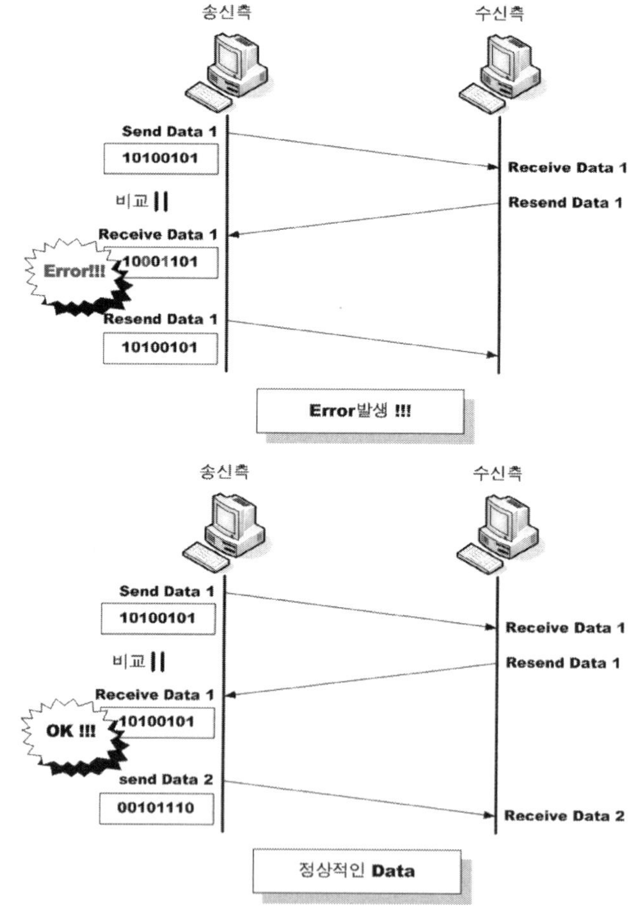

[그림 6-27] 반송 방식의 예시

나. 연송방식

연송방식은 송신측에서 수신측으로 데이터를 전송할 때 두 번 계속해서 데이터를 전송하고 수신측에서 에러를 체크하는 방식으로 수신측에서는 수신된 두 개의 데이터를 비교하여 두 데이터가 동일하면 송신측에 ACK를 보내 다음 데이터 전송을 요청하고 두 데이터가 다를 경우 에러가 발생했다고 판단하고 송신측에 NAK신호를 보내 데이터의 재전송을 요구하여 에러를 제어하는 방식이다.

이 방식은 버퍼가 없는 단말장치를 이용하여 효과적으로 에러를 제어 할 경우나 에러의 발생률이 높은 저질의 전송로를 통해 통신을 하고자 할 때 이용된다.

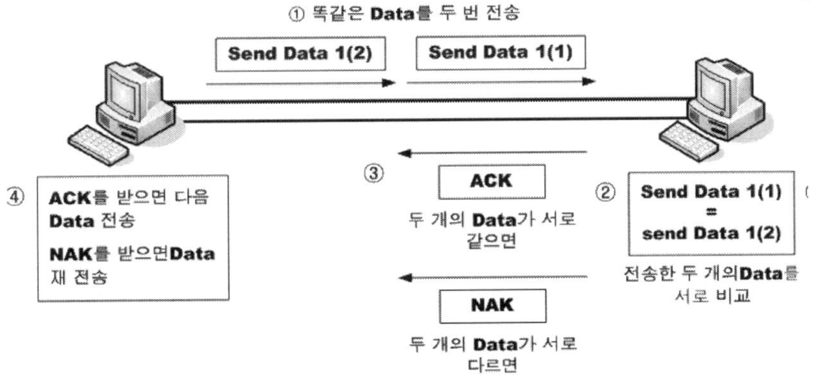

[그림 6-28] 연송 방식

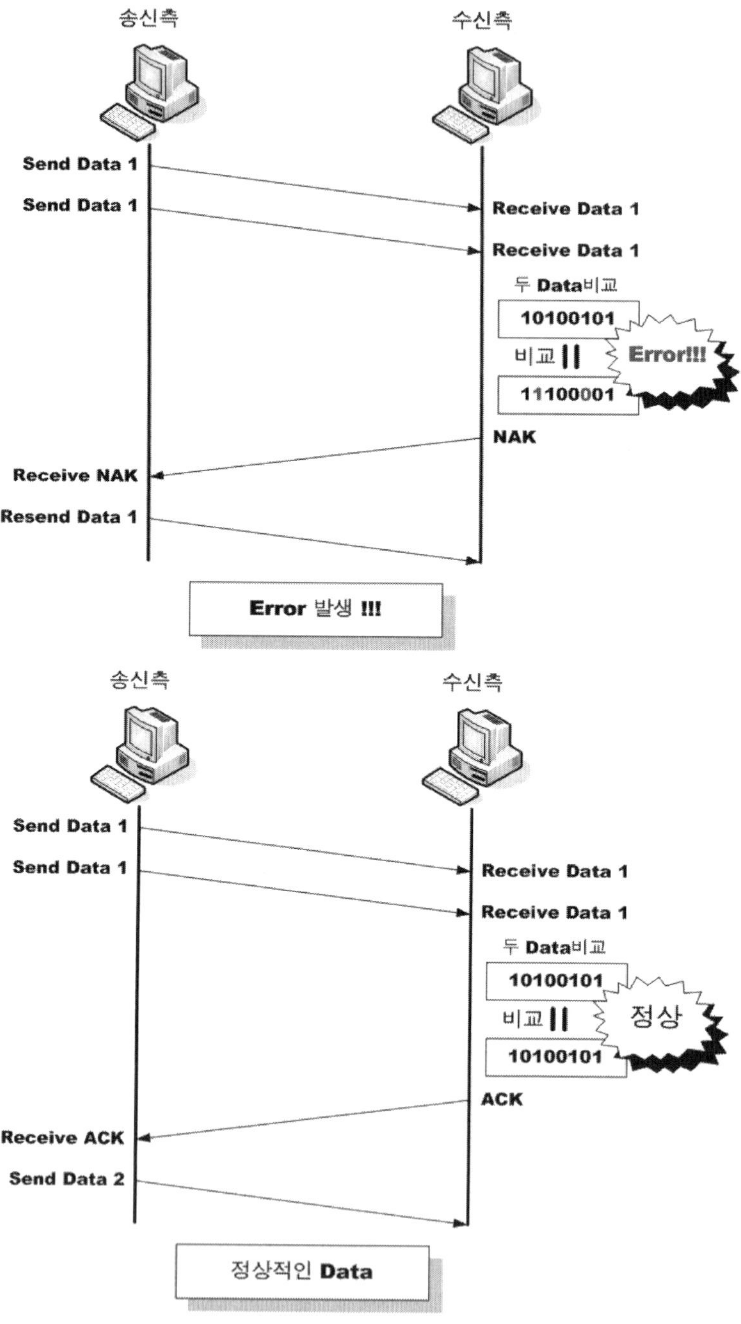

[그림 6-29] 연송 방식의 예시

④ 에러 검출 방식

송신측이 데이터를 전송할 때 에러를 검사할 수 있는 별도의 잉여 비트를 추가하여 수신측에 전송하고 수신측에서는 수신된 데이터 내에 첨가되어 있는 잉여분의 에러 검사 비트를 이용하여 에러를 검출하는 것으로 가장 널리 사용되고 있는 에러 검출 부호로는 패리티 검사(Parity Check)와 순환 잉여도 검사(CRC), 그룹 계수 검사 등이 있다.

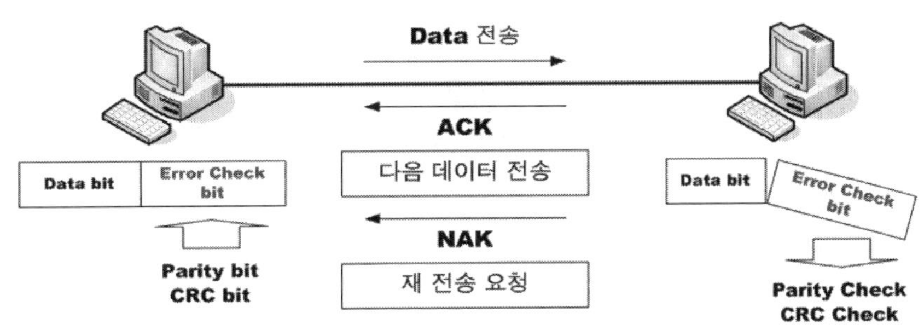

[그림 6-30] 에러 검출 방식

가. 패리티 검사(Parity Check)방식

패리티 검사 방식은 전송되는 데이터의 끝에 에러 검출 비트인 한 비트 의 패리티(Parity) 비트를 추가하여 에러를 검출하는 대표적인 기법으로 패리티 비트는 전송되는 데이터를 이루고 있는 각 비트들에서 "1"의 개수를 짝수(짝수 패리티 : even parity)개로 만들거나 또는 홀수(홀수 패리티 : odd parity)개로 만들기 위해 추가되는 비트를 의미한다.

이 방식은 주로 7비트로 구성된 ASCII코드 형식의 문자 단위 데이터 전송 시 각 문자 정보 내의 비트열 끝에 한 비트 의 패리티 비트를 추가 8비트로 전송하고 수신측에서는 8비트의 각 문자 데이터 중에서 가장 마지막 비트를 이용하여 에러를 검출하는데 사용되며 여러 개의 ASCII코드로 구성된 문자열로 데이터 인 경우에는 각 열마다 패리티 비트를 부가하는 에러를 검출하는 수직 패리티 검사 방식과 각 행마다 패리티 비트를 부가하는 수평 패리티 검사 방식이 있다.

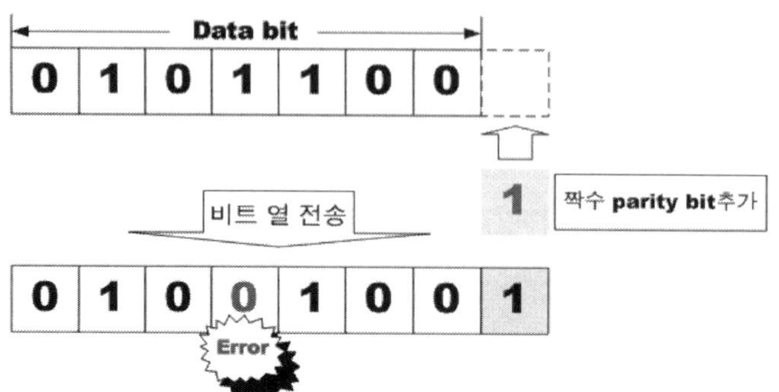

짝수 패리티 이므로 **1**의 개수가 짝수 이어야 하는데
1의 개수가 홀수 이므로 **Error**발생

[그림 6-31] 짝수 패리티 검사 방식

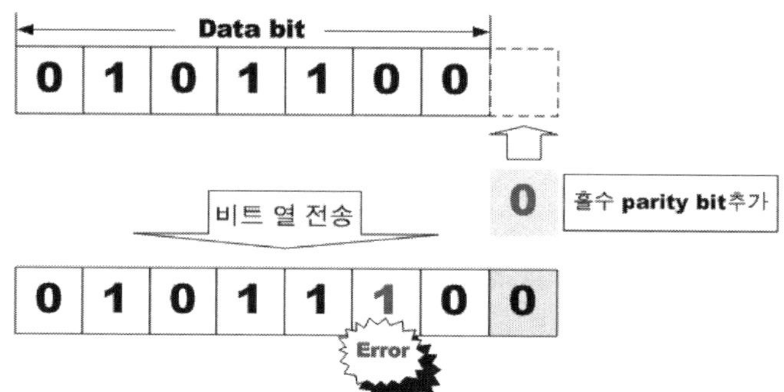

홀수 패리티 이므로 **1**의 개수가 홀수 이어야 하는데
1의 개수가 짝수 이므로 **Error**발생

[그림 6-32] 홀수 패리티 검사 방식

패리티 검사는 에러 검출 방식 중에서 가장 간단하면서 에러 검출이 쉽다는 장점이 있으나 짝수 개의 비트에서 에러가 발생한 경우나 특정 비트열에서 집단적으로 에러가 발생한 경우에는 검출이 불가능하고 에러가 발생하더라도 정확한 위치를 알 수 없다는 단점을 가진다.

따라서 전송할 비트수가 적은 경우나 오류 발생률이 낮은 경우에 주로 사용되며 비동기식 전송 방식에 적합하다.

ⓐ 패리티 비트(Parity bit)

패리티 비트는 패리티 검사 방식에서 에러를 검출하기 위해 추가되는 비트로 전송되는 각 문자에 한 비트를 더하여 전송하고 수신측에서는 송신측에서 추가하여 보내진 패리티 비트를 이용하여 에러를 검출하게 된다.

이러한 패리티 비트는 정보 전달과정에서 일어나는 전송 에러를 검사하기 위해 사용되
며 1의 개수를 짝수개로 만드는 짝수 패리티 비트와 "1"의 개수를 홀수 개로 만드는 홀
수 패리티 비트가 있다.

- **짝수 패리티 비트(Even Parity Bit)**
  전송되는 각 문자를 나타내는 데이터 비트들 중에서 "1"인 비트의 총수가 항상 짝수
  개가 되도록 잉여분의 한 비트를 부가하는 것으로 정보의 내용에서 "1"인 비트의 총
  수를 점검하여 에러를 검출 하게 된다.

- **홀수 패리티 비트(Odd Parity Bit)**
  전송되는 각 문자를 나타내는 데이터 비트들 중에서 "1"인 비트의 총수가 항상 홀수
  개가 되도록 잉여분의 한 비트를 부가하는 것으로 정보의 내용에서 "1"인 비트의 총
  수를 점검하여 에러를 검출 하게 된다.

데이터 비트(7비트)	패리티 비트		패리티 비트 포함 데이터(8비트)	
	짝수	홀수	짝수 패리티 포함	홀수 패리티 포함
0000000	0	1	00000000	00000001
1010001	1	0	10100011	10100010
1101001	0	1	11010010	11010011
1111111	1	0	11111111	11111110

ⓑ **수직 패리티 검사 방식**

전송되는 데이터의 비트열에서 수직 방향(열 방향)으로 1단위의 패리티 비트를 부가하
여 각 열 부호의 "1"의 개수가 짝수 또는 홀수 인지를 체크하는 방식으로 수신측에서는
각 열에서 발생할 수 있는 에러를 검출할 수 있다.

ⓒ **수평 패리티 검사 방식**

전송되는 비트열의 각 한 블록마다 패리티 비트를 수평 방향(행 방향)으로 부가하여 수
직 패리티 검사 방식과 동일하게 에러를 체크하는 방식으로 각 문자 블록들의 수평방
향으로 배타적 논리합(XOR)을 누적으로 계산하여 그 결과에 근거를 두어 에러를 검출
하게 된다.

나. 정 마크 정 스페이스 방식

정 마크, 정 스페이스 방식은 송신측에서 전송 문자를 부호화 하고자 할 때 각 부호의 "1"의 개수 또는 0의 개수를 항상 일정하게 유지하여 전송하고 수신측에서는 수신된 문자들 중에서 "1" 또는 "0"의 개수가 일정한지를 판단하여 에러를 검출하는 방식이다.

이 방식은 "1" 또는 "0"과 같이 특정 값을 가지는 비트가 항상 일정한 개수를 계속해서 유지하므로 M out of N코드라고도 부르며 대표적인 예로 2 out of 5(Biquinary)부호가 있다.

여기서 1의 개수를 항상 일정하게 만드는 방식을 정 마트 방식이라 부르며, 0의 개수가 일정한 방식을 정 스페이스 방식이라 부른다.

다. 순환 잉여도 검사(CRC : Cyclic Redundancy Check)방식

CRC방식은 데이터 통신과정에서 전송되는 데이터의 신뢰성을 높이기 위한 에러 검출 방식의 일종으로 간단하고 쉬운 패리티 검사 방식과 정 마크, 정 스페이스 검사 방식에 의한 에러 검출 방식도 있지만 이 두 방식은 전송되는 데이터 중에서 두 개 이상의 비트에서 에러가 날 경우나 두 비트의 0과 1이 뒤바뀌게 되면 검출이 불가능하다는 단점이 있다. 이러한 두 방식의 단점을 보완한 방식이 CRC이며 따라서 CRC검사 방식은 높은 신뢰성을 가지며 에러 검출에 의한 오버헤드가 적고 랜덤 에러나 집단적 에러를 모두 검출할 수 있어 매우 좋은 성능을 가지는 에러 검출 방식이다.

이 방식은 이진수를 기본으로 해서 모든 연산 동작이 이루어지며 전송할 데이터 비트와 CRC다항식을 나눗셈 하여 나온 나머지를 보낼 데이터의 에러 검출의 잉여 비트로 덧붙여 보내고 수신측에서는 수신된 데이터와 함께 온 잉여분의 비트를 나누어서 나머지가 "0"이 되는지를 검사해서 에러를 검출하는 방식이다. 여기서 나눗셈 한 결과의 나머지는 CRC에서 가장 중요한 부분으로 FCS(Frame Check Sequence)가 되고 송신측에서 데이터 전송 시 수신측에서 CRC검사를 할 수 있도록 각 프레임마다 에러 검출용 여분의 정보(FCS)를 포함시켜서 전송한다.

ⓐ CRC 생성 다항식의 표현

CRC 방식에서 송신할 데이터는 먼저 다항식(P)로 표현하며 CRC 생성 다항식의 최고 차수의 항과 곱하게 된다. 여기서 CRC 생성 다항식(G)은 프레임의 에러 검출 부호인 FCS를 구하고 수신측에서 에러를 검출하기 위해 꼭 필요한 것으로 미리 약속되어 있는 형식을 사용한다. 이러한 CRC 생성 다항식의 종류로는 여러 가지의 형식이 있으나 대표적으로 주로 사용되는 형식으로는 CRC-12, CRC-16, CRC-32등 있으며 국제 전기통신 표준화 협회(ITU-T)에서 권고하고 있는 CRC-ITU-T가 있다.

$$CRC-12 : G(X) = X^{12} + X^{11} + X^3 + X^2 + X^1 + 1$$

$$CRC-16 : G(X) = X^{16} + X^{15} + X^2 + 1$$

$$CRC/ITU-T : G(X) = X^{16} + X^{12} + X^5 + 1$$

$$CRC-32 : G(X) = X^{32} + X^{26} + X^{23} + X^{22} + X^{16} + X^{12} + X^{11} + X^{10}$$
$$X^8 + X^7 + X^5 + X^4 + X^2 + X^1 + 1$$

위의 CRC 생성 다항식 형식에서 나타나 있는 숫자(12, 16, 32)는 CRC의 차수를 의미하며 CRC의 차수는 에러 검출 능력을 결정하는 중요한 요소가 된다.

ⓑ CRC의 패리티 비트(FCS)생성 절차

CRC방식으로 전송되는 데이터 프레임을 검사하기 위해서는 먼저 송신측에서 전송하고자 하는 데이터 프레임을 비트열로 나열하고 각 비트들마다 자리값을 부여하여 송신 다항식으로 표현한다.

예를 들어 51이라는 숫자 데이터가 있을 경우 51을 2진수 비트열로 나열시키면 00110011이 된다.

나열된 비트열에서 각 자리마다 자릿값을 부여하여 송신다항식(P)으로 표현하면 다음과 같다.

$$51 = 00110011 = X^5 + X^4 + X^1 + X$$
$$P(X) = X^5 + X^4 + X^1 + 1$$

그런 다음 CRC의 생성 다항식(G)을 선택하고 전송 데이터의 송신 다항식(P)에 CRC 생성 다항식의 최고 항을 곱한다.

여기서 사용할 CRC 생성 다항식을 $G(X) = X^4 + X^3 + 1$ 이라고 할 경우 생성 다항식의 최고 항은 X^4 가 되고, 따라서 X^4와 다항식(P)을 서로 곱하면 다음과 같은 결과를 얻을 수 있다.

$$X^4 \cdot P(X) = X^4(X^5 + X^4 + X^1 + 1) = X^9 + X^8 + X^5 + X^4$$

여기서 $X^9 + X^8 + X^5 + X^4$을 비트열로 표현하면

$$X^9 + X^8 + X^5 + X^4 = 1100110000$$

CRC 생성 다항식(G)의 최고 항과 송신 다항식(P)의 곱한 결과를 다시 생성 다항식(G)
로 나누어 준다.

$$X^4 P(X) / G(X) = X^9 + X^8 + X^5 + X^4 / X^4 + X^3 + 1$$

위의 다항식을 비트열로 나타내어 그 결과를 표현하면

$$1100110000 / 11001$$

몫은 $X^5 + 1(100001)$ 이고 나머지는 $X^3 + 1(1001)$ 이 된다.

위의 나눗셈 결과에서 몫은 제외시키고 나머지 $X^3 + 1$ 비트열로는 1001이 CRC의
패리티 비트인 FCS(Frame Check Sequence)가 되며 송신측에서는 전송하고자 하는
각 데이터 프레임마다 부가하여 수신측으로 전달하게 된다.

따라서 송신 데이터는 데이터 비트열의 송신다항식(P)과 CRC 생성 다항식(G)의 최고
항과의 곱셈 결과에 FCS를 부가시켜야 하며 그 결과를 $T(X)$라 한다면 $T(X)$는 다음
과 같이 표현된다.

$$T(X) = X^5 P(X) + (X^3 + 1) = (X^9 + X^8 + X^5 + X^4) + (X^3 + 1)$$
$$\therefore T(X) = X^9 + X^8 + X^5 + X^4 + X^3 + 1 = 1100111001$$

결국 송신측에서 51이라는 데이터를 전송한다는 것은 $T(X)$의 값을 수신측으로 전달
한다는 의미가 된다.

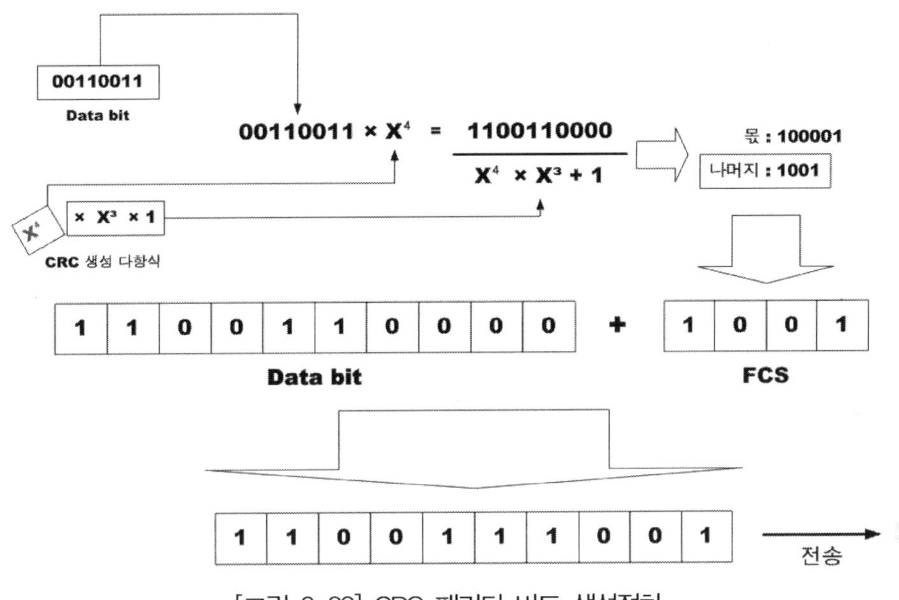

[그림 6-33] CRC 패리티 비트 생성절차

ⓒ CRC방식으로 에러 검출 방법

수신측에서는 수신된 $T(X)$을 CRC 생성 다항식 $G(X) = X^4 + X^3 + 1$로 나누어서 에러를 검출하게 되며, 나눈 결과에서 나머지가 없으면 수신된 데이터에 에러가 없음을 나타내고, 나머지가 있을 경우 에러가 있음을 나타낸다.

$$T(X) \,/\, G(X) = X^9 + X^8 + X^5 + X^4 + X^3 + 1 \,/\, X^4 + X^3 + 1$$

$T(X) \,/\, G(X)$에서 나머지가 $= 0$ 이면 에러 없음

$T(X) \,/\, G(X)$에서 나머지가 $\neq 0$ 이면 에러 있음

만일에 전송된 데이터 프레임에 에러가 있을 경우 수신측에서는 송신측에 재전송을 요청하거나 에러 정정 방법을 이용하여 자체적으로 에러를 수정할 수 있다.

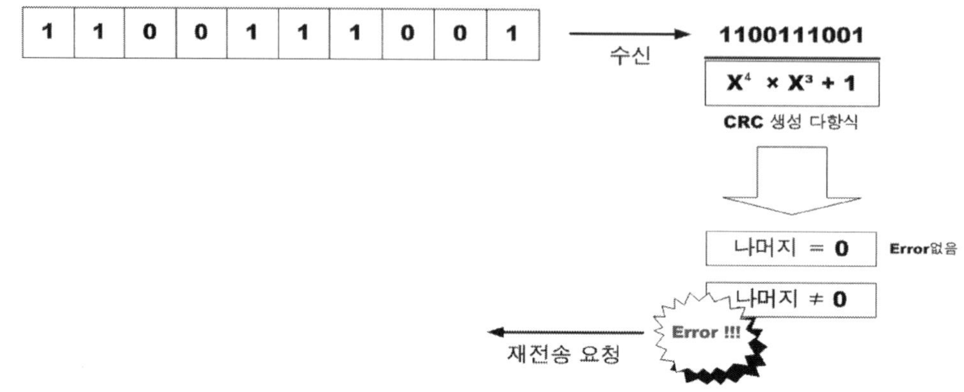

[그림 6-34] CRC 에러 검출 절차

라. 군 계수 검사(Group Count Check)검사

군 계수 검사란 에러 검출 방식 중 짝수 개의 비트 에러를 검출 할 수 없는 수평 패리티 검사 방식을 좀 더 강화시킨 방식으로 데이터 블록내의 1인 비트들을 수평방향으로 덧셈하여 그 결과를 그 데이터 블록의 가장 끝에 부가하여 송신하고 수신측에서는 송신측과 같은 방법으로 덧셈하여 그 결과를 비교함으로서 에러 발생여부를 판정하는 방식이다.

④ 에러 정정 방식

수신측이 에러 검출 방식을 이용하여 에러를 체크 한 후 에러가 발생할 경우 송신측에 재전송을 요청하거나 또는 에러 정정 부호를 이용하여 수신측 자체적으로 에러를 수정할 수 있다.

따라서 수신측에서의 에러 정정 방법은 재전송에 의해서 에러를 정정하는 BEC(Backward Error Correction)방식과 자체적으로 에러 검출 및 정정까지 수행하는 FEC(Forward Error Correction)방식이 있다.

이러한 방식 중 송신측으로 재전송 요청을 하여 에러를 정정하는 BEC의 대표적인 방식으로는 ARQ(Automatic Repeat Request)가 있으며 에러의 검출 및 정정까지 수행하는 FEC는 해밍코드와 BCH부호 등이 있다.

가. ARQ(검출 후 재전송 : Automatic Repeat Request)

재전송에 의해서 에러를 정정하는 BEC(후진 에러 수정)방식 중 가장 대표적인 방식으로 ARQ는 수신측이 수신한 데이터내의 에러 검출 방식을 이용하여 에러를 검사 한 후 에러가 발생하면 송신측에게 에러가 발생한 데이터를 다시 전송해 주도록 요청하는 방법이다.

이 방법은 수신측이 에러를 검사하여 에러가 발생하지 않으면 송신측에 ACK신호를 보내주고 에러가 발생하면 재전송을 요청하는 NAK신호를 보내주며, 송신측은 자신이 전송한 데이터에 대해서 ACK나 NAK신호를 꼭 받아야 한다. 또한 송신측은 이 신호를 통해서 자신이 전송한 데이터의 에러 유무를 판단할 수 있다.

이러한 ARQ는 데이터 전달 및 재전송 방식에 따라 Stop and Wait ARQ, Continuous ARQ, Adaptive ARQ등으로 분류되며, 이중 Continuous ARQ는 다시 Go-back-N ARQ와 Selective ARQ등으로 나누어진다.

ⓐ Stop and Wait ARQ(정지 대기 ARQ)

송신측은 한 데이터 블록을 수신측에 전송하고 수신측은 수신한 데이터 블록에서 에러 발생 유무를 검사하여 에러 발생 시에는 역 채널을 통하여 재전송을 요청하는 방식으로 송신측은 반드시 수신측으로부터 ACK나 NAK신호를 보내올 때 까지 기다려야 한다.

이 방식은 송신측이 전송한 데이터 블록에 대해 ACK를 받아야만 다음 데이터 블록을 전송할 수 있으며 NAK를 받거나 일정 시간동안 응답신호가 전혀 들어오지 않으면 다시 재전송을 수행한다. 따라서 데이터 블록을 전송할 때마다 수신측의 응답신호를 기다려야 하므로 데이터 전송 효율이 떨어지고 또한 수신측이 전송한 ACK신호나 NAK신호에도 손실이 생길 수 있으므로 송신측은 항상 ACK나 NAK신호가 돌아올 수 있는 최대 시간을 정해놓아야 한다.

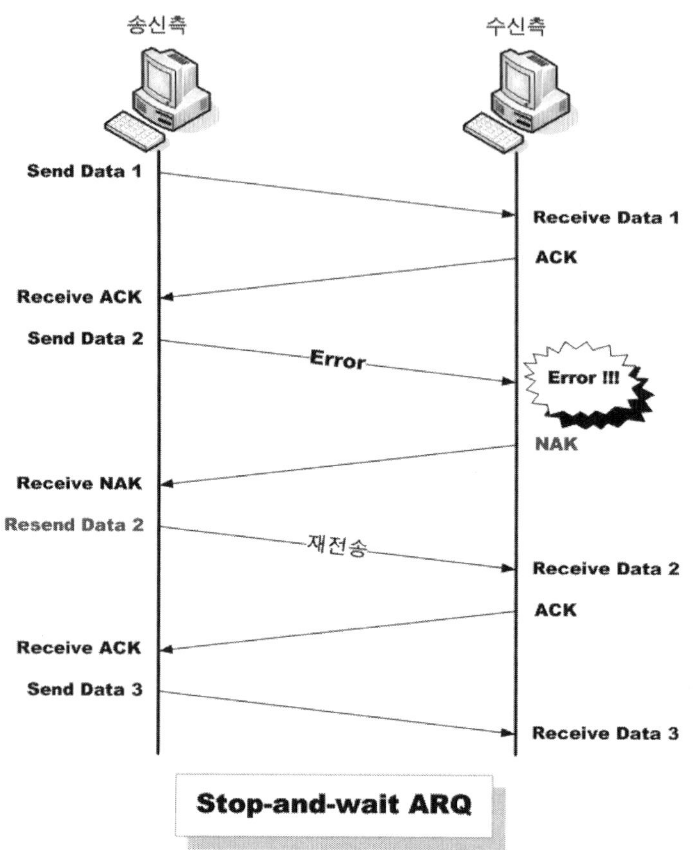

[그림 6-35] Stop-and-wait ARQ 방식

ⓑ Continuous ARQ(연속적 ARQ)

정지 대기 ARQ방식에서 송신측은 수신측의 응답시간을 기다려야 한다는 단점을 보완한 방식으로 송신측은 수신측의 응답시간을 기다리지 않고 연속해서 데이터 블록을 전송할 수 있다.

이 방식은 수신측이 ACK를 보내오면 계속해서 데이터 블록을 전송하고 NAK신호를 보내오면 해당 데이터 블록을 재전송 하며 데이터 블록 재전송 형태에 따라서 Go-back-N ARQ와 Selective ARQ로 나누어진다.

● Go-back-N ARQ

송신측은 수신측으로부터 응답신호가 들어올 때까지 기다리지 않고 계속해서 데이터 블록을 전송하다가 NAK신호를 수신하면 에러가 발생한 해당 데이터 블록부터 그 이후 모든 데이터 블록을 모두 다시 재전송하는 방식이다.

이 방식은 정지 대기 ARQ의 단점을 흐름제어 기법인 슬라이딩 윈도우 방식을 적용
시켜 전송 효율성을 높였으며 주로 HDLC등의 통신 프로토콜에 채택되어 사용되고
있다.

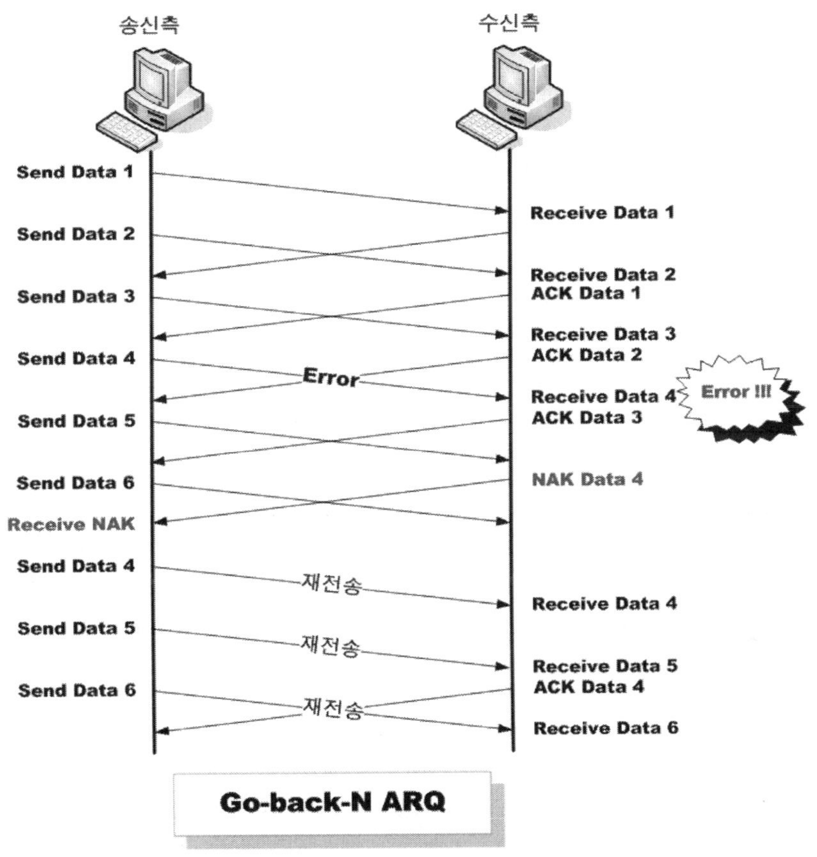

[그림 6-36] Go-back-N ARQ 방식

- Selective ARQ(선택적 ARQ)

  Go-back-N ARQ와 같이 연속적으로 데이터 블록의 전송이 가능하지만 수신측으로
  부터 NAK신호를 수신하면 해당 에러가 발생한 데이터 블록만을 전송하는 방식이다.
  이 방식은 Go-back-N ARQ가 에러가 발생한 데이터 블록 이후부터 모든 데이터
  블록을 재전송한다는 단점을 보완하였으며 다른 방식에 비해 가장 전송효율이 우수하
  지만 수신측은 에러가 발생할 경우 에러가 발생한 다음단의 데이터 블록을 버퍼에
  저장해야 하므로 버퍼 용량이 커야 하며 송신측으로부터 재전송 되어온 데이터의 위치

를 정확히 찾아서 삽입시켜야 하므로 시스템 구성이 복잡해지고 데이터 블록들마다
반드시 순서번호를 지정해야 한다는 단점을 가진다.
주로 HDLC 통신 프로토콜에서 사용되고 있다.

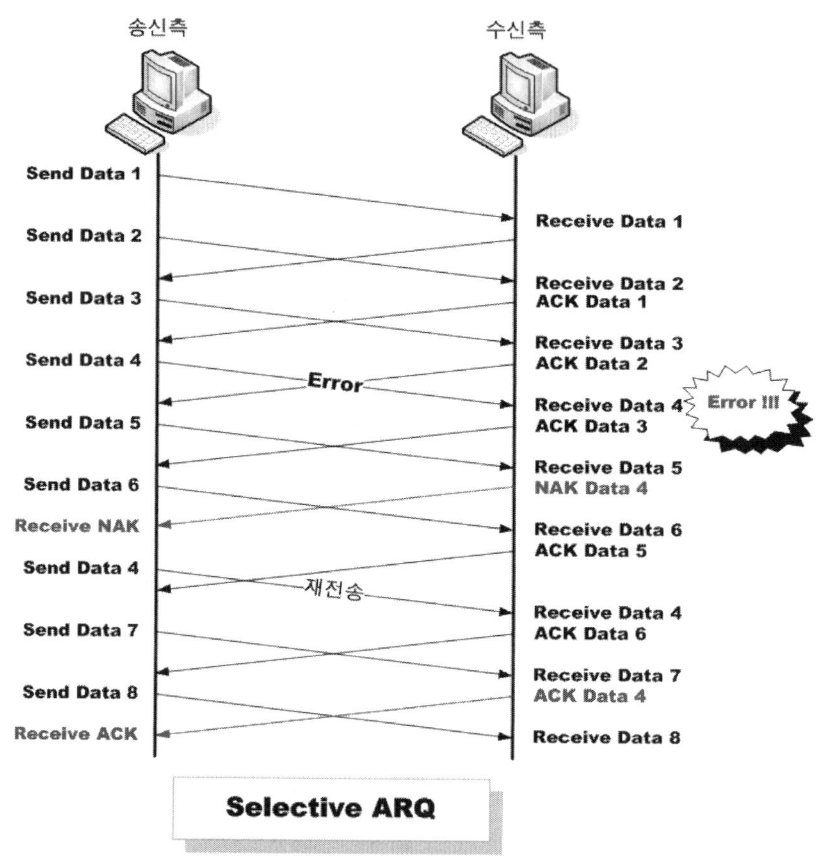

[그림 6-37] Selective ARQ 방식

ⓒ Adaptive ARQ(적응적 ARQ)

채널상의 전송용량을 최대한 활용하면서 전송효율을 높이기 위해 송신측에서 전송하고
자하는 데이터 블록의 길이를 전송 채널의 상태에 따라 동적으로 변경시켜서 전송하는
방식으로 에러 발생 확률이 높은 채널이나 NAK에 대한 응답 횟수가 높은 경우에는 데
이터 블록을 작게 하여 에러 발생 비율을 낮추고 에러 발생 확률이 낮은 채널이나
NAK에 대한 응답 횟수가 적은 경우에는 데이터 블록을 길게 하여 전송효율을 증가시
키는 방식이다.

이 방식은 다른 ARQ에 비해 전송효율은 상당히 높으나 시스템 구성이 복잡하고, 블록의 길이에 따라 채널상의 유휴시간이 있을 수 있다는 단점을 가지고 있다.

적응적 ARQ는 실제로 사용되는 형태가 거의 없으며 일반적인 통신 프로토콜에서는 적용하지 않는다.

나. FEC(Forward Error Correction)

송신측이 데이터를 전송할 때 에러를 검출 및 정정까지 할 수 있는 특별한 정보 비트를 추가하여 수신측에 전송하고 수신측에는 수신된 데이터 내의 에러 정보 비트를 이용하여 자체적으로 에러 검출은 물론 정정까지 할 수 있는 방식이다. 이 FEC는 크게 블록 부호(Block Code)방식과 컨벌루션 부호(Convolutional Code)방식으로 나누어진다.

블록 부호(Block Code)방식은 정보 데이터를 일정 크기의 블록으로 나누어서 부호화와 복호화를 하며 각각의 Block들 간에는 서로 연관성을 가지는 않는다. 대표적인 블록 코드방식으로는 해밍(Hamming)코드와 BCH코드, RS(Reed-Solomon)등이 있다. 이중에서 RS(Reed Solomon)방식이 블록 코드 방식 중에서 90%이상 사용되고 있으며 집단적 에러(Burst Error)를 정정하는 능력이 가장 우수하다. 실제로 현재 디지털 방송통신에 이용되고 부호방식이다.

컨벌루션(Convolutional)부호는 다른 말로 언 블록 코드(Unblock Code)라고도 부르며 출력되는 데이터 비트가 현재의 입력 비트뿐만 아니라 이전의 입력 비트에도 영향을 주고받는 부호로서 랜덤(Random)한 에러를 정정하는데 효과적이다.

ⓐ 해밍(Hamming)코드

해밍코드는 R.W Hamming에 의해서 개발된 코드로서 에러 검출 방식 중 비트수가 적고 가장 단순한 형태의 parity bit를 여러 개 이용하여 수신측에서 에러의 체크는 물론 에러가 발생한 비트를 수정까지 할 수 있는 에러 정정코드이다.

이 방식은 보통의 에러 검출방식들이 에러를 검출만 할 뿐 에러 정정은 불가능하다는 것을 개선하였으며 에러를 수정하기 위해 재전송을 요구하기에는 시간이 많이 걸리는 원거리 장소로 부터의 높은 데이터 전송 신뢰성을 제공한다.

● 해밍 코드의 패리티 비트(해밍 비트)생성 절차

해밍 코드는 전송 데이터의 에러를 검출 및 정정하기 위해 해밍비트가 사용되며 해밍 비트는 여러 개의 패리티 비트들로 구성되고 데이터 비트열에 따라 다음의 수식을 통해서 구해진다.

$$2^p \geq m + P + 1$$

여기서 m은 데이터 비트수 을 의미하며 P는 해밍 비트의 수를 나타낸다. 따라서 위의 수식을 이용하여 데이터 비트수와 해밍 비트수, 해밍 코드를 포함한 전체 데이터 비트수를 구할 수 있다.

예를 들어 송신측에서 전송할 데이터 비트가 8비트 일 경우 해밍 비트수와 전체 비트수를 구하면 다음과 같다.

$$2^p \geq m + P + 1 = 8 + P + 1$$

위의 수식을 통해서 해밍 비트 수(P)를 구하기 위해 P에 1부터 차례대로 대입시켜 위의 수식을 풀어보면 $P = 4$가 된다.

즉 $P = 3$일 경우에는 $2^3 \geq 8 + 3 + 1$ 되고 $8 \geq 12$ 되므로 위의 수식을 만족시키지 못하지만 $P = 4$가 될 경우에는 $2^4 \geq 8 + 4 + 1$ $\therefore 16 \geq 13$ 되므로 위의 수식을 만족시키게 되는 것이다.

$$2^p \geq m + P + 1 = 2^4 \geq 8 + 4 + 1$$

결국 데이터 비트수가 8일 경우에는 해밍 코드 비트는 4비트를 가지게 되고 해밍 코드를 포함한 전송 데이터 비트는 12비트가 된다.

- **해밍 코드의 부호화 절차**

위에서 구한 해밍 비트는 데이터 비트들 사이에 적절히 삽입되어 수신측으로 전송하게 되는데 이 때 해밍 비트가 삽입되는 위치는 데이터 비트들의 위치 값(10진수)에 따라 $2^0, 2^1, 2^2, \bullet \bullet \bullet$ 자리에 삽입되게 된다.

예를 들어 전송할 데이터 비트가 "10010100"일 경우 각각의 비트들의 위치를 10진수 값으로 표현하면 다음과 같이 된다.

비트 위치 값(10진수)	8	7	6	5	4	3	2	1
데이터 비트	1	0	0	1	0	1	0	0

여기서 해밍 비트 4개의 비트를 각각 $2^0, 2^1, 2^2, 2^3$ 자리에 삽입하게 되는데 해밍 비트가 삽입되는 정확한 위치는 $2^0 = 1$이므로 비트 위치 값 중에 1의 자리에 들어가

고 $2^1 = 2$의 자리에 $2^2 = 4$의 자리에 각각 들어가게 되는 것이다. 그리고 원래 그 자리에 있던 데이터 비트들은 해밍 비트들이 삽입되면서 모두 뒤로 한 비트씩 밀리게 된다.

결국 해밍 비트가 들어가는 위치는 1, 2, 4, 8의 자리에 들어가게 되므로

비트 위치 값(10진수)	12	11	10	9	8	7	6	5	4	3	2	1
데이터 비트	1	0	0	1	P	0	1	0	P	0	P	P

이제 각각의 데이터 비트열 속에 삽입된 해밍 비트는 에러를 검출 및 수정하기 위해 정해진 위치의 행들을 검색한 후 "1"인 비트의 수를 짝수 개로 만들기 위해 짝수 패리티 비트로 적용시키게 되며 해밍 비트가 검색하는 위치는 다음과 같다.

1의 자리에 있는 해밍 비트(C1)는 1행, 3행, 5행, 7행, 9행, 11행을 검색

2의 자리에 있는 해밍 비트(C2)는 2행, 3행, 6행, 7행, 10행 11행을 검색

4의 자리에 있는 해밍 비트(C4)는 4행, 5행, 6행, 7행, 12행을 검색

8의 자리에 있는 해밍 비트(C8)는 8행, 9행, 10행, 11행, 12행을 검색

이렇게 C1, C2, C4, C8의 해밍 비트가 검색하는 각 행에 들어있는 수를 비교하여 "1"인 비트의 개수를 짝수개로 만들어 준다.

우선 C1해밍 비트를 이용해서 패리티 비트를 구하면 C1은 1행, 3행, 5행, 7행, 9행, 11행을 검색한다고 했으므로 각 자리에 있는 비트들의 값을 검색해 보면 C1은 아직 값이 없고, 3행, 5행, 7행, 9행, 11행 자리의 값이 0,0,0,1,0이 되므로 "1"인 비트의 수를 짝수개로 만들기 위해 짝수 패리티를 적용시키면 C1은 "1"이 들어가게 된다.

12	11	10	9	C8	7	6	5	C4	3	C2	C1
1	0	0	1	P	0	1	0	P	0	P	1

다음으로 C2해밍 비트는 2행, 3행, 6행, 7행, 10행, 11행을 검색하므로 각 자리에 있는 비트들의 값을 검색해 보면 C2는 빈값, 3행, 6행, 7행, 10행, 11행 자리의 값은 0,1,0,0,0이 되고. "1"인 비트의 수를 짝수개로 만들기 위해 짝수 패리티를 적용시키면 C2는 "0"이 들어가게 된다.

12	11	10	9	C8	7	6	5	C4	3	C2	C1
1	0	0	1	P	0	1	0	P	0	1	1

나머지 C4와 C8을 위와 같은 방식으로 패리티 비트를 구하게 되면 해밍 코드는 다음과 같이 생성된다.

12	11	10	9	C8	7	6	5	C4	3	C2	C1
1	0	0	1	0	0	1	0	0	0	1	1

송신측은 위와 같이 만들어진 해밍 코드를 수신측으로 전송하게 하게 되고 수신측에서는 송신측과 마찬가지로 C1, C2, C4, C8의 해밍 비트가 검색하는 각 자리의 비트값을 비교하여 에러를 검출 및 수정하게 된다.

- ● **해밍 코드를 이용한 에러 정정 절차**

  위에서는 송신측에서 데이터를 전송할 때 수신측이 에러를 검출 및 정정할 수 있도록 해밍 비트를 적용시키는 방법에 대해서 알아보았다. 이번에는 수신측에서 수신된 데이터에 에러가 발생했을 경우 어떻게 정정하는지에 대해서 알아보도록 하자.

  일단 아래와 같은 데이터가 송신측에서 전송되었고 수신측에서는 7번 비트에서 에러가 난 잘못된 데이터를 수신하였다고 가정하자.

송신측이 전송한 데이터 비트

12	11	10	9	C8	7	6	5	C4	3	C2	C1
1	0	0	1	0	0	1	0	0	0	1	1

수신측이 수신한 데이터 비트

12	11	10	9	C8	7	6	5	C4	3	C2	C1
1	0	1	1	0	0	1	0	0	0	1	1

이제 수신측에서는 수신된 데이터 내에 삽입된 해밍 비트를 이용하여 각각의 정해진 자리의 비트들을 체크하여 에러를 검출하게 된다.

C1의 해밍 비트는 1행, 3행, 5행, 7행, 9행, 11행을 체크

C2의 해밍 비트는 2행, 3행, 6행, 7행, 10행 11행을 체크

C4의 해밍 비트는 4행, 5행, 6행, 7행, 12행을 체크

C8의 해밍 비트는 8행, 9행, 10행, 11행, 12행을 체크

우선 C1해밍 비트를 이용하여 1행, 3행, 5행, 7행, 9행, 11행을 체크하게 되면 C1비트는 1, 나머지 3행, 5행, 7행, 9행, 11행 비트는 각각 0,0,0,1,0이 되고 결국 1인 비트의 수가 짝수 개가 되어서 이상 없으므로 C1 = 0이 된다.

그리고 C2해밍 비트는 2행, 3행, 6행, 7행, 10행 11행을 체크하게 되고 따라서 C2는 1 나머지 3행, 6행, 7행, 10행 11행 비트는 각각 0,1,0,1,0이 된다. 그런데 여기서 1인 비트의 수가 짝수개가 아닌 홀수 개나 나오게 되므로 결국 에러가 발생했다는 의미가 되어 C2 = 1로 표시하게 된다.

이런 식으로 나머지 C4해밍 비트와 C8해밍 비트들을 모두 체크하게 되면

C4해밍 비트는 4,5,6,7,12행을 체크 1인 비트의 개수가 2개 입니다. 짝수가 되므로 정상 C4 = 0

C8해밍 비트는 8,9,10,11,12행을 체크 1인 비트의 개수가 3개 입니다. 홀수가 되므로 에러 발생 C8 = 1

이 된다.

이제 해밍 비트 C1, C2, C4, C8의 비트 값을 모두 표시해 보면

$C1 = 0\,(OK)$

$C2 = 1\,(Error)$

$C4 = 0\,(OK)$

$C8 = 1\,(Error)$

이 값을 C8부터 C1까지의 비트 값을 역순으로 읽어보면 1010이 된다.

1010은 결국 10진수로 10이 되므로 데이터 비트 중에서 10번째 비트에서 에러가 발생했음을 알 수 있고 따라서 10번째 비트를 1에서 0으로 고쳐서 표현하게 되면 정상적인 데이터가 됨을 알 수 있다.

이렇게 해밍 코드는 송신측이 데이터 내에 일정한 개수의 패리티 비트(해밍 비트)를 모아 삽입하여 전송하고 수신측에서는 수신한 데이터를 해밍 비트를 이용하여 에러 검출 및 정정까지 할 수 있는 것이다.

- 해밍 거리(Hamming Distance)

해밍 거리란 같은 비트 수를 가지는 2진 부호 사이에 대응되는 비트 값이 일치하지 않는 개수를 의미하는 것이다. 즉 한 데이터 비트 열을 다른 데이터 비트 열로 바꾸

기 위해 몇 비트를 바꿔주어야 하는가를 나타내는 것이다.

예를 들어 1011101비트 열과 1001001비트 열이 있을 경우 서로 다른 비트가 두 개이므로 해밍 거리는 2가 된다.

이러한 해밍 거리는 전송로를 통해 전송되는 데이터의 비트가 변경되어 에러가 발생한 경우 원래의 데이터 비트와 변경된 데이터 비트의 사이에서 일치하지 않는 비트의 개수를 3차원 공간에서의 두 점 사이의 거리 개념을 도입하여 해밍 코드를 이용한 에러 검출 및 정정 능력을 결정하는 요소로서 일반적으로 해밍 거리는 거리(Distance)의 약자 d로 표시하며 해밍 거리와 오류 검출 및 정정 능력간의 관계는 다음과 같은 수식으로 표현할 수 있다.

해밍거리(d)와 에러 검출 능력 관계

$$d \geq t + 1$$

해밍거리(d)와 에러 정정 능력 관계

$$d \geq 2a + 1$$

위의 수식에서 에러 검출 능력 관계에서의 t는 해밍 코드로 에러를 검출할 수 있는 개수를 나타내며 에러 정정 능력에서의 a는 에러 정정 개수를 의미하며 모두 정수 값을 가진다.

예를 들어 송수신측간 전달된 데이터 비트열의 3개의 비트에서 에러가 발생한 경우에는 해밍 거리 $d = 3$이 되고 수신측에서 검출할 수 있는 에러 비트의 수는 한 개 또는 두 개가 되지만 실제로 에러를 정정할 수 있는 비트는 한 개의 비트(단일 비트)만이 가능하다.

다시 말해서 $d = 3$인 경우 에러 검출 능력 t와 에러 정정 능력 a와의 관계는 다음과 같이 되므로

에러 검출 능력 : $3 \geq t + 1$ $\therefore t = 2$

에러 정정 능력 : $3 \geq 2a + 1$ $\therefore a = 1$

수신측에서는 최대 2개까지 오류를 검출할 수 있고 단일 비트에 한해서만 오류 정정이 가능하다.

또한 해밍 거리 $d = 5$인 경우에는 에러 검출과 에러 정정 능력은 다음과 같이 되므로

에러 검출 능력 : $5 \geq t + 1 \quad \therefore t = 4$

에러 정정 능력 : $5 \geq 2a + 1 \quad \therefore a = 2$

에러 검출은 4개의 비트까지 검출 가능하나 에러 정정은 2개의 비트에 한해서만 가능하다.

ⓑ BCH(Bose-Chaudhuri-Hocquenghen)코드

BCH부호는 1959년 Hocquenhem, 1960년 Bose와 Chaudhuri등 3명에 의해서 만들어진 에러 정정 부호로서 이 3명의 머리글을 따서 BCH부호라고 부른다.

이 방식은 랜덤한 비트 에러(Random Error)와 집단적 비트 에러(Burst Error)에 대해서 우수한 정정 능력을 가지며 정정 비트의 수 범위도 넓어 여러 분야에서 사용되고 있다.

(1) 프로토콜

① 프로토콜

어떤 시스템과 다른 시스템 사이에 신뢰성 있는 정보를 전송하기 위하여 미리 약속된 절차 및 규정(통신 규약)

② 프로토콜의 기능 역활
- 분리와 조합
- Framing(투명성)
- 요약화(Encapsulation)
- 에러 제어
- 흐름제어
- 접근제어
- 동기제어
- 순서바로잡기
- 주소 부여
- 다중화
- Routing(경로 배정)
- 우선순위 배정

③ OSI참조 모델
- **물리계층**(제 1계층) : 최하위 계층으로서 전송매체를 통해 비트열을 전송하기 위한 기계적, 전기적, 사항에 관한 규칙
- **데이터 링크 계층**(제 2계층) : 인접 시스템 간 데이터 전송 및 신뢰성 있는 데이터 전송을 위한 전송제어 수행
- **네트워크 계층**(제 3계층) : 교환, 중계, 교환설정(Routing)등을 수행 종단 시스템 간 데이터 전송을 보증하는 계층
- **전송 계층**(제 4계층) : 종단 시스템 간 데이터의 전달 확인 및 회선에서 발생하는 전송에러를 회복하는 계층

- **세션 계층**(제 5계층) : 응용 프로그램간의 연결을 설정, 유지, 종결하는 기능을 위해 대화를 담당하는 계층
- **표현 계층**(제 6계층) : 한 시스템의 응용 계층에서 보낸 정보를 다른 시스템의 응용 계층이 읽을 수 있도록 데이터의 형식이나 문법, 표현 형태 등을 표준화 하는 계층
- **응용 계층**(제 7계층) : 최상위 계층으로서 사용자가 다양한 프로그램을 이용할 수 있도록 도와주는 계층

(2) 전송제어 프로토콜

OSI 2계층에서 수행하는 기능

① 전송제어 기능
- 입출력 제어
- 회선 제어(흐름 제어)
- 동기 제어
- 착오 제어

② 전송제어 5단계
- 1단계 : 교환망에서의 회선의 접속
- 2단계 : 데이터 링크 확립
- 3단계 : 데이터의 전송
- 4단계 : 데이터 링크의 해제
- 5단계 : 교환망에서의 회선의 절단

③ 전송제어 프로토콜의 분류
- ■ 문자 동기 방식(BSC제어 절차)
  문자로 된 프로토콜로 제어하는 방식

- 10가지 제어 문자

부호	명칭	의미
SYN	Synchronous Idle	문자에 동기를 부여하기나 문자 동기를 유지시키기 위해 사용
SOH	Start Of Heading	헤더 정보의 시작을 나타냄
STX	Start Of Text	헤더 정보의 종료 및 정보 메시지인 텍스트의 시작을 나타냄
ETX	End Of Text	텍스트의 종료를 나타냄
ETB	End of Transmission Block	전송 블록의 종료를 나타냄
EOT	End Of Transmission	정보 전송의 종료 및 데이터 링크의 초기화
ENQ	Enquire	송·수신 간 데이터 링크 확립 및 상대국에 어떤 응답을 요구하기 위해 사용
DLE	Data Link Escape	둘 이상의 문자들의 의미를 변경하거나 전송 제어 기능을 추가할 때 사용
ACK	Acknowledge	수신한 정보 메시지에 대한 긍정적 응답
NAK	Negative Acknowledge	수신한 정보 메시지에 대한 부정적 응답

- 프레임의 구조

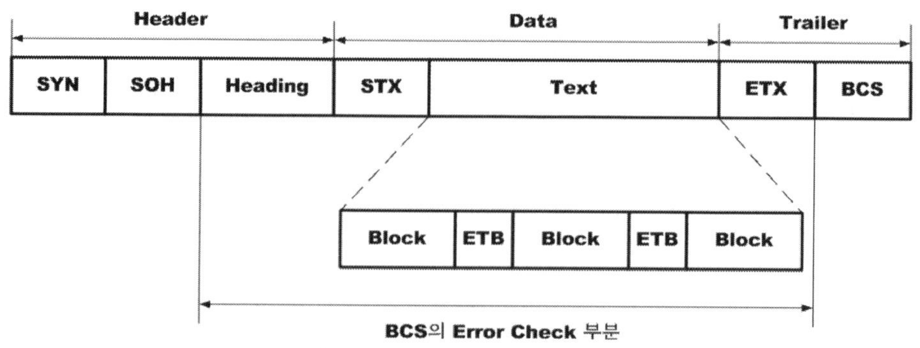

■ 비트 동기 방식(HDLC 제어 절차)

ISO에서 제안한 고급 데이터 링크 제어 프로토콜

비트 중심의 정보 전송을 위한 통신 규약의 한 종류로서 컴퓨터 간 통신에 적합하다.

● 프레임의 구조

8 bit	8 bit	8 bit	임의의 bit	16 bit	8 bit
Flag	**Address**	**Control**	**Information**	**FCS**	**Flag**
01111110					01111110
Header			Data		Trailer

Flag : 프레임의 시작과 끝을 알려준다.
8비트를 사용하며 일정한 비트열을 가진다.(01111110)
Address : 주소부 8비트
Control : 제어부 8비트
Information : 정보부 임의의 비트
FCS : 에러 검사 부 16비트

■ BSC 프로토콜과 HDLC프로토콜의 비교

구분	BSC 프로토콜	HDLC 프로토콜
① 제어 방식	문자 제어 방식의 프로토콜	비트 제어 방식의 프로토콜
② 전송방향	반 이중 방식만 지원	단방향, 반이중, 전이중 통신 방식을 모두 지원
③ 데이터 링크 형식	점대점, 다중점만 지원(루프형태는 불가)	점대점, 다중점, 루프방식 모두 가능
④ 에러 제어 방식	Stop-and-Wait ARQ 방식	Go-back-N ARQ Selective ARQ
⑤ 신뢰성	신뢰성이 낮다.	신뢰성이 우수하다.
⑥ 효율성	비효율적	효율적

(3) 착오제어

① 착오제어 평가방법

$$\text{비트 에러율} = \frac{\text{에러가 발생한 비트수}}{\text{전송된 총 비트수}}$$

$$\text{블록 에러율} = \frac{\text{에러가 발생한 블록수}}{\text{전송된 총 블록수}}$$

$$\text{문자 에러율} = \frac{\text{에러가 발생한 문자수}}{\text{전송된 총 문자수}}$$

② 착오제어의 분류

■ 에러 검출 부호
- 수직 패리티 검사 방식
- 수평 패리티 검사 방식
- 정 마크, 정 스페이스 방식
- CRC 방식
- 그룹 계수 검사 방식

■ 에러 정정 부호
- 해밍 부호
- CRC 부호
- BCH 부호

■ 반송 방식
송신측에서 보낸 데이터를 수신측에서 처리하지 않고 송신측으로 다시 되돌리는 방식

송신측으로 되돌아온 데이터를 비교하여 에러 발생 유무를 체크한다.

■ 연송 방식
두 개의 회선을 이용해서 똑같은 데이터를 두 개 동시에 전송하는 방식

수신측에서 두 개의 데이터를 비교 에러가 없으며 다음 데이터를 수신하고 있으면 재전송을 요청한다.

③ ARQ(검출 후 재전송)
에러 검출 부호를 사용하여 에러 검사 후 에러 발생 시 송신측에게 에러가 발생한 데이터 블록

을 다시 전송해 주도록 요청하는 방법

■ **정지대기(Stop-and-wait ARQ)**
송신측은 한 블록을 전송한 다음 수신측에서 에러 발생을 검출하고 에러 발생 시 역 채널을
통해 ACK나 NAK신호를 보내올 때 까지 기다리는 방식

■ **연속적(Continuous)**
한 블록씩이 아니라 연속적으로 데이터 블록을 보내는 방식

- Go-back-N ARQ : 송신측은 에러가 발생한 데이터 프레임부터 다시 재전송
- 선택적(Selective) ARQ : 에러가 발생한 데이터 프레임만 재전송

■ **적응적(Adaptive) ARQ**
전송 효율을 높이기 위해 블록의 길이를 채널의 상태에 따라 동적으로 변경시켜 전송하는
방식

④ FEC(전진 에러 수정)
송신측에서 에러를 검출 및 정정할 수 있는 비트를 함께 전송하며 수신측에서는 이 비트를 사
용하여 에러를 검출 및 수정까지 행하는 방식

■ **종류**
해밍 코드 : 대표적인 단일 에러 정정 코드

CRC 코드 : 집단적 에러를 검출 가능한 코드

BCH 부호

부록 정보통신 실전문제

정보통신 산업기사 필답형 핵심 50문제

★ 1. 다음 물음에 답하시오.

1) 프로토콜의 구조를 7계층으로 구분하고, 그 계층 명을 순서대로 쓰시오.

답) 물리계층, 데이터 링크 계층, 네트워크 계층, 트랜스 포트 계층, 세션 계층, 표현 계층, 응용계층

- 물리계층(제 1계층) : 최하위 계층으로서 전송매체를 통해 비트열을 전송하기 위한 기계적, 전기적, 사항에 관한 규칙
- 데이터 링크 계층(제 2계층) : 인접 시스템 간 데이터 전송 및 신뢰성 있는 데이터 전송을 위한 전송제어 수행
- 네트워크 계층(제 3계층) : 교환, 중계, 교환설정(Routing)등을 수행 종단 시스템 간 데이터 전송을 보증하는 계층
- 전송 계층(제 4계층) : 종단 시스템 간 데이터의 전달 확인 및 회선에서 발생하는 전송에러를 회복하는 계층
- 세션 계층(제 5계층) : 응용 프로그램간의 연결을 설정, 유지, 종결하는 기능을 위해 대화를 담당하는 계층
- 표현 계층(제 6계층) : 한 시스템의 응용 계층에서 보낸 정보를 다른 시스템의 응용 계층이 읽을 수 있도록 데이터의 형식이나 문법, 표현 형태 등을 표준화 하는 계층
- 응용 계층(제 7계층) : 최상위 계층으로서 사용자가 다양한 프로그램을 이용할 수 있도록 도와주는 계층

2) 통신망의 주된 기능은 어느 계층까지 인가? 그 계층 명을 순서대로 쓰시오.

답) 물리계층, 데이터 링크 계층, 네트워크 계층

3) 공중 패킷 교환망 프로토콜로써 ITU에서 패킷 형 단말과 망과의 인터페이스에 관한 권고안으로 표준화 한 것은?

답) X.25

★ 2. 다음 물음에 답하시오.

1) 축적 후 전송은? 답) 메시지 교환 방식

2) 보관 후 전송방식은? 답) 패킷교환 방식

3) 현재 사용하는 전화망은? 답) PSTN망

4) 기존 전화망은? 답) 공중전화 통신망

5) 북미방식과 유럽방식의 차이점?

		PCM-24ch / TDM(북미방식) T1반송 system (DS1)		PCM-32ch / TDM(유럽방식) E1반송 system (DE1)	
표본화 주파수		8KHz(음성의 경우)		8KHz(음성의 경우)	
표본화 주기		$125\mu s$		$125\mu s$	
1Frame Channel 수	음성 채널 수	24 채널	24 채널	32 채널	30 채널
	신호용 채널		각 채널의 마지막 1bit		16번째 채널
	동기용 채널		frame의 마지막 1bit		1번째 채널
1Frame당 bit 수		24ch(채널 수) × 8bit(1채널 당 bit 수)+1bit(동기용 bit) = 193bit		32ch(채널 수) × 8bit(1채널 당 bit 수) = 256bit	
Time Slot (1frame에서 1bit가 차지하는 시간)		$125\mu s \div 193bit = 0.648\mu s$		$125\mu s \div 256bit = 0.488\mu s$	
정보전송량[bps] (1ch의 전송속도)		한 채널의 비트 수(8bit) × 표본화 주파수(8KHz) = 64Kbps		8bit × 8KHz = 64Kbps	
Pulse 전송속도 (1Frame의 전송속도)		1 frame의 총 비트 수(193bit) × 표본화 주파수(8KHz) = 1.544Mbps		256bit × 8KHz = 2.048Mbps	
압신특성		μ-Law μ = 255, 15절선식		A-Law A = 87.6, 13절선식	

3. 어느 연구소에서 인터넷 망에 연결하기 위하여 다음 그림과 같이 망을 구성하였다. 각 장치 명을 쓰시오.

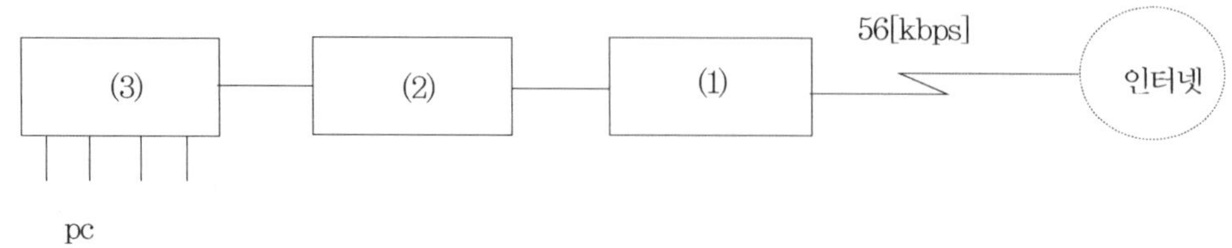

(1) 56[kbps]에 맞도록 신호 변환하는 장치는?

　답) 디지털 서비스 유닛(DSU)

(2) 망 연동 장치 3가지는?

　답) ①게이트 웨이 ②라우터 ③브릿지

(3) 성형구조의 능동 요소이며, 중계기 역할을 하는 장치는?

　답) 허브(HUB)

4. 다음 영어 약어의 원문을 쓰시오.

1) ISO (International Standard Organization) : 국제표준화 기구

2) OSI (Open System Interconnection) : 개방형 시스템 상호 접속

3) PAD(Packet Assembler and Disassembler) : 패킷 분해 및 조립기

4) MHS(Massage Handling Service) : 메시지 교환 시스템

5) ARQ(Automatic Repeat reQuest) : 자동 재전송 요구

★ 5. 이동 통신 시스템에서 제안된 주파수 자원을 효율적으로 사용하기 위한 다원접속(multiple access) 방법 3가지를 들고 특징을 설명하시오.

㉮ FDMA : 시간을 공유하면서 주파수 스펙트럼을 여러 개의 구간으로 나누어서 사용자가 각기 주어진 주파수 대역을 다른 사용자와 겹치지 않게 사용하는 다원 접속 방식으로, 특징은 다음과 같다.

- 등화기(equalizer)가 필요 없고, 망의 동기가 필요하지 않다.
- 변조기 제작이 비교적 쉽다.
- 양방향 전송이 가능한 장치(듀플렉서)를 설치해야 한다.
- 인접 채널 간 간섭이 있다.
- 상호 변조 왜곡이 존재한다.
- 보호 대역(guard band)에 의한 대역폭 낭비가 있다.

㉯ TDMA : 하나의 반송파를 여러 사용자가 공유하면서, 시간 축을 여러 개의 시간 구간으로 나누어서 여러 사용자가 자기에게 할당된 시간 구간을 다른 사용자의 시간 구간과 겹치지 않게 하여 다중 통신을 하는 방식으로, 특징은 다음과 같다.

- 듀플렉서를 사용하지 않아도 되며, 디지털 이동 통신에도 잘 부합되는 방식이다.
- 채널 간 간섭이 적다.
- 상호 변조가 거의 일어나지 않는다.
- 등화기를 가져야 하며, 망 동기도 필요하다는 단점이 있다.
- 프레임 길이가 긴 경우 버퍼를 가지고 있어야 한다.

㉰ CDMA : 대역 확산 스펙트럼(spread spectrum)이 이루어지는 광대역 시스템을 채용한 다원 접속 방식이다. 즉 CDMA 방식은 여러 사용자가 시간과 주파수를 공유하면서 정해진 시간 대역 내에서 각 시간 대역마다 주파수 대역을 달리 하면서 신호를 전송하는 방식이다. 따라서 CDMA 방식은 TDMA와 FDMA를 혼합한 방식이라고도 말할 수 있다.

- 다중 경로로 인한 페이딩에 강한 특성을 가지고 있으며, 협 대역 잡음 신호는 수신 할 때에 시스템에 큰 영향을 주지 못한다.
- 아날로그 이동 통신 시스템에 비하여 채널의 용량은 10~20배로 크게 증가시킬 수 있다.
- 주파수 재 사용률도 매우 좋다.
- 주파수 재사용에서도 간섭 영향에 잘 견딘다.
- 통신 내용에 대한 비밀이 보장된다.
- 사용자 수가 많을수록 잡음 레벨이 증가되고, 음질이 나빠지는 경향이 있다.
- 기술적으로 다른 방식보다 매우 복잡하고 하드웨어의 실현이 매우 어렵다.

★ 6. 8위상 변조 시 2400[baud]일 때, 비트 속도는?

답) 한 번의 변조로 3bit 씩 전송 되므로, $2400 \times 3 = 7200$ [bps]

7. 전화의 기본적인 신호 흐름체계를 쓰시오.

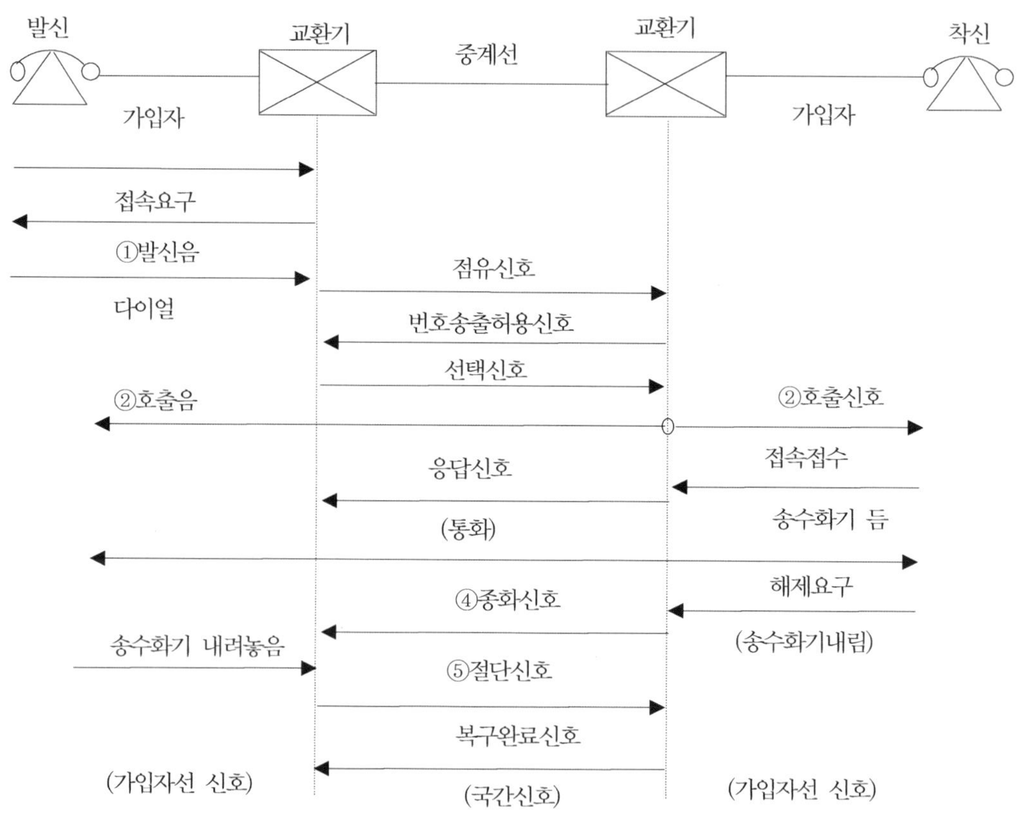

1) ①항에 맞는 신호는?

2) ②항에 맞는 신호는?

3) ②항 신호의 차이점을 쓰시오.

　　답) 호출음은 송수화기를 통해서 상대방에 신호가 가고 있음을 알려주고, 호출신호는 교환기로부터
　　온 신호로 전화기의 벨을 울려준다.

4) ④항에 맞는 신호는?

5) ⑤항에 맞는 신호는?

★ 8. Digital 광전송계와 Analog 광전송계에 관한 다음 물음에 답하시오.

1) 단국 중계 장치에서 사용되는 발광소자로서 많이 사용되는 것은?

  답) ILD(Injection Laser Diode : 주입형 레이저 다이오드)

2) 현재 1.3~1.7[μm] 대역의 장파장 광통신을 사용하려는 가장 큰 요인은?

  답) 분산이 거의 0에 가깝기 때문

3) 광전송은 본질적으로 디지털 전송에 적합하다. 그러나 비교적 짧은 거리인 경우에는 아날로그 전송 방식을 채택하기도 한다. 디지털 광전송 방식에 비해 아날로그 광전송 방식의 가장 큰 장점을 무엇이라고 보는가?

  답) 회로를 단순화 할 수 있다. (Encoder 와 Decoder 가 불필요)

4) 디지털 광전송방식에서 현재 가장 많이 사용되는 변조방식은?

  답) IM : 직접 강도 변조 방식

★ 9. 단방향, 반이중, 전이중 전송방식을 설명하고, 예를 드시오.

  답) ① 단방향 : 방송과 같은 형태로 한쪽 방향으로만 송신이 가능한 형태.
        예)라디오 방송, TV 방송
    ② 반이중 : 양방향 모두 전송이 가능하나 송신을 할 때는 수신이 불가능하고, 수신시에는 송신이 안 되는 방식. 동시에 송ㆍ수신이 불가능한 방식.
        예) 무전기
    ③ 전이중 : 양방향 송ㆍ수신이 동시에 가능한 방식
        예) 일반 전화기

★ 10. PCM 24CH 방식에 대하여 다음을 구하시오.

1) 1 frame 의 bit수 : 24ch × 8 bit ×1bit 동기용 frame bit = 193bit

2) time slot 이 차지하는 시간 : 125μs/193bit = 0.648μs

3) 펄스 전송속도 : 1frame 의 총 bit 수 × 표본화 주파수
$$= 193\text{bit} \times 8\text{KHz} = 1.544\text{Mbps}$$

4) 정보전송량 : 한 ch당의 총 bit 전송량
$$= 8\text{bit} \times 8\text{KHz} = 64\text{Kbps}$$

11. VAN의 정의 및 이용형태 3가지.

답) ① 정의 : 회선을 직접 보유하거나 통신사업자의 회선을 임차 또는 이용하여 단순한 전송기능
이상의 정보의 축적이나 가공, 변환 처리 등의 부가가치를 부여한 음성 또는 데이터 정보를
제공해주는 매우 광범위하고 복합적인 서비스 집합.
② 이용형태 : pc 통신, 신용카드 조회, E-MAIL, EDI

★ 12. OSI 7 layer 중 1,2,3계층 기능 3가지씩을 쓰시오.

답) 1) 1계층 : 물리계층.
: 데이터의 전송, 제어신호의 제공, clock 제공, 전기적 접지의 제공, 기계적인 접지의 제공
2) 2계층 : 데이터 링크 계층
: 정보의 프레임 화, 프레임의 순서제어, 프레임 전송확인과 흐름제어, 오류 검출 및 복구
3) 3계층 : 네트워크 계층
: 경로선택 및 중계기능
네트워크 접속의 설정, 유지, 해제, 기능
하위계층이 복구할 수 없는 오류를 검출하여, 상위계층에 알리기도 하고, 자체적인 복구
데이터 흐름제어 및 순서 제어

★ 13. ITU-T 권고안 X 시리즈 규정 내용이다. 권고안 번호를 쓰시오.

1) 공중 데이터망에서 비동기 전송을 위한 DTE/DCE 인터페이스 규격

   답) X.20

2) 공중 데이터망에서 동기 전송을 위한 DTE/DCE 인터페이스 규격

   답) X.21

3) 공중 데이터망에서 패킷형 단말을 위한 DTE/DCE 인터페이스 규격

   답) X.25

14. 그림과 같은 계통도로 구성된 통신 회선에서 C점의 신호레벨은 얼마인가?

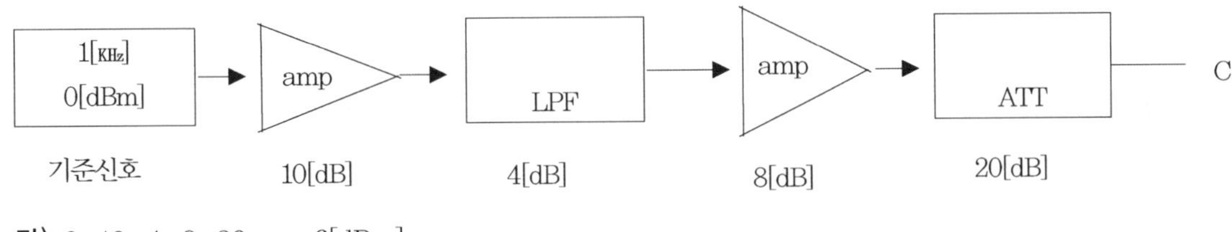

답) $0+10-4+8-20 = -6[dBm]$

15. 다음 ITU-T 권고안의 주파수 분할 다중화 계위 구성표이다. 빈칸에 맞도록 채우시오.

계위	채널(CH)수	주파수 대역	구 성	pilot 주파수
1	12	① 60-108	음성채널 12개	② 84.08KHz
2	③ 60	312-552KHz	④ G×5	411.92KHz
3	⑤ 300	812-2,044KHz	⑥ SG×5	1,552KHz
4	900CH	⑦ 8,516-12,388KHz	MG×3	⑧ 11,096KHz
5	⑨ 3600CH	42,612-59.684KHz	⑩ SMG×4	40,920KHz

16. INTERNET의 URL이란 무엇인가?

답) 인터넷 웹사이트, 웹 페이지 또는 웹페이지에 포함된 그림과 같은 정보의 위치를 표시하기 위해
사용하는 주소

표기 형식 : 프로토콜://인터넷 주소/디렉토리 이름/파일이름

(HTTP://mail.daum.net/hanmail/index.daum?dummy=-64225890)

★ 17. Data Network의 접속장치에는 Bridge, Router, Gateway가 있다. 이들 사용처 별로 연결기능이 다른 점을 들어 보시오.

답) 1) 브리지

① 같은 종류의 패킷형 LAN을 연결하는 장치이다.

② 즉 거리가 이격되어 있는 네트웨크의 물리 계층 및 데이터 링크 계층 간을 연결하는
장치이다.

③ 중계기 보다 높은 인텔리젼트 기능과 데이터 링크 계층의 기능을 가진다.

2) 라우터

① 유사한 구조의 네트워크(상위계층은 같고 하위계층은 다른 네트워크)를 연결하는 장치
이다.

② 즉 동일한 트랜스포트 프로토콜을 가진 다른 구조의 네트워크 계층을 연결하는 장치이다.

③ 기능 : addressing 과 routing

④ 루팅 테이블에 의하여 타 네트워크를 인식하여 최적의 경로를 설정하고 패킷을 진행시
킨다.

⑤ 수신된 패킷에 의하여 타 네트워크 또는 자신의 네트워크 내의 노드를 결정한다.

3) 게이트웨이

① 상이한 구조(전 계층의 프로토콜이 다른 구조)의 네트워크를 연결시키는 장치이다.

② 즉 전 계층의 프로토콜 변환기이다.

③ 게이트웨이의 프로토콜 변환은 높은 계층의 프로토콜부터 수행된다.

18. 통신 시스템에서 표본화를 하는 이유를 설명하시오.

답) 연속적인 아날로그 신호를 이산적인 Digital 신호로 바꾸기 위하여 샤논의 표본화 정의에 근거하
여 최고 주파수의 2배 이상의 속도로 PAM 펄스 화 하는 것이다.

★ 19. 이더넷 매체 접근 방식인 CSMA/CD에 대하여 전송방식을 간단히 설명하라.

답) ① CSMA : 충돌을 감시하기 위해서 패킷의 송출을 개시하기 직전에 채널이 사용중인지 아닌지를 신호 검출에 의해 조사하여 사용 중이라면 적어도 그 신호가 없어 질 때까지 송신의 개시를 연기하는 방법

② CD : collision detector(충돌 검출)

CSMA에서 채널의 낭비를 없애기 위해서 도입

송신하고 있는 콘트롤러는 동시에 수신도 할 수 없었으므로, 송신 매용과 수신내용을 각각 비교함으로써 충돌의 발생을 빨리 검출할 수 있다.

★ 20. 통신 프로토콜의 세가지 기본요소는?

답) ① 구문(Syntax): Data의 사양, 부호화 방법, 전기신호의 전압 레벨 등에 대한 규정을 의미한다.

② 의미(Semantics): 흐름제어, 오류제어, 동기제어 등의 각종 제어 절차에 대한 제어 정보 등에 대한 규정을 의미한다.

③ 순서(Timing): 양단의 통신 시스템과 교환 Network간 또는 송수신간의 통신 속도 및 Sequence등에 대한 규정을 의미한다.

★ 21. 근거리 정보통신망의 네트워크 형태에 따라 크게 3가지로 분류한다. 3가지의 망구조를 그리고 각각의 특징을 적으시오

종류(형태)	성형	버스형	링형
Topology			
구성	중아제어 장치로부터 모든 기기는 point-to-point 방식으로 연결	1개의 통신회선에 여러 대의 단말을 접속	직접 또는 중계기를 통해 컴퓨터와 단말들을 이웃하는 것들끼리만 연결

접속방식	시분할 다중교환방식	CSMA/CD 방식 토큰 패싱 방식	토큰 패싱 방식
특징	설치용이. 소규모 시스템 구축 적당 중앙제어장치 고장 시 통신기능 정지.	소규모 저가격의 시스템에 적당. 노드의 추가, 제어 등이 쉽다. 충돌이 일어 날수 있다.	전송로의 총연장은 짧게 구성. 통신거리, 통신 속도에 제한이 없다. 스테이션의 제어기 및 인터페이스 장치 고장 시 통신기능이 정지.

22. 2개의 정보비트 A, B가 있다. 여기에 우수 패리티 p를 추가하려고 한다. 물음에 답하시오

가. 다음 진리표에 우수 패리티가 되도록 p를 결정하라.

A	B	P
0	0	①
0	1	②
1	0	③
1	1	④

답) ① 0 ② 1 ③ 1 ④ 0

나. 우수 패리티 p의 논리식을 쓰시오.

B \ A	0	1
0	0	1
1	1	0

답)

$$P = \overline{A}B + A\overline{B} = A \oplus B$$

★ 23. 데이터 통신에 사용되는 통신규약(communication protocol)에 대하여 다음 물음에 답하시오.

가. 국제 표준화 기구에서 컴퓨터 간의 데이터 통신을 위하여 7 Layer protocol을 제정하였다. 실제 통신 시스템과 관련이 깊은 1–3계층의 명칭을 쓰시오.

답) 물리계층, 데이터 링크계층, 네트워크 계층

나. 위 문항에서 전송에러를 검출하는 기능을 갖고 있는 계층은 어느 계층인가?

답) 데이터 링크계층

다. HDLC 의 프레임 구성에서 frame의 시작과 끝을 알리기 위하여 사용되는 flag bit를 2진수로 쓰시오.

답) 01111110

24. 중계회로에서 송단 전압45V 수단전압 0.45V, 송단 감쇠량 17[dB], 수단 감쇠량 13[dB] 일 때 중계기 감쇠 량은? 단, 각 단의 임피던스는 모두 600[Ω]으로 동일하다.

답) 총감쇠량 $= 20\log_{10}\dfrac{0.45}{45} = -40dB$

$-17-X-13 = -40$　　$\therefore$ 중계기 감쇠량 $= 10dB$

25. LAN에서 이용되는 데이터 전송 방식은 baseband 방식과 broadband 방식으로 구분 된다. 이 두 방식의 다른 점 5가지만 열거 하시오.

답)

차이점　＼　전송방식	Baseband(기저대역전송)	Broadband(반송대역전송)
전송채널수	하나	20-30개
Tranceiver	CIU를 사용	RF 모뎀 사용
전송신호형태	디지털 신호형태	아날로그 신호형태
접속방식	CSMA/CD 또는 Token-passing	Point-to-Point
네트워크 구성 규모	소규모	대규모

26. 다음 다중화 통신 방식에 관한 물음에 답하시오.

가. 다중 통신 방식을 두 가지 방식으로 대별하면 어떻게 분류 할 수 있는가?

답) FDM, TDM

나. 다음 변조 방식들을 가)항의 방식으로 분류하시오.
변조방식 : ① PCM ② PWM ③ PM ④ PTM ⑤ PAM ⑥ AM ⑦ FM ⑧ PPM

답) ① TDM ② TDM ③ FDM ④ TDM ⑤ FDM ⑥ FDM ⑦ FDM ⑧ TDM

27. 프로토콜의 필요성을 간단히 설명하고 구성 요소(3가지)를 들어보시오.

답) ① 프로토콜의 필요성: 통신을 원하는 두 통신 실체(entity) 사이의 서로 다른 기능의 차이를 극복하기 위해서는 소프트웨어뿐만 아니라 하드웨어까지도 표준화된 규격이 필요하다. 따라서 두 시스템간의 서로 다른 기능을 연결하기 위한 체계적이고 표준화된 통신약정이 필요하다.
② 프로토콜의 구성 요소
  ㉠ 구문(syntax)
  ㉡ 의미(semantic)
  ㉢ 타이밍(timing)

28. INTERNET에서 Telnet은 어떠한 서비스를 제공하는가?

답) Telnet은 원격지에 위치한 호스트에 네트워크를 통하여 로그인(login)하여 마치 원격지호스트에 직접 연결된 터미널처럼 사용되는 것으로 Telnet은 네트워크 터미널 에뮬레이션(Network Terminal Eomulation) 기능을 수행한다.

29. 다음 표는 LAN을 구성하는 유형의 Network 구축 방식에 대한 장단점을 비교한 것이다. 다음 보기에서 빈칸에 적합한 번호를 선택하여 채우시오.

구 분	장 점	단 점
버스형(BUS)	설치비용 이 적다. (가)	(라)
별형(STAR)	고장 발견이 용이함 (나)	(마)
고리(RING)	거리 제약이 적다 (다)	(바)

〈보기〉 ① 고장 발견이 어렵다.
　　　　② 네트워크가 변경 추가가 어렵다. 또는 한 노드 고장 시 복구가 어렵다.
　　　　③ 중앙 노드 고장 시 전체운영이 마비됨 또는 설치비용이 고가
　　　　④ 한기기의 고장파급이 없음 또는 설치 및 확장이 용이함
　　　　⑤ 각 노드에서 신호재생이 가능 또는 잡음에 강함 또는 광섬유에 적합
　　　　⑥ 수리가 용이함 또는 한기기 의 고장 파급이 없음

답) (가) ⇒ ④　　(나) ⇒ ⑥　　(다) ⇒ ⑤　　(라) ⇒ ①　　(마) ⇒ ③　　(바) ⇒ ②

30. 통신 시스템에서 부호화를 설명하시오.

답) 아날로그 신호를 연속적인 PAM(표본화) 신호로 변환하여 양자화한 후 이를 디지털 부호(2진 부호)로 변환하여 전송하는 방식

31. 10BaseT 방식에서 ① 10의 의미 ② Base의 의미 ③ 이 방식에서 반드시 필요한 장치와 이 장치의 기능을 설명하시오.

답) ① 10Mbps의 전송 속도
　　② Basband 전송 방식
　　③ 반드시 필요한 장비 : 와이어링 허브(wiring hub)
　　　⇒ 와이어링 허브 : 와이어링 허브를 트위스트 페어와 조합하면 이더넷과 같이 10Mbps의 전송 속도를 확보 할 수 있어 훨씬 경량으로 변경이 용이한 네트워크 구성이 가능하다. 즉 와이어링 허브는 낮은 속도의 단말들이 10Mbps의 고속 회선을 동시에 사용할 수 있도록 중계 기능 등을 제공한다.

★ 32. 전송 선로로 이용하는 동축 케이블(coaxial cable)과 광 케이블(optical cable), 무선 방식인 M/W(Microwave)와 비교하여 작성 하고자 한다. 답안에 표기된 각 항목을 방식별로 간단히 비교하시오.

답)

항목＼방식별	동축케이블 (coaxial cable)	광 케이블 (optical cable)	M/W(Microwave)
무중계 전송거리 및 전송 손실	거리 : 3.8km 전송손실 : 적다	거리 : 15~30km 전송손실 : 매우 적다	거리 : 40~50km 전송손실 : 전파 손실이 적다
유도 장애 현상	적다	전혀 없다	크다
환경(대기 영향)	거의 받지 않는다	거의 받지 않는다	영향이 크다
보안 유지 (도청 방지)	양호함	극히 양호	낮음

33. LAN에서 전송 방식을 (전송 매체의 이용 주파수 대역에 따라) 2가지로 분류하면 어떤 방식이 있는가.

답) 베이스밴드(Baseband) 방식과 브로드밴드(Broadband) 방식

★ 34. 데이터 교환 방식을 회선 교환(circuit switching) 방식, 가상 회선 방식(virturl circuit switching) 방식 및 패킷 교환(packet switching) 방식으로 구분할 때 다음 빈칸을 채우시오.

항목＼방식별	호 설정	전용 전송로	데이터 전송 검토
회선 교환	(1)	있음	(2)
가상 회선 방식	필요(있음)	(3)	일정함(고정)
패킷 교환	(4)	없음	일정하지 않다(가변)

답) (1) 필요(있음) (2) 안함 (3) 없음 (4) 없음

★ 35. ISDN의 B 체널과 D체널의 속도와 주 기능에 대해 설명하시오.

    답) 가) B체널 : 64Kbps의 사용자 정보 전송용 체널
       나) D체널 : 16Kbps/64Kbps의 신호 전송용 체널

36. 데이터 전송에 DSU(Data Service Unite)가 필요한 이유를 쓰시오

    답) 베이스 밴드 전송 시 단말 또는 컴퓨터에서 나오는 단극성(Unipolar) 신호를 전송로 에 전송이 적합한 복극성(Bipolar) 신호로 변환하여 에러검출과 동기 유지가 용이하게 하기 위한 전송장비이다.

37. 통신 시스템에서 표본화를 하는 이유를 설명하시오

    답) 아날로그신호를 부호화하기 위해서는 먼저 이신호가 갖는 최고 주파수(fm)의 2배 이상의 속도를 샘플링 하여 PAM신호를 얻어야 이를 양자화 후 부호화하기 용이하다.

38. 증폭기 2대를 직렬로 연결하였더니 증폭된 출력이 2배로 증대되었다. 이를 데시벨(dB)로 환산하면 얼마인가.

    답) G = 10log2= 3.01[dB]

39. 정보통신의 실현이 이루어지려면 기본적으로 필요한 4가지 주요 요소는 무엇인가?

    답) ① 가입자(Station)
      ② 노드(Node)
      ③ 링크(Link)
      ④ 인터페이스(Interface)

★ 40. 기저대역(baseband) 전송 부호를 선택할 때의 고려 사항 3가지만 열거하시오.

    답) ① 신호 스펙트럼(signal spectrum) : 신호의 구성 요소 중에 고주파 성분이 거의 없는 경우에는 보다 좁은 대역폭으로 전송이 가능하다. 그리고 직류 성분이 없는 경우가 바람직하다.

② 신호 동기화 능력(signal synchronization capability) : 각 비트의 위치 간격을 나타내는 정보가 필요한데 이는 결코 쉬운 일이 아니며, 수신측과 송신측의 동기화 조절을 위해 독자적인 클럭(clock)을 필요로 할 수도 있다. 어떤 인코딩 기법은 인코딩 자체로 이 문제를 해결하기도 한다.

③ 신호 에러 검출 능력(signal error-detecting capability) : 인코딩 자체에도 기본적인 에러 검출 기법이 내장되어야 한다.

④ 신호 간섭 및 잡음 면역(signal interference and noise immunuty) : 어떤 인코딩에서는 잡음에도 불구하고 높은 효율을 갖기도 한다. 비트 에러율로 신호의 신뢰도를 나타낸다.

⑤ 가격 및 복잡성(cost and complexity) : 디지탈 논리 회로의 가격은 계속해서 하락하고 있지만, 결코 무시해서는 안 될 요소이다.

★ 41. CH1 ~ CH4까지 4개의 신호 배열을 XY 평면에 그림으로 나타내시오.

(단, X축은 시간, Y축은 주파수 대역을 나타낸다)

답) 가. 주파수 분할 다중화(FDM)　　　　　　　　나. 시간 분할 다중화(TDM)

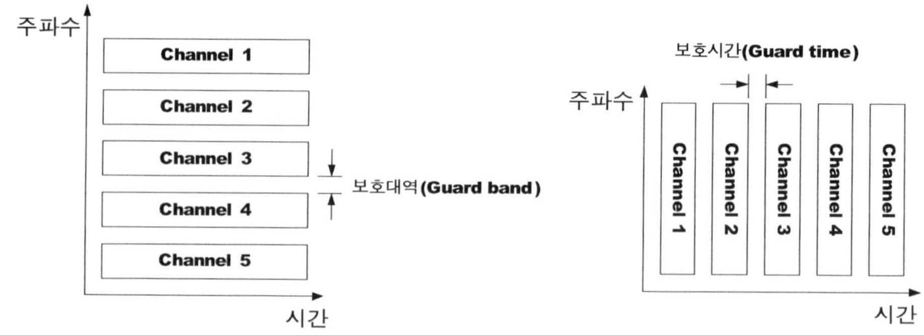

★ 42. 데이터 전송 회선의 baud rate가 2400[baud/sec]이고, 4 위상 변복조기를 사용할 경우 bit rate는 얼마인가?

답) $R_b = B \log_2 M = 2400 \log_2 4 = 4,800bps$

★ 43. LAN, MAN, WAN의 다른 점을 지역적으로 비교 설명하시오.

　가. LAN(local area network)

　나. MAN(metropolitan area network)

　다. WAN(wide area network)

답) 가. LAN

근거리 정보 통신망으로 동일 구역 내 한정 지역(예를 들어, 병원, 대학, 연구소 등)에 분포되어 있는 정보 통신 단말이 서로 연결되어 고속으로 정보 통신을 행하는데 사용(지역 범위 : 수 km 이내)되며 사무 자동화(OA)나 공장 자동화(FA)를 목적으로 구축된 통신망이다.

나. MAN

일반적으로 5~50km 이내의 지역에 분포되어 있는 관련 LAN이 연결되어 있는 형태로 음성, 데이터, 화상 정보를 공유해 통신하는데 이용되며 대표적 예로 특화 단지 내에 구축된다.

다. WAN

광대역 통신망으로 일반적으로 공중망이다. 지역적인 제약 없이 불특정 다수 간(또는 일 대일)에 교환기의 중계 전송에 의해 정보 통신을 행할 수 있다.

★ 44. 종합 정보 통신망(ISDN)을 구성했을 때 얻을 수 있는 장점 5가지만 쓰시오.

답) ① 세계적으로 통일된 통신용 디지털 소켓을 통한 접속으로 어떠한 용도의 통신도 가능하다.

② 다양한 통신 능력과 획기적인 통신 능력을 제공할 수 있다.

③ 제공되는 기능이나 속도에 따라 요금을 차등 부과할 수 있기 때문에 상대적으로 저렴한 요금 구조가 된다.

④ 디지털 통신을 기본으로 하므로 품질 좋고 안정도가 높은 통신이 가능하다.

⑤ 장래에의 무한한 발전성을 내포하고 있다.

⑥ 단말기와 통신망의 자유로운 기능 분담이 가능하다.

⑦ 새로운 통신 기능 도래에 의한 사업자 측면에서의 사업 확대 가능성이 높다.

45. 다음 전화기에 대한 질문에 답하시오.

가. 전화 단말기의 기본 구성 요소를 들어보시오.

나. 전화기의 후크 스위치는 무슨 기능을 하는가?

다. 전화기의 측음이란 무엇이며 필요한 이유를 설명하시오.

답) 가. 통화 장치 : 송화기, 수화기, 유도 선륜, 축전기
  　　신호 장치 : 자석 전령, 자석 발전기
  　　호출 장치 : dial, push button
  　　신호 전환 장치 : hook switch
  　나. 통화회로와 신호회로를 구분한다.
  　다. 측음이란 자신의 음성이 자신의 수화기에 들리는 현상으로, 자기 음성의 대소나 고저를 조절할 수 있어서 적당한 측음은 필요하다.

46. PCM-24 방식에 있어서 다음 물음에 답하시오.

가. 1 frame은 몇 초인가? (단, 구체적인 계산으로 표시요망)

나. 1 통화 로에 할당되는 시간은?

다. 1 time slot 점유 시간은?

라. 1 frame에 수용되는 비트의 수는?

마. 부호 펄스의 클록 주파수는?

답) 가. $1/8000 \ = \ 125\mu\,sec$
  　나. $125\mu\,sec/24 \ = \ 5.2\mu\,sec$
  　다. $125\mu\,sec/193 \ = \ 0.648\mu\,sec$
  　라. $8bit \times 24 + 1 \ = \ 193bits$
  　마. $193/125\mu\,sec \ = \ 1.544MHz$

47. 다중화기와 집중화기를 비교 설명하시오.

답)

비 교 　　　　　　　구 분	다중화기	집중화기
타임슬롯 할당 방법	고정 할당	동적 할당
단말의 전송 속도 합계(S)와 고속 채널의 속도(H)와의 관 계	$S = H$	$S > H$
다중화 방법	동기식	비동기식

48. 비디오텍스(videotex)에 대하여 기본 구성과 제공되는 서비스를 들어 간단히 설명하시오.

답) 비디오텍스 : 문자와 도형으로 구성된 화상 정보를 데이터베이스에 저장하여 두고 이를 전화망 등의 공중 통신망을 통하여 TV 수상기에 연결한 후 TV 화면을 보면서 컴퓨터와 상호 대화 형식 으로 이용자가 필요한 정보를 찾아볼 수 있는 쌍방향 화상 정보 시스템이다.

① 응용 분야
- 정보 검색 : 뉴스, 일기 예보 등
- 거래 처리 서비스 : 홈뱅킹, 홈쇼핑 등
- 메시지 전달 : 전자 우편, 여론 조사 등
- 전산 처리 서비스 : 회계, 수학 계산 등
- 원격 감시 서비스 : 도난 및 화재 경보, 의료 경보 시스템 등

② 구성도
- 중앙 정보 센터 : 입력 장치와 정보 축적 장치
- 비디오텍스 네트워크 : 정보 센타와의 접속 기능
- 사용 통신망 : 공중 전화망, 또는 공중 데이터망
- 이용자 단말장치 : 수상기, 어댑터

49. 다음 아날로그 펄스 변조 방식의 종류에 대하여 간단히 설명하시오.

㉮ PAM　㉯ PWM　㉰ PPM　㉱ PFM

답) ㉮ 펄스 진폭 변조(PAM : pulse amplitude modulation) : 아날로그 신호파의 진폭에 비례해 반송파인 펄스파의 진폭을 변환시키는 변조 방식이다

㉯ 펄스 폭 변조(PWM : pulse width modulation) : 아날로그 신호파의 진폭에 비례해 반송

파인 펄스파의 폭을 변환시키는 변조 방식이다.

㉓ 펄스 위치 변조(PPM : pulse position modulation) : 아날로그 신호파의 진폭에 비례해 반송파인 펄스와의 위치를 변환시키는 변조 방식이다.

㉔ 펄스 주파수 변조(PFM : pulse frequency modulation) : 아날로그 신호파의 진폭에 비례해 반송파인 펄스파의 반복 주파수를 변환시키는 변조 방식이다.

50. 8위상 변조를 하여 전송하는 속도가 2,400[baud]일 때 데이터의 신호 속도는 몇 [bps]인가? 또한 비트율(bps)과 보오(baud)의 관계를 설명하시오.

답) ㉮ 데이터의 신호 속도[bps] = $\log_2 M$ × 변조속도 = $\log_2 8$ × 2,400 = 7,200[bps]

㉯ bps와 baud의 관계

- 보오 속도 : 회선 상에서의 변조 신호
- 비트속도 : 1초 동안 전송할 수 있는 비트의 수
- 보오 속도(B)와 데이터 신호 속도(S)의 관계 : $S = B \log_2 M$

여기서 M은 변조기가 만들 수 있는 변조 상태의 수

정보통신 산업기사 필기(2002~2007년)

[2002년 3월 10일]

01 다음 그림의 전송방식은?

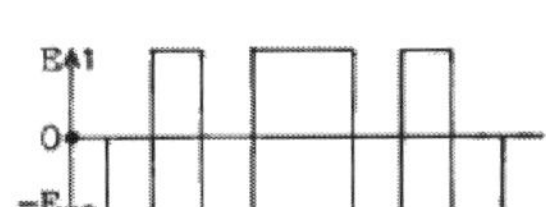

가. 단류 NRZ 방식

나. 복류 NRZ 방식

다. 단류 RZ 방식

라. 복류 RZ 방식

02 PCM방식에서 송신순서로써 옳은 것은?

가. 음성 - 표본화 - 양자화 - 부호화 - 전송로

나. 음성 - 양자화 - 표본화 - 부호화 - 전송로

다. 음성 - 표본화 - 부호화 - 양자화 - 전송로

라. 음성 - 양자화 - 부호화 - 표본화 - 전송로

03 광섬유 케이블의 심선구조에 있어서 코어의 굴절률과 클래딩의 굴절률 중에서 어느 쪽이 더 높은가?

가. 코어가 더 높다.

나. 클래딩이 더 높다.

다. 코어와 클래딩이 동일하다.

라. 코어가 높은 것도 있고 클래딩이 높은 것도 있다.

04 동기식 전송의 특징으로 옳지 않은 것은?

가. 전송 정보묶음 단위로 동기문자를 가진다.

나. 한 묶음으로 구성된 문자들 사이에 휴지(idle)간격이 없다.

다. 사용 단말기는 버퍼가 없는 단말기를 사용한다.

라. 클럭을 동기신호로 사용한다.

05 직류 및 저주파 성분이 감소하여 전송로에서 발생하는 저주파 차단 영향을 받지 않는 신호방식은?

가. 복류 RZ 방식   나. 복류 NRZ 방식

다. 바이폴라 방식   라. 양극방식

06 ISO에서 규정하는 전송제어 문장 중 서로 관련성이 먼 것은?

가. SOH-헤딩의 시작   나. ETX-텍스트의 종료

다. ACK-긍정응답   라. DLE-회선의 절단

07 다음은 디지털 전송방식의 특징을 설명한 것이다. 틀린 것은?

가. 아날로그 전송에 비하여 전송거리가 크고, 양질의 전송 품질 제공이 가능하다.

나. 재생중계가 가능하여 아날로그 전송보다 주위의 잡음이나 방해에 강하다.

다. 전송에 필요한 주파수 대역폭이 아날로그 전송보다 감소하였다.

라. A/D, D/A 변환 기능과 송수신간의 동기가 필요하다.

08 금속선로인 채널의 데이터 속도는 초당 송출 비트수이다. 데이터 속도와 관계없는 것은?

가. 신호전력   나. 잡음전력

다. 채널의 대역폭(HZ)   라. 선로부호

09 디지탈 변조의 PSK에 해당되는 것은?

가. 반송파의 위상에 변화가 없다.

나. 2개의 주파수를 할당하여 변화시킨다.

다. 주파수, 위상이 변하지 않는다.

라. 반송파의 주파수가 변하지 않는다.

10 다음은 신호대 잡음비(S/N)의 영향의 정도를 나타낸 것이다. 무 잡음 상태에 가장 가까운 것은 몇 [dB]인가?

가. 0 나. 10

다. 30 라. 40

11 어떤 코드의 최소해밍거리(minimum Hamming distance)가 8일 때, 수신측에서 정정할 수 있는 오류의 개수는?

가. 3 나. 4

다. 5 라. 8

12 동축케이블에서 가장 감쇠가 적게하기 위해서는 내부도체의 외경(d)과 외부도체의 내경(D)과의 비(ratio) D/d의 값을 얼마로 만드는 것이 가장 좋은가?

가. 1.8 나. 3.6

다. 5.8 라. 7.2

13 데이터 전송에서 데이터신호를 변조하지 않고 디지털 형태로 그대로 전송하는 방식은?

가. 직류전송 나. 반송대역전송

다. 교류전송 라. 베이스밴드전송

14 다음 그림은 어떠한 변조의 복조과정을 나타낸 것인가?

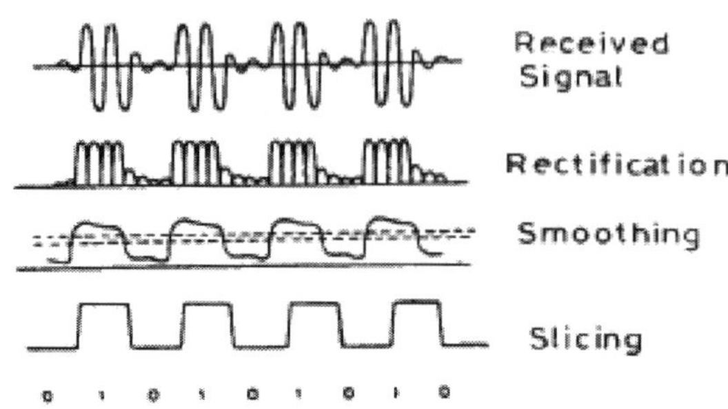

가. ASK
다. FSK

나. PSK
라. QAM

15 해밍코드(7,4)의 4비트의 용도는?

가. 검사용
다. 예비용

나. 데이터
라. 에러위치 표시용

16 통신선로 중 광섬유 선로가 현대통신에서 각광을 받는데 이 같은 광섬유의 특징이 아닌 것은?

가. 경량성으로 작업능률이 양호하다.
나. 무유도성으로 전자유도의 영향이 없다.
다. 통신 속도가 빨라 대용량 전송이 가능하다.
라. 차폐용 동 테이프를 사용하여 누화가 없다.

17 일반적인 메시지 블록의 형태 중 BCC(Blcok check character)의 체크 범위가 아닌 것은?

가. STX
다. ETX

나. TEXT
라. SOH

18 단일모드(single mode) 광섬유의 특징이 아닌 것은?

가. 단거리 전송에 적합하다.　　　나. 코어(core)의 지름이 작다.

다. 고속 전송용이다.　　　　　　라. 빛의 산란이 작다.

19 디지털 신호 중계기의 기본 기능이 아닌 것은?

가. 파형성형(Reshaping)　　　　나. 식별재생(Regenerating)

다. 정시(Retiming)　　　　　　라. 복구(Recovery)

20 진폭 편이 변조기의 구성요소가 아닌 것은?

가. 펄스 발생기　　　　　　　　나. 저역여파기

다. 변조기　　　　　　　　　　라. 위상지연기

1	2	3	4	5	6	7	8	9	10
나	가	가	다	다	라	다	라	라	라
11	12	13	14	15	16	17	18	19	20
가	나	라	가	나	라	라	가	라	라

01 HDLC(High Level Data Link Control)의 프레임 구성 순서를 옳게 나타낸 것은?

　　가. 플래그 - 제어부 - 어드레스부 - 데이터부 - 프레임검사시퀀스 - 플래그

　　나. 플래그 - 어드레스부 - 데이터부 - 프레임검사시퀀스 - 제어부 - 플래그

　　다. 플래그 - 어드레스부 - 제어부 - 데이터부 - 프레임검사시퀀스 - 플래그

　　라. 플래그 - 제어부 - 데이터부 - 프레임검사시퀀스 - 어드레스부 - 플래그

02 디지털 광통신 방식에서 레이저 광선의 변조를 위해 현재 주로 사용되는 변조 방법은?

　　가. IM(Intensity Modulation)

　　나. FSK(frequency shift keying)

　　다. WDM(wavelengh division multiplexing)

　　라. FM(Frequency Modulation)

03 다음 전송선로 중 대역폭이 가장 넓은 전송매체는?

　　가. twist pair cable　　　　　　나. base band coaxial cable

　　다. CATV coaxial cable　　　　　라. fiber optics cable

04 길쌈부호기의 부호화 율을 1/3, 발생다항식을 g1=(100), g2=(11), g3=(101)이라 할 때 입력을 1011을 인가하였을 때의 출력은? (단, 초기조건은 모두 0 이다.)

　　가. 111010100101　　　　　　나. 101000010001

　　다. 110010000111　　　　　　라. 111001011000

05 다음은 PCM통신시스템의 블럭다이어 그램이다. 각 블록에 들어갈 기능이 옳게 짝지어진 것은?

①─②─③─ 통신채널 ─④─⑤─⑥

가. ① 표본화 ② 부호화 ③ 양자화 ④ 복호화 ⑤ 양자화 ⑥ 필터링
나. ① 표본화 ② 양자화 ③ 부호화 ④ 양자화 ⑤ 필터링 ⑥ 복호화
다. ① 표본화 ② 양자화 ③ 부호화 ④ 필터링 ⑤ 양자화 ⑥ 복호화
라. ① 표본화 ② 양자화 ③ 부호화 ④ 양자화 ⑤ 복호화 ⑥ 필터링

06 동축케이블에 있어서 사용주파수가 높아지면 그 값 또는 작용이 감소되는 것은?

가. 누화현상
나. 표피작용
다. 근접작용
라. 와류손실

07 다음 아날로그 변조방식 중 포락선 검파를 이용하여 복조가 가능한 변조방식은 어느 것인가?

가. AM(Amplitude Modulation)
나. DSB(Double Side Band)
다. SSB(Single Side Band)
라. FM(Frequency Modulation)

08 자동오자 정정부호에서 오자의 검출방법은?

가. 통신 속도를 측정
나. 전류의 부호검출
다. 부호왜곡을 체크(CHECK)
라. 패리티 체크(PARITY CHECK)

09 다수의 사용자가 동일한 시간에 동시에 할당된 주파수 스펙트럼(spectrum)을 사용하도록 하는 다중화 기술은?

가. FDM
나. TDM
다. CDM
라. STDM

10 Ferranti 현상이란?

가. 수단 전압의 절대치는 송단 전압의 절대치 보다 크다.

나. 이종(異種)금속 간에 열기전력을 발생하는 현상

다. 수단 전류는 송단 전류의 평방근에 비례한다.

라. 환상 소레노이드 중앙에 발생하는 역기전력에 관한 현상

11 첫 번째와 두 번째 전송로의 단위 펄스간격이 500×10^{-6}초, 1000×10^{-6}초이고, 단위펄스가 나타내는 상태의 수가 각각 4, 8이라고 하면 전체 전송로의 용량은 몇 [bps]인가?

가. 1000　　　　　　　　　　나. 3000

다. 5000　　　　　　　　　　라. 7000

12 1200 보오(baud)의 전송속도를 갖는 전송선로에서 신호 비트가 트리비트(tribit)이면 전송속도는 몇 bps인가?

가. 1200　　　　　　　　　　나. 2400

다. 3600　　　　　　　　　　라. 4800

13 ARQ 방식에 대한 설명으로 가장 적합한 것은?

가. 에러를 정정하는 방식

나. 부호를 전송하는 방식

다. 에러를 검출하는 방식

라. 에러를 검출하여 재전송을 요구하는 방식

14 일반적인 통신선로에서 선로의 길이에 관계되지 않는 것은?

가. 상호 임피던스　　　　　　나. 특성임피던스

다. 절연저항　　　　　　　　라. 정전용량

15 다음 중 주파수가 가장 높은 전파는?

가. 밀리파 　　　　　　　　　　나. 서브밀리파

다. 마이크로파 　　　　　　　　라. 극초단파

16 기본형 데이터 전송제어 순서에서 사용되어지는 제어 캐릭터가 아닌 것은?

가. ETB 　　　　　　　　　　　나. FCS

다. SOH 　　　　　　　　　　　라. STX

17 다음 그림 중 복류 RZ 방식은 어느 것인가?

가. （0 1 1 0　0 0 1）

나. （0 1 1 1 0 1　0 0 1）

다. （0 1 1 0 1 0 0 1）

라. （0 1 1 0 1 0 0 1）

18 반송파 전송에 대해 알맞는 설명은?

가. 임의의 주파수 대역을 가진 전송신호를 그대로 전류의 형태로 전송하는 형식이다.

나. 신호를 대역통과시키는 전송방식이다.

다. 신호를 증폭하는 전송방식이다.

라. 송신기에 의해서 발진한 반송파로 신호를 변조시켜 전송로로 보내는 전송방식이다.

19 ITU-T의 권고안 중에서 변복조기에 대한 규정은?

가. X-시리즈 　　　　　　　　　나. V-시리즈

다. I-시리즈 　　　　　　　　　라. Z-시리즈

20 CEPT 방식의 디지털 하이어라키를 설명한 것이다. 틀린 것은?

　가. 1차군의 전송속도는 2.048〔Mbps〕이다

　나. 2차군의 전송속도는 8.448〔Mbps〕이다

　다. 3차군의 전송속도는 44.736〔Mbps〕이다

　라. 4차군의 전송속도는 139.264〔Mbps〕이다

1	2	3	4	5	6	7	8	9	10
다	가	라	가	라	가	가	라	다	가
11	12	13	14	15	16	17	18	19	20
라	다	라	나	나	나	다	라	나	다

[2002년 9월 8일]

01 디지털변조에 의해 디지털신호를 주어진 주파수대역 내의 신호로 변환시켜 전송하는 방식은?

가. 반송대역전송
나. 베이스밴드전송
다. PCM전송
라. DSB전송

02 부호를 구성하고 있는 비트가 1초간에 몇 개 전송 되는가를 표시하는 척도는?

가. 데이타 신호속도
나. 변조속도
다. 데이타 동기속도
라. 베어러(beare)속도

03 레일리 산란에 관한 것으로 잘못된 설명은?

가. λ^2에 비례한다.
나. 파장이 길수록 레일리 산란손실은 적다.
다. 광섬유 유리 중 파장보다도 미소한 굴절률의 흔들림에 의해 일어나는 것이다.
라. 전송되는 모드 및 코어의 직경과 무관하다.

04 ARQ의 종류가 아닌 것은?

가. stop and wait ARQ
나. continuous ARQ
다. discrete ARQ
라. adaptive ARQ

05 단일모드 광섬유의 설명으로 틀린 것은?

가. 모드 내에 간섭이 일어난다.
나. 고속 대용량의전송이 가능하다.
다. 코어 내를 전파하는 모드는 HE_{11}만 존재한다.
라. 코어의 직경이 $3 \sim 10 (\mu m)$로 제조 및 접속하기가 어렵다.

06 비트의 평균에너지대 잡음전력비 (Eb/No)가 동일한 경우 오류확률이 가장 낮은 변조방식은? (단, 모두 동기식 검파를 가정한다.)

    가. BPSK   나. QPSK

    다. 8-PSK   라. 16-PSK

07 데이터 신호속도가 2400bps일 경우, 이것을 4상 위상편이 변조(PSK)하여 전송한다면 변조속도는 얼마인가?

    가. 600〔baud〕   나. 1200〔baud〕

    다. 2400〔baud〕   라. 4800〔baud〕

08 다음의 그림은 어떤 변조파형인가?

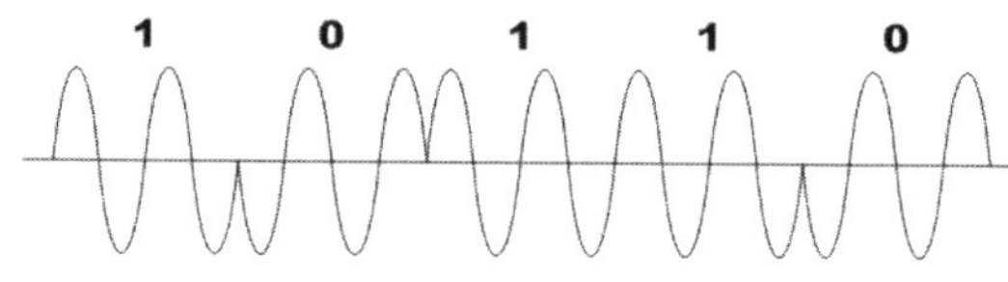

    가. 진폭천이변조   나. 위치천이변조

    다. 주파수천이변조   라. 위상천이변조

09 반복주기가 일정한 펄스의 시간 폭을 신호파의 진폭에 대응하여 변화시키는 방식은?

    가. PAM   나. PWM

    다. PPM   라. PCM

10 전송로의 진폭왜곡이나 위상왜곡에 의해 발생하는 부호 간 간섭(ISI)의 영향을 감소시키는 장치는?

    가. 분주기   나. 증폭기

    다. 감쇠기   라. 등화기

11 다음 중 광통신용 발광소자는?

    가. LD   나. PD

    다. APD   라. LAP

12 광파이버의 전송특성의 하나인 불순물이온에 의해 생기는 광손실은?

    가. 흡수손실   나. 산란손실

    다. 마이크로밴딩손실   라. 굽힘손실

13 엔트로피 율에 대한 다음 설명 중 잘못된 것은?

    가. 평균 정보량을 의미한다.

    나. 정보율이라고도 한다.

    다. 단위로는 〔bps〕를 사용한다.

    라. 기호속도와 엔트로피를 곱하여 얻을 수 있다.

14 HDLC 프로토콜에서 사용되는 국(station)의 이름을 바르게 나타낸 것은?

    가. 주국, 종국, 종속국   나. 총괄국, 집중국, 단국

    다. 1차국, 2차국, 복합국   라. 상위국, 중간국, 하위국

15 데이터전송 중에 각종 잡음에 의해 부호가 오류(error)가 발생할 때 이를 검출하여 정정하는 오류 제어방식 중 수신 측에서 오류를 체크하여 정정하는 방식의 종류는?

    가. 패리티체크방식, 정 MARK-SPACE 방식

    나. 반송조합방식, 체크부호반송방식

    다. 병렬전송방식, 반복전송방식

    라. 해밍(HAMMING)부호방식, BCH부호 방식

16 송신측에서 블록 부호화하여 전송한 경우, 수신측에서 원래의 정보를 복호하기 위해 사용되는 행렬은?

　　가. 생성 행렬(generator matrix)

　　나. 해밍거리 행렬(Hamming distance matrix)

　　다. 패리티 검사 행렬(parity check matrix)

　　라. 신드롬 행렬(syndrom matrix)

17 MODEM에서 $T = 833 \times 10^{-6}$초의 단위펄스가 4개의 독립적인 변조파를 갖는 4위상 변복조 방식에 의하여 표시될 때에 전송되는 비트수를 나타내는 데이터 신호 속도는 몇 [bps]인가?

　　가. 1200　　　　　　　　　　　　나. 2400

　　다. 3600　　　　　　　　　　　　라. 4800

18 유리 광섬유에서 손실을 일으키는 원인이 아닌 것은?

　　가. 모드혼합　　　　　　　　　　나. 흡수

　　다. 산란　　　　　　　　　　　　라. 기하학적 영향

19 중계기의 구성요소가 아닌 것은?

　　가. 등화증폭회로　　　　　　　　나. 식별회로

　　다. 타이밍회로　　　　　　　　　라. 위상검출기

20 다음 그림의 발생기는 어떤 신호를 발생하는가?

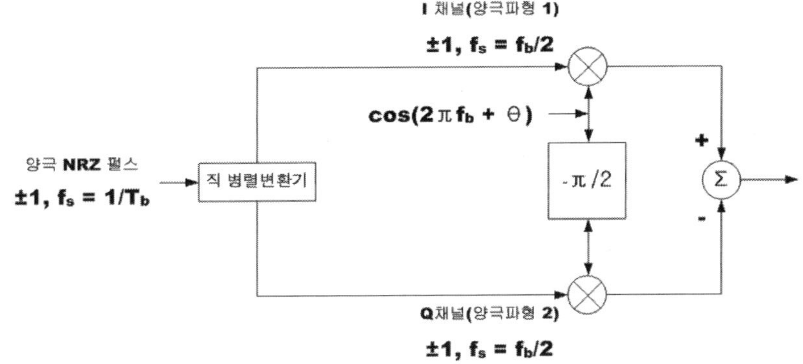

가. PSK 나. DPSK
다. QPSK 라. OQPSK

1	2	3	4	5	6	7	8	9	10
가	가	가	다	가	가	나	라	나	라
11	12	13	14	15	16	17	18	19	20
가	가	가	다	라	다	나	가	라	다

[2003년 3월 16일]

01 단일모드(single mode)의 광섬유 특징이 아닌 것은?

　　가. 단거리 전송에 적합하다.　　　　나. 코어(core)의 지름이 작다.

　　다. 고속 전송용이다.　　　　　　　라. 빛의 산란이 적다.

02 다음 전송 신호 방식 중 전송로에서 발생하는 저주파 차단 영향을 받지 않는 방식은?

　　가. 복류 NRZ　　　　　　　　　　나. 단류 RZ

　　다. 복류 RZ　　　　　　　　　　　라. 바이폴라(Bipolar)

03 우수 패리티를 가진 해밍 코우드에서 착오는 몇 번 행에 있는가?

행	1	2	3	4	5	6	7
수신 코드	1	1	0	0	0	1	0

　　가. 3　　　　　　　　　　　　　　나. 5

　　다. 6　　　　　　　　　　　　　　라. 7

04 전송선로에서 감쇠왜곡의 주된 원인은?

　　가. 진폭에 대한 감쇠 불균형　　　　나. 주파수에 대한 감쇠 불균형

　　다. 주파수에 대한 속도의 불균형　　라. 진폭에 대한 속도의 불균형

05 PCM방식에서 8비트로 구성된 펄스계열의 주기가 125[μs]일 때 펄스의 전송속도는 몇 [kbps]인가?

　　가. 8　　　　　　　　　　　　　　나. 10

　　다. 32　　　　　　　　　　　　　　라. 64

06 반송파로 사용하는 정현파의 신호가 V(t) = A(t) sin(ω t+ ø (t))일 경우, A(t)를 변화시킴으로써 정보를 싣는 변조방식은?

가. AM　　　　　　　　　　　　나. FM

다. PM　　　　　　　　　　　　라. PCM

07 지구 적도 상공 약 35,800Km의 높이에 궤도 경사각 0도, 초속 3Km의 속도로 지구를 도는 위성의 궤도는?

가. 정지궤도　　　　　　　　　　나. 동기궤도

다. 회기궤도　　　　　　　　　　라. 준회기궤도

08 다음 중 에러를 정정할 수 있는 부호 방식은?

가. BCH부호　　　　　　　　　　나. 수평 패리티

다. Gray부호　　　　　　　　　　라. 수직 패리티

09 다음 중에서 디지털 전송방법은?

가. PAM　　　　　　　　　　　　나. PCM

다. PPM　　　　　　　　　　　　라. PWM

10 스트로브(strobe)신호와 비지(busy)신호를 이용하여 전송하는 형태는?

가. 병렬 전송　　　　　　　　　　나. 직렬 전송

다. 동기식 전송　　　　　　　　　라. 비동기식 전송

11 디지털 수신시스템의 순서를 바르게 나타낸 것은?

가. 원천복호화 → 채널복호화 → 캐리어복조

나. 원천복호화 → 캐리어 복조 → 채널복호화

다. 캐리어 복조 → 원천복호화 → 채널복호화

라. 캐리어 복조 → 채널복호화 → 원천복호화

12 직경 0.4mm인 케이블로 측정 주파수 2 [㎑]인 가입 자선로의 손실이 8[dB]로 설계하고자 한다. 이때 케이블의 적정한 거리는? (단, 0.4mm 케이블의 감쇄 손실은 1.9[dB/Km] 이다.)

가. 2.6   나. 3.7

다. 4.2   라. 5.0

13 다음 중 송신선로의 레벨을 넓게 잡음 신호처럼 확산시키는 다중통신방식은?

가. 부호분할다중방식   나. 시분할다중방식

다. 공간분할다중방식   라. 주파수분할다중방식

14 HDLC전송제어절차에서 사용되는 모드 설정 명령어가 아닌 것은?

가. SREJ(selective reject mode)

나. SARM(set async. response mode)

다. SNRM(set normal response mode)

라. SABM(set async. balanced mode)

15 표본화(sampling)와 관계가 깊은 항은?

가. Faraday   나. Coulomb

다. Shannon   라. Maxwell

16 다음 그림과 같이 변조하는 방식은?

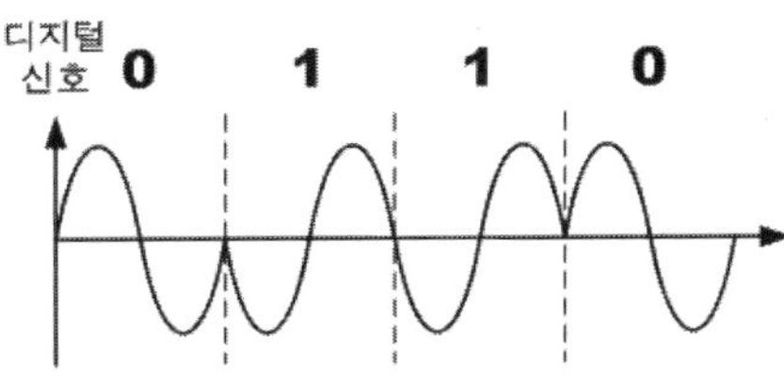

가. ASK　　　　　　　　　　　나. FSK

다. PSK　　　　　　　　　　　라. QASK

17 BPS(Bits Per Second)의 설명으로 틀린 것은?

가. 정보의 유통 단위이다.

나. 마아크와 스페이스와 같이 서로 상반되는 부호의 정보량은 1 bit 이다.

다. 5단위 부호의 정보량은 $\log_2 2^5 = 5bits$ 이다

라. 4진 신호레벨에서는 baud와 동일하다.

18 광파이버(유리)의 굴절률이 전파하는 광의 파장에 따라 변화함으로써 생기는 분산을 무엇이라고 하는가?

가. 모드분산　　　　　　　　　나. 재료분산

다. 구조분산　　　　　　　　　라. 도파로분산

19 OSI-7 프로토콜중 네트웍층이 하는 역할을 바르게 나타낸 것은?

가. 회선의 제어규칙　　　　　　나. 회선의 전기규칙

다. 오류의 감지와 제어　　　　　라. 데이터의 전송과 교환

20 전송 제어문자 중 전송을 종료하고 데이터 링크를 초기화시키는 문자는?

가. SOH　　　　　　　　　　　나. EOT

다. DLE　　　　　　　　　　　라. STX

1	2	3	4	5	6	7	8	9	10
가	라	나	나	라	가	가	가	나	가
11	12	13	14	15	16	17	18	19	20
라	다	가	가	다	다	라	나	라	나

01 데이터 통신에서 에러의 검출 및 교정까지 할 수 있는 부호는?

　　가. 2 out of 5 code　　　　　　나. Hamming code
　　다. Excess - 3 code　　　　　라. 2 진 parity

02 모뎀(Modem)의 구성장치 중에서 전송로 상의 잡음이나 왜곡에 의해 발생되는 위상지연이나 주파수에 따른 진폭감쇠를 보상해 주는 장치는?

　　가. 자동이득조절기　　　　　　나. 대역 통과 여파기
　　다. 디스크램블러　　　　　　　라. 등화기

03 데이터 링크의 초기설정, 데이터 전송 동작모드의 설정 요구 및 그에 대한 응답용으로 사용하기 위해서는 HDLC 프로토콜의 제어부를 다음 중 어떤 형식으로 만들어야 하는가?

　　가. 정보전송형식　　　　　　　나. 감시형식
　　다. 비번호제형식　　　　　　　라. 절단형식

04 PCM 통신의 부호화 과정에서 널리 사용 되고 있는 부호는?

　　가. Gray 부호　　　　　　　　나. BCD 부호
　　다. Biquinary부호　　　　　　라. Hamming 부호

05 기저대 신호(base band signal)의 설명은?

　　가. 원래의 정보를 이와 동일한 스펙트럼을 같도록 부호화하는 방법
　　나. 원래의 정보를 이와 다른 스펙트럼을 같도록 부호화하는 방법
　　다. 원래의 정보를 주파수 천이(shift)시켜 부호화하는 방법
　　라. 변조된 정보를 복조하여 부호화하는 방법

06 이동통신채널의 특징 중 이동체의 움직임에 따라 수신신호 주파수가 변하는 것과 가장 관계 깊은 것은?

가. 페이딩

나. 채널간섭

다. 지연확산

라. 도플러현상

07 채널의 전송용량 C(bit/sec)를 결정하는 식은? (단, BW:채널의 대역, S:신호전력, N:백색잡음전력)

가. $C = BW \log_2(1 + S/N)$

나. $C = N \log_2(BW/N)$

다. $C = BW(1 + S/N)$

라. $C = BW \log_{10}(1 + S/N)$

08 다음 중 NRZ 코드방식의 특징과 다른 것은?

가. RZ 코드방식보다 넓은 대역폭이 필요하다.

나. 비트신호의 변화에 따라 전압레벨이 바뀌게 된다.

다. 직류성분이 존재하며, 동기화 능력이 부족하다.

라. 신호를 보내는 매체의 극성에 무관하다.

09 ARQ란 어느 것인가?

가. 에러를 검출하는 방식이다.

나. 에러가 검출된 부분의 데이터를 재전송 해 주도록 요구하는 것이다.

다. 무 오차 방식이다.

라. 부호를 전송하는 방식이다.

10 다음과 같은 데이터를 전송하고자 하는 경우 패리티 비트(해밍비트)는?

비트번호	9	8	7	6	5	4	3	2	1
데 이 터	1		0	1	0		1		

가. 0101　　　　　　　　　　　나. 1010

다. 0011　　　　　　　　　　　라. 1100

11 데이터 전송방식중 동기식 전송방식에 해당하는 것은?

가. 전송되는 각 글자 사이에는 일정치 않은 휴지 기간이 있을 수 있다.

나. 각 비트 길이는 통신 속도에 따라 정해지며 일정하다.

다. 수신측 단말에 버퍼기억장치가 필요하다

라. 동기는 글자단위로 이루어진다.

12 다음 전송로의 특징을 서술한 내용 중 알 맞는 전송로는?

> · 저 손실, 장거리전송이 용이하다.
> · 광대역, 대용량전송이 용이하다.
> · 무유도성으로 외래 잡음이 적다.
> · 분기디바이스 등 고도의 기술이 필요하다.

가. 페어케이블　　　　　　　　나. 무장하케이블

다. 광파이버　　　　　　　　　라. 동축케이블

13 다음 광학 파라메터(parameter)중 광케이블이 단 일모드 파이버(single mode fiber)인지 다중 모드 파이버(multi mode fiber)인지를 구분하는데 사용되는 것은?

가. 개구수　　　　　　　　　　나. 비굴절률차

다. 수광각　　　　　　　　　　라. 규격화 주파수

14 다음 디지털 변조 방식 중 가장 빠른 데이터 전송에 적용될 수 있는 방식은?

가. QAM
나. FSK
다. PSK
라. ASK

15 전송선로의 전송특성 요인이 아닌 것은?

가. 전송손실
나. 주파수 특성
다. 누화특성
라. 전계강도

16 케이블 선로에서 장하라 함은 무엇을 의미하는가?

가. C를 첨가하는 것
나. G를 첨가하는 것
다. R을 첨가하는 것
라. L을 첨가하는 것

17 프레임 동기 유지 접근 방식 프로토콜이 아닌 것은?

가. 문자 지향형 프로토콜
나. 비트 지향형 프로토콜
다. 카운트 지향형 프로토콜
라. 경로 선택 프로토콜

18 디지털변조 QPSK로 나타낼 수 있는 신호의 비트 수는?

가. 2
나. 4
다. 6
라. 8

19 차분펄스부호변조방식의 양자화기, 예측 기중 어느 하나 또는 모두를 적응형으로 변화시킨 방식은?

가. DM
나. LDM
다. DPCM
라. ADPCM

20 다음 중 CDMA 이동통신에 이용되는 대역 확산 방식이 아닌 것은?

    가. 주파수호핑방법　　　　　　　나. 잡음호핑방법

    다. 직접시퀀스방법　　　　　　　라. 시간호핑방법

1	2	3	4	5	6	7	8	9	10
나	라	다	가	가	라	가	가	나	라

11	12	13	14	15	16	17	18	19	20
다	다	라	가	라	라	라	가	라	나

01 2×10^6 비트가 전송될 때 20개의 비트 에러가 발생한 경우 비트 오율(BER)은?

　가. 1×10^5　　　　　　　　나. 40×10^6

　다. 10×10^{-6}　　　　　　　라. 10×10^{-5}

02 PCM 통신에서 저질(low quality)의 전송선로로도 장거리 전송이 가능한 가장 큰 이유는?

　가. 전력의 소모가 극히 적다.

　나. 변조과정에서의 잡음이 극히 적다.

　다. 중계 증폭 단을 누화 및 잡음에 관계없이 늘릴 수 있다.

　라. 누화와 잡음을 변조할 수 있다.

03 플래그(flag) 동기방식은 프레임의 동기화를 위해 플래그 패턴을 사용한다. 플래그의 비트패턴은?

　가. 00010110　　　　　　　　나. 01111110

　다. 10010111　　　　　　　　라. 10011001

04 정지-대기(stop-and-wait) ARQ의 특징이 아닌 것은?

　가. 통신회선의 품질이 좋을 경우에 많이 사용한다.

　나. 전이중(full duplex) 모드이다.

　다. 구현방법이 단순하다.

　라. 응답 대기시간으로 인해 전송효율이 떨어진다.

05 표본화 잡음의 주된 발생원인은?

    가. 표본화 주기의 변동   나. 외부누화의 침입

    다. 저역 여파기의 차단특성   라. 전송선로의 특성변동

06 부호화된 디지털 신호를 아날로그 전송신호로 변조하는 이유가 아닌 것은?

    가. 광전송을 하기 위해서

    나. 위성을 이용한 무선 전송을 위해서

    다. 기존의 아날로그 장비를 사용하기 위해서

    라. 디지털 전송 방식보다 아날로그 전송방식이 좋기 때문

07 전송제어 5단계 중 3단계에 해당하는 것은?

    가. 회선접속   나. 정보전송

    다. 데이터링크 설정   라. 회선절단

08 다음 중 광 아이솔레이터에 요구되는 성능이 아닌 것은?

    가. 순방향 손실이 작은 것

    나. 역방향의 광을 저지 할 것

    다. 온도변화에 강하고 경량으로 가격이 저렴한 것

    라. 역방향 손실이 작은 것

09 다음 중 나머지 세정수와 관계가 없는 것은?

    가. 감쇠정수   나. 위상정수

    다. 진폭정수   라. 전파정수

10 디지털 변조의 PSK에 해당되는 것은?

가. 반송파의 위상에 변화가 없다.

나. 2개의 주파수를 할당하여 변화시킨다.

다. 주파수, 위상이 변하지 않는다.

라. 반송파의 주파수가 변하지 않는다.

11 다음 중 스펙트럼 효율(대역폭 효율)이 가장 좋은 변조 방식은?

가. BPSK

나. QPSK

다. 8진PSK

라. 16진PSK

12 다음 중 PLL(Phase Locked Loop)의 구성요소가 아닌 것은?

가. 위상 비교기(Phase Comparator)

나. 진폭 비교기(Amplitude Comparator)

다. 루프 여파기(Loop Filter)

라. 전압제어 발진기(Voltage Controlled Oscillator)

13 7비트 Hamming 과정을 이용하여 수신된 메시지의 오류를 정정하라.(단, 우수 패리티)

위치 1 2 3 4 5 6 7	
수신된 메시지 0 1 0 0 0 1 1	

가. 0100010

나. 0100001

다. 1100011

라. 0110011

14 전송채널의 용량과 가장 관련 깊은 것은?

가. 전송로의 정전용량

나. 전송로의 특성임피던스

다. 전송신호의 위상

라. 전송로의 신호 대 잡음비

15 문자동기방식에서 본문의 시작을 표시하는 문자 기호는?

　가. SYN　　　　　　　　　　나. SOH
　다. STX　　　　　　　　　　라. ETX

16 단말에서 단말 입출력장치와 데이터 전송장치, 중앙에서 데이터 전송장치와 통신제어 장치 등을 전기적으로 직접 결합한 방식은?

　가. ON - LINE SYSTEM　　　나. OFF - LINE SYSTEM
　다. PROGRAM STORE SYSTEM　라. Polling SYSTEM

17 광케이블의 설명으로 맞지 않는 것은?

　가. 대역폭이 넓어 채널당 경제성이 있다.
　나. 접속율이 좋아 유지보수가 간단하다.
　다. 전기적인 잡음에 영향을 받지 않는다.
　라. 크기가 적고 가벼워서 설치비용이 적게 든다.

18 동기식 전송에 이용되는 것 중 가장 효율적인 에러 체크 방식은?

　가. LRC(Longitudinal Redundancy check
　나. VRC(Vertical Redundancy check)
　다. CRC(Cyclic Redundancy check)
　라. ARQ(Automatic Repeat Request)

19 다음 그림과 같은 신호의 이름은?

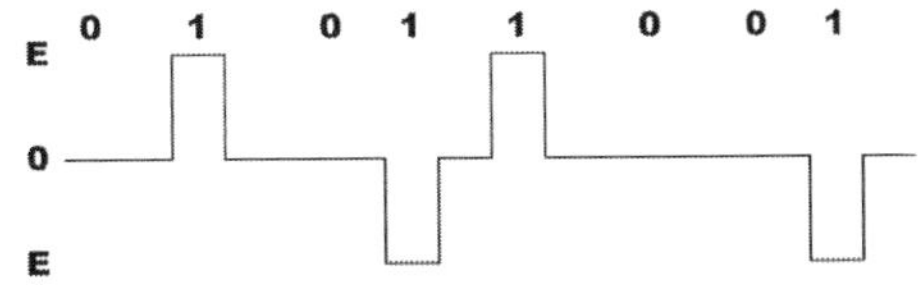

가. 단류 NRZ   나. 복류 RZ

다. AMI   라. Dicode

20 단일모드에 비하여 다중모드 광섬유 케이블(multi mode fiber)에 대한 다음 설명 중 잘못된 것은?

가. 전송되는 모드가 여러 개다.   나. 장거리 광케이블로 사용된다.

다. 모드간 간섭이 생긴다.   라. 제조 및 접속이 용이하다.

1	2	3	4	5	6	7	8	9	10
다	다	나	나	다	라	나	라	다	라
11	12	13	14	15	16	17	18	19	20
라	나	라	라	다	가	나	다	다	나

01 정보를 전송하기 위한 5단계중 4단계는?

　가. 회선접속　　　　　　　　　　나. 링크절단

　다. 데이터전송　　　　　　　　　　라. 회선절단

02 전송효율을 최대로 하기 위해서 프레임의 길이를 동적으로 변경시킬 수 있는 방식은?

　가. 정지-대기 ARQ　　　　　　　　나. Go-back-N ARQ

　다. Selective-repeat ARQ　　　　　라. Adaptive ARQ

03 그림의 베이스 대역(Base band) 전송방식은?

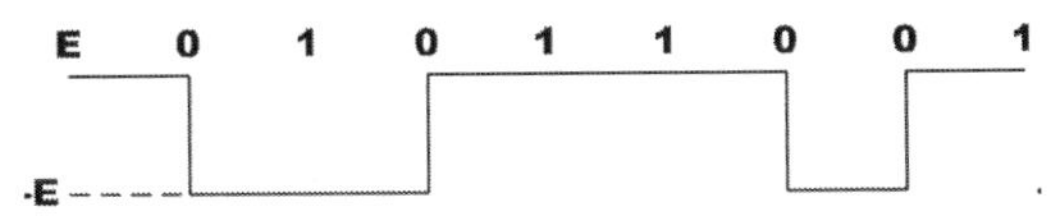

　가. 바이폴라 RZ방식　　　　　　　나. 다이코드 방식

　다. 차분방식　　　　　　　　　　　라. CMI방식

04 일반적인 메시지 블록의 형태중 BCC(Block check character)의 체크 범위가 아닌 것은?

　가. STX　　　　　　　　　　　　나. TEXT

　다. ETX　　　　　　　　　　　　라. SOH

05 헤테로다인 중계 방식이란?

　　가. 수신파를 국부발진기의 고주파 신호와 혼합하여 중간 주파수로 변환한 뒤에 전력을
　　　　증폭하는 방식

　　나. 수신파를 국부발진기의 파와 혼합하여 주파수 변환한 뒤에 복조하여 베이스 밴드를
　　　　얻어 마이크로파로 변조하는 방식

　　다. 베이스 밴드까지 되돌리는 변복조를 중계마다 반복하여 변조하는 방식

　　라. 증폭기의 비직진성을 개선하기 위해서 변조하는 방식

06 신호점의 배치도가 다음 그림과 같이 주어지는 디지털 변조 방식은?

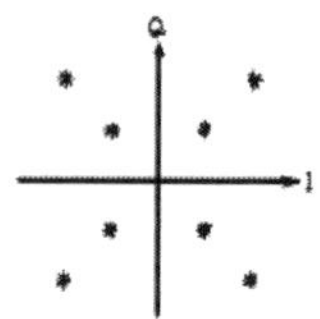

　　가. QAM　　　　　　　　　　　　나. ASK

　　다. FSK　　　　　　　　　　　　　라. PSK

07 반송파로 아날로그 신호를 ON-OFF하는 방식으로 전송대역을 유효하게 이용할 수 있으며 비
동기 전송이 가능한 이점을 가진 변조방식은?

　　가. 주파수 변조방식(FM)　　　　　　나. 진폭변조방식(AM)

　　다. 위상변조방식(PM)　　　　　　　라. 진폭위상변조방식(AM-PM)

08 반송파 전송에 대해 알맞은 설명은?

　　가. 임의의 주파수 대역을 가진 전송신호를 그대로 전류의 형태로 전송하는 형식이다.

　　나. 신호를 대역 통과시키는 전송방식이다.

　　다. 신호를 증폭하는 전송방식이다.

　　라. 송신기에 의해서 발진한 반송파로 신호를 변조시켜 전송로로 보내는 전송방식이다.

09 통신 시스템간의 대화를 제어하는 기능을 담당하는 계층은?

    가. 네트워크계층   나. 데이터 링크계층

    다. 세션계층   라. 응용계층

10 다음과 같은 조건을 갖는 전송회선의 에러 비트 수는? (단, 속도=9600bps, 시간=15분, 에러율= 5×10^{-5}비트/초)

    가. 72비트   나. 288비트

    다. 432비트   라. 720비트

11 다음 중 광통신 시스템 특유의 잡음은?

    가. 양자화 잡음   나. 열 잡음

    다. 모드 분배 잡음   라. 오부호 잡음

12 마이크로파 통신에서 페이딩에 의한 전송품질의 저하를 방지하기 위해 사용하는 것은?

    가. 다이버시티   나. 프리엠파시스

    다. 디엠파시스   라. 스크램블

13 DPCM에 대한 다음 설명 중 잘못 된 것은?

    가. 실제 표본 값과 추정(예측)표본 값과의 차이만을 양자화한다.

    나. 양자화시 사용하는 비트수가 PCM보다 증가한다.

    다. PCM보다 정보전송량이 줄어든다.

    라. TV신호전송 등에 이용된다.

14 1200 보오(baud)의 전송속도를 갖는 전송선로에서 신호 비트가 트리비트(tribit)이면 전송속도는 몇 bps인가?

    가. 1200   나. 2400

    다. 3600   라. 4800

15 광통신의 특징을 기술한 것은?

    가. 광대역이다.   나. 전자유도에 약하다.

    다. 단면적이 크다.   라. 증폭기 설치 간격이 좁다.

16 HDLC 순서의 프레임을 구성하는 요소가 아닌 것은?

    가. 프레그 시퀀스(Flag Sequence)

    나. 어드레스부(Address part)

    다. 프레임 체크 시퀀스(Frame Check Sequence)

    라. 동기 체크부(Synchronization part)

17 병렬 전송의 특징으로 옳은 것은?

    가. 전송 속도가 느리다.

    나. 단말 장치와의 인터페이스 구성이 복잡하다.

    다. 전송 매체의 비용과 접속 비용이 높다.

    라. 병렬 신호를 직렬신호로 또는 반대로 변환해야 한다.

18 FDM에서 채널 간 사용되지 않는 부분은?

    가. 보호 주파수대   나. 보호 시간대

    다. 보호 채널   라. 보호 간격대

19 보기에 최근에 많이 사용되고 있는 xDSL 관련 기술을 열거하였다 이중에 상, 하향 속도가 같은 대칭적인 전송서비스가 가능한 기술만을 바르게 나타낸 것은? [보기 : HDSL, ADSL, UADSL, SDSL, VDSL]

가. ADSL, VDSL

나. ADSL, HDSL

다. SDSL, UADSL

라. SDSL, HDSL

20 다중화 방식의 설명 중 옳은 것은?

가. TDM은 전송로의 잡음이나 누화 등의 방해가 FDM보다 많다.

나. FDM은 TDM에 비해 협대역이고 핵심기술은 필터이다.

다. TDM에서 상호변조의 결과 기저대역에서 채널사이에 혼선이 된다.

라. FDM의 가장 어려움의 하나는 다중 통신 통신자와 역 다중 통신 통신자의 동기를 관리하는 것이다.

1	2	3	4	5	6	7	8	9	10
나	라	다	라	가	가	나	라	다	다
11	12	13	14	15	16	17	18	19	20
다	가	나	다	가	라	다	가	라	나

01 광섬유의 유리 중에 포함된 Fe나 Cu등의 천이금속이나 수분 등의 불순물에 의하여 일어나는 전송손실은?

    가. 접속에 의한 손실   나. 계면손실

    다. 흡수손실   라. 산란손실

02 변조된 신호의 bit rate와 baud rate가 같은 디지털 변조 방식은?

    가. BPSK   나. QPSK

    다. 8PSK   라. 16PSK

03 다음 전송 제어 문자 중에서 상대국으로부터의 응답을 요구하는 것은?

    가. EOT   나. ENQ

    다. ACK   라. NAK

04 광섬유 통신의 근본 원리는 빛의 무슨 성질을 이용한 것인가?

    가. 굴절성   나. 전반사성

    다. 직진성   라. 투과성

05 상호변조왜곡(intermodulation distortion)의 방지대책으로 적절하지 않은 것은?

    가. 다중화 방식으로 FDM을 사용한다.

    나. 필터를 이용하여 통과대역 밖의 신호를 잘라낸다.

    다. 입력신호의 크기를 너무 크게 하지 않는다.

    라. 송수신장치 및 전송매체를 선형영역에서 동작시킨다.

06 "0"에서 "1"로 변화할 때 (+)전위, "1"에서 "0"으로 변화할 때 (−)전위, "1"에서 "1" 또는 "0"에서 "0"과 같이 변화하지 않을 때 "0"전위로 전송하는 전송신호방식은?

    가. NRZ   나. AMI

    다. Dicode   라. CMI

07 전진 에러 수정 코드의 종류가 아닌 것은?

    가. Block Code   나. Convolutional Code

    다. Hamming Code   라. HDB3 code

08 HDLC 프레임 중 프레임검사 시퀀스(FCS)는 몇 비트로 구성되는가?

    가. 4   나. 8

    다. 16   라. 24

09 송신측에서 연속적으로 전송한 데이터 블럭에 대해 에러가 검출되면 에러가 발생한 블럭 이후의 모든 블럭을 재전송하는 에러제어 방식은?

    가. 반송-N 블록(go-back-N)방식   나. 선택적(selective)재전송 방식

    다. 정지-대기(stop-and-wait)방식   라. 적응적(adaptive)방식

10 전송에서 다중화 방식을 사용하는 이유를 가장 적합하게 설명한 것은?

    가. 누화를 줄이기 위해

    나. 손실과 간섭을 줄이기 위해

    다. 전송장치를 단순화하기 위해

    라. 전송매체를 효율적이고 경제적으로 이용하기 위해

11 변조에 대한 다음 설명 중 잘못된 것은?

가. 변조를 수행하는 것은 장거리 전송을 하기 위해서 이다.

나. 변조신호에 따라 반송파의 진폭 또는 주파수 또는 위상을 변화시켜 전송하는 것이다.

다. 시분할 다중통신을 행하기 위해 필요하다.

라. 변조신호의 스펙트럼을 높은 쪽으로 옮기는 조작을 말한다.

12 북미 표준(T1) PCM시스템의 전송율로 적합한 것은?

가. 56Kbps

나. 64Kbps

다. 1.544Mbps

라. 2.048Mbps

13 다음 동축 케이블에서 특성 임피던스가 가장 높은 것은? (단, d는 내부도체의 직경, D는 외부 도체의 직경이다.)

가. $d=6[\text{mm}]$, $D=8[\text{mm}]$

나. $d=2[\text{mm}]$, $D=8[\text{mm}]$

다. $d=1[\text{mm}]$, $D=3[\text{mm}]$

라. $d=4[\text{mm}]$, $D=11[\text{mm}]$

14 동기식 전송방식에 해당하지 않는 것은?

가. 데이터 블록의 앞쪽에 반드시 동기문자가 온다.

나. 글자들 사이에 휴지시간이 없다.

다. 송신측과 수신측이 동기를 이루어야 한다.

라. 저속의 전송속도에 주로 사용한다.

15 $s(t)=\cos 6\pi f_0 t$인 신호를 표본화하고자 한다. 원신호를 재생하기 위한 표본화 주파수(f_s)의 조건은?

가. $f_s \geq f_0$

나. $f_s \geq 2f_0$

다. $f_s \geq 6f_0$

라. $f_s \leq 2f_0$

16 채널의 대역폭과 전송할 수 있는 데이터양과는 어떤 관계가 성립하는가?

　가. 전송할 수 있는 데이터양은 채널의 대역폭에 비례한다.

　나. 전송할 수 있는 데이터양은 채널의 대역폭에 반비례한다.

　다. 전송할 수 있는 데이터양은 채널의 대역폭의 제곱에 비례한다.

　라. 전송할 수 있는 데이터양은 채널의 대역폭의 제곱에 반비례한다.

17 이동통신시스템의 구성요소가 아닌 것은?

　가. 무선교환국　　　　　　　　　나. 무선기지국

　다. 트랜스폰더　　　　　　　　　라. 무선전화단말장치

18 다중화 방식 중에서 사용되지 않는 타임 슬롯(time slot)들이 낭비되는 것을 효율적으로 이용하기 위하여 데이터를 송신할 단말장치에만 타임 슬롯을 동적으로 할당하는 방식은?

　가. 동기 시분할 다중화　　　　　나. 비동기 시분할 다중화

　다. 주파수 분할 다중화　　　　　라. 코드 분할 다중화

19 광파이버의 광학적 파라메터에 속하는 요소는?

　가. 외경　　　　　　　　　　　　나. 편심률

　다. 비원률　　　　　　　　　　　라. 개구수

20 데이터 링크 제어절차(HDLC)에 대한 설명 중 잘못된 것은?

　가. 고속 데이터 전송이 가능하다.

　나. 전송 효율이 우수하다.

　다. 단향, 반이중, 전이중 전송 방식이 모두 가능하다.

　라. Byte 방식 프로토콜로서 시스템의 변경 및 확대가 어렵다.

1	2	3	4	5	6	7	8	9	10
다	가	나	나	가	다	라	다	가	라
11	12	13	14	15	16	17	18	19	20
다	다	나	라	다	가	다	나	라	라

[2004년 9월 5일]

01 ISO의 OSI 7계층 중 5번째 계층은?

가. 세션계층
다. 응용계층

나. 표현계층
라. 데이터링크 계층

02 다음 중 양자화 잡음이 나타나지 않는 전송변조방식은?

가. PCM
다. 델타변조

나. ADPCM
라. SSB

03 디지털 데이터의 전송 시 다음의 에러제어 방식 중 에러의 검출 및 수정을 할 수 있는 방식은?

가. 해밍 코드 방식
다. 그레이 코드 방식

나. 에코 방식
라. 패리티 검사 코드방식

04 광전송 시스템의 구성요소 중 광섬유를 통하여 전송된 광을 수신하기 위한 수광소자에 해당하는 것은?

가. 반도체 레이저(LD)
다. 발광다이오드(LED)

나. 고체 레이저
라. 에버런치 광검출기(APD)

05 동축 케이블에서 반사 현상이 생기는 주요 원인으로 가장 타당한 것은?

가. 케이블 접속점의 불균일
다. 케이블 내부 구조의 불균일

나. 내·외부 도체간의 절연 불균일
라. 케이블 피복 재료의 종류

06 다음 전송 신호 방식 중 전송로에서 발생하는 저주파 차단영향을 받지 않는 방식은?

가. 복류 NRZ
나. 단류 RZ
다. 복류 RZ
라. 바이폴라(Bipolar)

07 이동통신 가입자가 자신이 가입한 서비스 지역을 벗어나 다른 지역에 가서도 자기가 가입했던 지역에서와 동일하게 통신 서비스를 받을 수 있는 기능을 무엇이라 하는가?

가. 헤드엔드(head end)
나. 로밍(roaming)
다. 보코딩(vocoding)
라. 전력제어(power control)

08 패리티 체크(parity check)를 하는 이유는?

가. 기억장치의 용량을 검사하기 위하여
나. 전송된 부호의 오류를 검출하기 위하여
다. 전송된 부호의 용량을 검사하기 위하여
라. 검출된 오류를 정정하기 위하여

09 이동 통신 채널의 특징 중 여러 가지 전송 경로에 따라 간섭을 일으켜 수신 신호 레벨의 변동이 발생하는 것과 가장 관계가 깊은 것은?

가. 페이딩
나. 채널간섭
다. 지역 확산
라. 도플러 현상

10 다음 중 다중전송 기법에 해당하지 않는 것은?

가. 공간분할 다중화
나. 주파수분할 다중화
다. 시분할 다중화
라. 채널 분할 다중화

11 다음에서 포인트 투 포인트(point to point) 방식의 설명으로 틀린 것은?

가. 컴퓨터와 단말기가 1:1로 연결된 방식이다.

나. 각 스테이션은 N-1개의 통신 포트가 필요하다.

다. 소량의 데이터를 전송하거나 분산된 환경에 가장 적합한 방식이다.

라. 스테이션의 수가 증가하거나 거리가 멀면 비용이 증가한다.

12 백색잡음(white noise)에 가장 근사한 잡음은?

가. 산탄잡음   나. 플리커 잡음

다. 유색잡음   라. 열잡음

13 QPSK(4상식 위상 변조) 방식에서 변조 속도가 2400[baud]이면 데이터 신호 속도는 얼마인가?

가. 1200[bit/s]   나. 2400[bit/s]

다. 4800[bit/s]   라. 9600[bit/s]

14 광파이버 내에서 손실의 직접적인 원인이 아닌 것은?

가. 코아와 클래드의 경계면이 매끄럽지 않을 때

나. 광섬유의 마이크로 밴딩이 있을 경우

다. 광섬유 접속시 접속단면이 평행하지 않을 때

라. 클래드에 이물질이 있을 때

15 디지털 변조 방식에서 진폭변조와 위상변조의 혼합형은?

가. ASK   나. PSK

다. APK   라. QPSK

16 동축 케이블에 대한 다음 설명 중 잘못된 것은?

　가. 근단 누화가 많이 발생한다.

　나. 누화 때문에 60〔KHz〕 이하에서는 잘 사용하지 않는다.

　다. 광대역 전송로에 이용된다.

　라. 비유전율 1을 가지는 동축 케이블 내에서의 전파속도는 광속과 같다.

17 PCM 시스템에서는 ISI를 측정하기 위해 눈 패턴 (eye pattern)을 이용하는데 눈을 뜬 상하의 높이는 무엇을 나타내는가?

　가. 잡음에 대한 여유도　　　　　　　나. 시스템의 감도

　다. ISI의 정도　　　　　　　　　　　라. 전송되는 데이터의 양

18 직경 0.4mm인 케이블로 측정 주파수 2[㎑]인 가입자 선로의 손실이 8[dB]로 설계하고자 한다. 이때 케이블의 적정한 거리는? (단, 0.4mm 케이블의 감쇄 손실은 1.9[dB/Km]이다.)

　가. 2.6　　　　　　　　　　　　　　나. 3.7

　다. 4.2　　　　　　　　　　　　　　라. 5.0

19 OSI-7 프로토콜 중 네트웍 층이 하는 역할을 바르게 나타낸 것은?

　가. 회선의 제어규칙　　　　　　　　나. 회선의 전기규칙

　다. 오류의 감지와 제어　　　　　　라. 데이터의 전송과 교환

20 다음에서 동기식 전송의 설명으로 틀린 것은?

　가. 비트마다 동기가 취해지므로 한 번에 긴 데이터를 송·수신할 수 있다.

　나. 정하여진 숫자만큼의 문자열을 묶어 일시에 전송한다.

　다. 비동기 전송보다 전송효율과 전송속도가 높다.

　라. 수신측은 처음 0의 상태인 start bit를 감시하므로 송신개시를 알 수 있다.

1	2	3	4	5	6	7	8	9	10
가	라	가	라	가	라	나	나	가	라
11	12	13	14	15	16	17	18	19	20
다	라	다	라	다	가	가	다	라	라

01 PCM방식에서 송신순서로써 옳은 것은?

가. 음성 - 표본화 - 양자화 - 부호화 - 전송로

나. 음성 - 양자화 - 표본화 - 부호화 - 전송로

다. 음성 - 표본화 - 부호화 - 양자화 - 전송로

라. 음성 - 양자화 - 부호화 - 표본화 - 전송로

02 데이터 링크의 초기설정, 데이터 전송 동작모드의 설정요구 및 그에 대한 응답용으로 사용하기 위해서는 HDLC프로토콜의 제어부를 다음 중 어떤 형식으로 만들어야 하는가?

가. 정보전송형식

나. 감시형식

다. 비번호제형식

라. 절단형식

03 PCM의 표본화 과정에 의해 얻어진 신호는 다음 중 어느 신호인가?

가. PAM

나. PPM

다. PTM

라. PWM

04 데이터전송 중에 각종 잡음에 의해 부호가 오류(error)를 발생할 때 이를 검출하여 정정하는 오류 제어방식 중 수신측에서 오류를 체크하여 정정하는 방식의 종류는?

가. 패리티체크방식, 정 MARK-SPACE 방식

나. 반송조합방식, 체크부호반송방식

다. 병렬전송방식, 반복전송방식

라. 해밍(HAMMING)부호방식, BCH부호 방식

05 2×10^6 비트가 전송될 때 20개의 비트 에러가 발생한 경우 비트 오율(BER)은?

가. 1×10^5

나. 40×10^6

다. 10×10^{-6}

라. 10×10^{-5}

06 직류 및 저주파 성분이 감소하여 전송로에서 발생하는 저주파 차단 영향을 받지 않는 신호방식은?

가. 복류 RZ 방식

나. 복류 NRZ 방식

다. 바이폴라 방식

라. 양극방식

07 인접한 다른 선로와 전자기적 유도현상에 의해 발생하는 잡음은?

가. 열잡음

나. 신호감쇠

다. 누화잡음

라. 지연왜곡

08 다음 중 나머지 세정수와 관계가 없는 것은?

가. 감쇠정수

나. 위상정수

다. 진폭정수

라. 전파정수

09 데이터 모뎀의 변조방식으로 적당하지 않는 것은?

가. FSK

나. DPSK

다. SSB

라. QAM

10 다음 중 광통신 시스템이 갖고 있는 특성으로 볼 수 없는 것은?

가. 장거리 중계

나. 대용량 전송

다. 누화방지

라. 접속용이

11 복수의 위상에 각각 특정의 데이터 신호를 할당함으로써 동일주파수에서 고능률의 전송을 할 수 있는 변조방식은?

가. 진폭위상변조방식　　　　　　　나. 차분위상 변조방식

다. 다중위상 변조방식　　　　　　　라. 잔류측대파 진폭변조방식

12 ISO가 표준화한 OSI(Open System Interconnection)의 7개 계층중 하위 1,2,3 계층은?

가. 물리계층, 데이터링크계층, 네트워크계층

나. 물리계층, 데이터링크계층, 트랜스포트계층

다. 물리계층, 데이터링크계층, 응용계층

라. 물리계층, 네트워크계층, 트랜스포트계층

13 다음 중 광통신용 발광소자는?

가. LD　　　　　　　　　　　　　나. PD

다. APD　　　　　　　　　　　　라. LAP

14 대역확산통신방식의 장점이 아닌 것은?

가. 시스템이 간단하다.　　　　　　나. 비밀보호가 더 잘된다.

다. 선택적 어드레싱이 가능하다.　　라. 저밀도 전력 스펙트럼을 갖는다.

15 어떤 전압이 1[V]일 때 이것이 몇 dBmV인지 구하시오. (단, 전압이 1[mV]일 때 0[dBmV] 이다.)

가. 20〔dBmV〕　　　　　　　　　나. 40〔dBmV〕

다. 60〔dBmV〕　　　　　　　　　라. 80〔dBmV〕

16 복합국과 복합국이 통신할 때 사용하는 데이터 전송 동작모드를 바르게 나타낸 것은?

가. 정규응답모드(NRM ∶ Normal Response Mode)

나. 비동기응답모드(ARM ∶ Asynchronous Response Mode)

다. 정규기본모드(NBM ∶ Normal Basic Mode)

라. 비동기평형모드(ABM ∶ Asynchronous Balanced Mode)

17 비트 동기 방식에서 사용되는 플래그비트열 "01111110" 중에서 1이 6번 반복되는 데이터가 있는 것을 방지하기 위한 조치를 무엇이라 하는가?

가. 비트 동기화

나. 정보 분리(information separator)

다. 비트 스터핑(bit stuffing)

라. 디스크램블(descramble)

18 다음 중에서 동일한 신호대 잡음비에 대하여 비트 오류율(bit error rate)이 가장 적은 디지털 전송 방식은?

가. ASK

나. FSK

다. PSK

라. DPSK

19 부호화된 디지털 신호를 아날로그 전송신호로 변조하는 이유가 아닌 것은?

가. 광전송을 하기 위해서

나. 위성을 이용한 무선 전송을 위해서

다. 기존의 아날로그 장비를 사용하기 위해서

라. 디지털 전송 방식보다 아날로그 전송방식이 좋기 때문

20 동축 케이블의 특징이 아닌 것은?

가. 내부도체와 외부 도체의 사이에는 절연 물질로 되어 있다.

나. 사용 주파수가 높아지면 누화가 감소한다.

다. 전기적인 잡음에 영향을 받지 않는다.

라. 전력전송이 가능하다.

1	2	3	4	5	6	7	8	9	10
가	다	가	라	다	다	다	다	다	라
11	12	13	14	15	16	17	18	19	20
다	가	가	가	다	라	다	다	라	다

01 전송제어의 5단계 중 4단계는?

　　가. 회선의 접속　　　　　　　　나. 링크의 설정
　　다. 링크의 해제　　　　　　　　라. 정보의 전송

02 중계선로의 잡음레벨을 측정한 결과 잡음전압이 0.02[V]이고 통화전압이 2[V]라면 신호대 잡음비는 얼마인가?

　　가. 40〔dB〕　　　　　　　　　　나. 20〔dB〕
　　다. 60〔dB〕　　　　　　　　　　라. 30〔dB〕

03 전송제어 문자의 설명이 틀린 것은?

　　가. STX: 텍스트의 시작을 표시한다.　　나. ETB: 블록의 완료를 표시한다.
　　다. ENQ: 질의가 끝났음을 알린다.　　　라. SOH: 헤딩의 시작을 표시한다.

04 최근에 많이 사용되고 있는 xDSL 관련 기술을 보기에 열거하였다. 이중에 상, 하향 속도가 같은 대칭 적인 전송서비스가 가능한 기술만을 바르게 나타낸 것은? [보기 : HDSL, ADSL, UADSL, SDSL, VDSL]

　　가. ADSL, VDSL　　　　　　　　나. ADSL, HDSL
　　다. VDSL, UADSL　　　　　　　　라. SDSL, HDSL

05 PCM 변환과정을 올바르게 나타낸 것은?

　　가. 양자화 → 표본화 → 부호화　　　나. 양자화 → 부호화 → 표본화
　　다. 표본화 → 양자화 → 부호화　　　라. 표본화 → 부호화 → 양자화

06 다음 그림의 전송방식은?

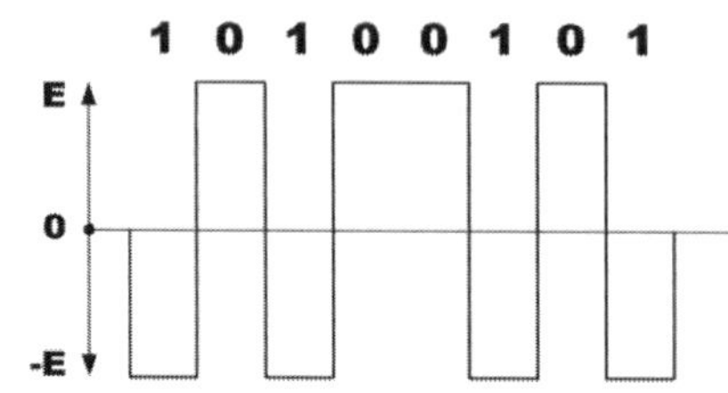

가. 단류 NRZ 방식 　　　　나. 복류 NRZ 방식

다. 단류 RZ 방식 　　　　　라. 복류 RZ 방식

07 전송로에서 사용되는 재생중계기의 3R 기능이 아닌 것은?

가. 식별재생 　　　　　　　나. 타이밍 재생

다. 파형정형 　　　　　　　라. 신호전송

08 균일 양자화 PCM에서 양자화를 위한 비트를 1개씩 추가할 때마다 개선되는 신호대 양자화 잡음전력비는 몇 [dB]씩 개선되는가?

가. 3 　　　　　　　　　　나. 4

다. 6 　　　　　　　　　　라. 8

09 우수 패리티를 가진 해밍 코우드에서 착오는 몇 번 행에 있는가?

항	1	2	3	4	5	6	7
수신코드	1	1	0	0	0	1	0

가. 3 　　　　　　　　　　나. 5

다. 6 　　　　　　　　　　라. 7

10 전송 기술에 대한 분류가 잘못된 것은?

가. 전송 방향에 따른 전송 방식 : 단향 통신, 반이중 통신, 전이중 통신

나. 동기 방법에 따른 전송 방식 : 비동기식 전송, 동기식전송, 혼합형 동기 전송

다. 아날로그 전송 방식 : 기저대역(base band) 전송, 비트동기식 전송, 문자 동기
식 전송

라. 회선 구성에 따른 전송 방식 : 포인트－투－포인트 방식, 멀티 포인트 방식

11 OSI-7 통신 프로토콜의 각 계층별 설명 중 잘못된 것은?

가. 제2계층(물리 계층) : 물리적 연결, 활성화와 비활성화

나. 제3계층(네트웍 계층) : 통신망 내 및 통신망 사이의 경로선택과 중계기능

다. 제4계층(트랜스포트 계층) : 종단 상호간의 에러검출 및 서비스 품질 감시

라. 제5계층(세션 계층) : 회화 관리 및 동기 기능 수행

12 신호대 잡음의 비가 15이고, 대역폭이 3400[Hz]라고 하면 통신용량은 몇 [bps]인가?

가. 11500 　　　　　　　　　　　나. 12500

다. 12900 　　　　　　　　　　　라. 13600

13 HDLC 프로토콜에서 사용되는 국(station)의 이름을 바르게 나타낸 것은?

가. 주국, 종국, 종속국 　　　　　　나. 총괄국, 집중국, 단국

다. 1차국, 2차국, 복합국 　　　　　라. 상위국, 중간국, 하위국

14 동축 케이블에서 가장 감쇠를 적게 하기 위해서는 내부도체의 외경(d)과 외부도체의 내경(D)과
의 비(ratio) D/d의 값을 얼마로 만드는 것이 가장 좋은가?

가. 1.8 　　　　　　　　　　　　나. 3.6

다. 5.8 　　　　　　　　　　　　라. 7.2

15 다음 디지털 변조 방식 중 가장 빠른 데이터 전송에 적용될 수 있는 방식은?

가. QAM
나. FSK
다. PSK
라. ASK

16 발광 소자에서 파장이 다른 광신호를 광결합기로 결합하여 전송하고 광분파기로 분리하는 다중화방식은?

가. FDM
나. TDM
다. SDM
라. WDM

17 전송로에 디지털 신호를 양극 부호펄스 형태로 전송시키는 가장 큰 이유는?

가. 직류성분을 추가한다.
나. 타이밍 신호를 넣을 수 없다.
다. 직류성분이 없다.
라. 연속하는 0을 취급하지 않는다.

18 단일모드 광섬유(single mode fiber)에 대한 다음 설명 중 틀린 것은?

가. 색 분산이 존재한다.
나. 모드가 한 개밖에 존재하지 않아 고속, 대용량 전송이 어렵다.
다. 제조 및 접속이 어렵다.
라. 모드 간 간섭이 없다.

19 다음 PSK(Phase Shift Keying) 방식의 특징에 대한 설명 중 틀린 것은?

가. 디지털신호 0 또는 1에 따라 반송파의 위상을 변화시킨다.
나. ASK보다 속도가 높은 데이터 전송에 사용된다.
다. ASK, FSK에 비해 에러 확률이 적다.
라. 케리어 주파수가 일정하여 costas loop가 필요 없다.

가. 도플러 현상　　　　　　　　나. 표피효과

다. 지연확산　　　　　　　　　　라. 페이딩

1	2	3	4	5	6	7	8	9	10
다	가	다	라	다	나	라	다	나	다
11	12	13	14	15	16	17	18	19	20
가	라	다	나	가	라	다	나	라	나

01 다음은 동축케이블에 대한 설명이다. 틀린 것은?

　가. 장거리 전화 및 TV전송에 사용된다.

　나. 아날로그와 디지털 신호전송에 모두 이용될 수 있다

　다. 0 전위 이상의 전위를 가지며, 동진폭, 역위상의 신호가 전송된다.

　라. 광대역 전송로로 사용된다.

02 그림과 같은 전송부호의 이름은?

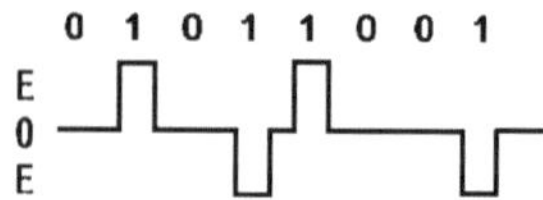

　가. 단류 NRZ　　　　　　　　나. 복류 RZ

　다. AMI　　　　　　　　　　라. Dicode

03 광섬유 케이블의 레일리 산란에 대한 설명 중 잘못된 것은?

　가. λ^2에 비례한다.

　나. 파장이 길수록 레일리 산란 손실은 적다.

　다. 입사되는 빛의 파장보다도 미소한 굴절률의 흔들림에 의해 일어나는 것이다.

　라. 전송되는 모드 및 코어의 직경과 무관하다.

04 16진 PSK에서 반송파간의 위상차는?

　가. 12도　　　　　　　　　　나. 22.5도

　다. 25도　　　　　　　　　　라. 42.5도

05 ARQ 방식 중 에러 발생 비율이 높을 경우 블록의 길이를 작게 하고, 재전송 요청 비율이 작을 경우는 블록을 크게 하는 방식은?

　가. Stop-and-wait ARQ　　　　　나. Go-Back-N ARQ

　다. Adaptive ARQ　　　　　　　라. Selective ARQ

06 북미 표준(T1) PCM 시스템의 전송속도로 적합한 것은?

　가. 56 Kbps　　　　　　　　　나. 64 Kbps

　다. 1.544 Mbps　　　　　　　라. 2.048 Mbps

07 디지털 수신 시스템의 순서를 올바르게 나타낸 것은?

　가. 원천 복호화 → 채널 복호화 → 캐리어 복조

　나. 원천 복호화 → 캐리어 복조 → 채널복호화

　다. 캐리어 복조 → 원천복호화 → 채널복호화

　라. 캐리어 복조 → 채널복호화 → 원천복호화

08 케이블 선로에서 장하라 함은 무엇을 의미하는가?

　가. C를 첨가하는 것　　　　　　나. G를 첨가하는 것

　다. R을 첨가하는 것　　　　　　라. L을 첨가하는 것

09 PCM 전송 방식에서 4[KHz]의 대역폭을 갖는 음성 정보를 7[bit] coding으로 부호화 한다면 음성을 전송하기 위한 데이터 전송률은?

　가. 0〔Kbps〕　　　　　　　　나. 24〔Kbps〕

　다. 56〔Kbps〕　　　　　　　라. 64〔Kbps〕

10 멀티드롭(multi-drop)형 네트워크에서 컴퓨터로 구성된 제어국이 여러 대의 단말기로 구성된 종속국에 차례로 데이터 송신요구가 있는지 묻는 송신권 제어 방식은?

　가. 셀렉팅(Selecting) 방식　　　　　나. 회선쟁탈(contention) 방식

　다. 폴(polling)링 방식　　　　　　　라. 라우팅(Routing) 방식

11 다음 동축 케이블에서 특성 임피던스가 가장 높은 것은? (단, d는 내부도체의 직경, D는 외부 도체의 직경이다.)

　가. $d = 6[mm]$, $D = 8[mm]$　　　나. $d = 2[mm]$, $D = 8[mm]$

　다. $d = 1[mm]$, $D = 3[mm]$　　　라. $d = 4[mm]$, $D = 11[mm]$

12 다음 중 CDMA 이동통신에 이용되는 대역 확산 방식이 아닌 것은?

　가. 주파수 호핑 방법　　　　　　　나. 잡음 호핑 방법

　다. 직접 시퀀스방법　　　　　　　라. 시간 호핑 방법

13 데이터 링크 제어절차(HDLC)에 대한 설명 중 잘못된 것은?

　가. 수 Mbps 단위의 데이터 전송이 가능하다.

　나. 비동기 방식보다 전송이 효율이 우수하다

　다. 반이중, 전이중 전송 방식이 모두 가능하다.

　라. Byte 방식 프로토콜로서 시스템의 변경 및 확대가 어렵다.

14 아날로그 신호를 디지털 신호로 변환하는 과정을 옳게 나열한 것은?

　가. 부호화-양자화-표본화　　　　　나. 양자화-부호화-표본화

　다. 표본화-양자화-부호화　　　　　라. 표본화-부호화-양자화

15 정보를 전송하기 위한 5단계 중 4단계는?

가. 회선접속　　　　　　　　　　　나. 링크절단

다. 데이터전송　　　　　　　　　　라. 회선절단

16 수신 신호전력의 측정값이 20dBm으로 나타났다. 몇 [mW]인가?

가. 100〔mW〕　　　　　　　　　　나. 150〔mW〕

다. 200〔mW〕　　　　　　　　　　라. 250〔mW〕

17 수신 장치에서 송신된 데이터의 에러비트를 검출하고 정정할 수 있는 방식은?

가. ARQ　　　　　　　　　　　　　나. FEC

다. Bit stuffing　　　　　　　　　라. HdBn

18 전송에서 다중화 방식을 사용하는 이유를 가장 적합하게 설명한 값은?

가. 누화를 줄이기 위해

나. 손실과 간섭을 줄이기 위해

다. 전송장치를 단순화하기 위해

라. 전송매체를 효율적이고 경제적으로 이용하기 위해

19 데이터 전송방식중 동기식 전송방식에 해당하는 것은?

가. 전송되는 각 글자 사이에는 일정치 않은 휴지 기간이 있을 수 있다.

나. 각 문자의 앞에는 1개의 start 비트가 있다.

다. 수신측 단말에 버퍼기억장치가 필요하다.

라. 동기는 글자단위로 이루어진다.

20 문자 방식 프로토콜에서 일반적인 메시지 블록의 형태 중 BCC(Block check character)의 체크 범위가 아닌 것은?

가. STX

나. TEXT

다. ETX

라. SOH

1	2	3	4	5	6	7	8	9	10
다	다	가	나	다	다	라	라	다	다
11	12	13	14	15	16	17	18	19	20
나	나	라	다	나	가	나	라	다	라

[2006년 3월 5일]

01 광섬유에 대한 설명으로 틀린 것은?

가. 광대역 전송이 가능
나. 손실률이 낮음
다. 간섭에 강함
라. 보안성이 낮음

02 Start-Stop 전송방식이라고 데이터 전송시 한 번에 한 글자씩 전송하는 방법은?

가. 동기식 전송방식
나. 비동기식 전송방식
다. 직렬 전송방식
라. 병렬 전송방식

03 베이스밴드 전송방식에서 해당하지 않는 것은?

가. 리턴 투 제로 스페이스 방식
나. 폴라 방식
다. 바이폴라 방식
라. 위상변조 방식

04 다음 그림의 전송부호 형식은?

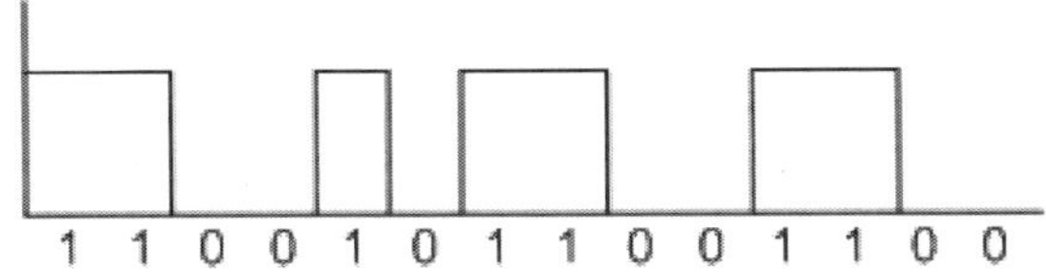

가. 단극 NRZ 방식
나. 복극 NRZ 방식
다. 복극 RZ 방식
라. 바이폴라 방식

05 ASK방식과 PSK방식을 결합한 디지털변조방식을 무엇이라 하는가?

가. PCM
나. QAM
다. QPSK
라. ADPCM

06 MODEM에서 T=833×10^{-6}초의 단위펄스가 4개의 독립적인 변조파를 갖는 위상 변복조 방식에 의하여 표시될 때에 전송되는 비트수를 나타내는 데이터 신호 속도는 몇 [bps]인가?

　가. 1200　　　　　　　　　　　나. 2400

　다. 3600　　　　　　　　　　　라. 4800

07 송신측에서 연속적으로 전송한 데이터 블록에 대해 에러가 검출되면 에러가 발생한 블록 이후의 모든 블록을 재전송하는 에러제어 방식은?

　가. 반송-N 블록(go-back-N) ARQ방식

　나. 선택적(selective) 재전송 ARQ방식

　다. 정지-대기(stop-and-wait) ARQ방식

　라. 적응적(adaptive) ARQ방식

08 음성주파수(4[㎑])를 PCM 방식으로 전송하고 자 할 때 재생에 필요한 표본화 주기는 얼마인가?

　가. 25[μs]　　　　　　　　　　나. 500[μs]

　다. 100[μs]　　　　　　　　　라. 125[μs]

09 금속선로의 채널의 데이터 속도는 초당 송출 비트수이다. 채널용량(데이터속도)과 관계없는 것은?

　가. 신호전력　　　　　　　　　　나. 잡음전력

　다. 채널의 대역폭(Hz)　　　　　　라. 선로부호

10 광전송 시스템의 구성요소 중 광섬유를 통하여 전송된 광을 수신하기 위한 수광 소자에 해당하는 것은?

　가. 반도체 레이저(LD)　　　　　　나. 고체 레이저

　다. 발광다이오드(LED)　　　　　　라. 에벌런치 광검출기(APD)

11 다음은 PCM 통신시스템의 블록 다이어그램이다. 각 블록에 들어갈 기능이 가장 타당하게 짝지어진 것은?

| ① | ② | ③ | 통신채널 | ④ | ⑤ | ⑥ |

가. ① 표본화 ② 부호화 ③ 양자화 ④ 복호화 ⑤ 양자화 ⑥ 필터링
나. ① 표본화 ② 양자화 ③ 부호화 ④ 복호화 ⑤ 필터링 ⑥ 양자화
다. ① 표본화 ② 양자화 ③ 부호화 ④ 복호화 ⑤ 양자화 ⑥ 필터링
라. ① 표본화 ② 양자화 ③ 부호화 ④ 양자화 ⑤ 복호화 ⑥ 필터링

12 정보전송 중 오류가 발생한 데이터 프레임만 을 재전송하는 방식은?

가. Go-Back-N ARQ　　　　　나. Stop-and-Wait ARQ
다. Selective-Repeat ARQ　　　라. Point-to-Point Protocol

13 동축 케이블의 구성 요소에 해당하지 않는 것은?

가. 내부 도체　　　　　나. 클래드
다. 절연체　　　　　　라. 외부 도체

14 베이직 모드의 전송제어절차에서 사용하는 전송제어문자 중 전송제어기능을 추가하는 경우를 표시하는 약칭은?

가. SYN　　　　　나. NAK
다. ENG　　　　　라. DLE

15 음성 비트(bit)를 7비트에서 8비트로 했을 때의 설명으로 맞지 않는 것은?

가. 압축 특성이 개선된다.

나. 신장 특성이 개선된다.

다. 양자화 잡음이 반(半)으로 감소된다.

라. 표본화 잡음이 반(半)으로 감소된다.

16 BPSK의 에너지는 16진 PSK 에너지의 몇 배인가?

가. 0.25배 　　　　　　　　　나. 0.5배

다. 2배 　　　　　　　　　　라. 4배

17 전송선로의 무 왜곡 전송조건에 대한 설명으로 틀린 것은?

가. 전송대역의 전 주파수 대역에 걸쳐서 특성 임피던스가 일정해야 한다.

나. 위상정수가 전송채널의 주파수에 대해서 일정해야 한다.

다. 전송대역의 전 주파수 대역에 걸쳐서 감쇠정수가 일정해야 한다.

라. 감쇠량 최소 조건과 동일하다.

18 HDLC 전송제어절차에서 프레임을 구성하는 각 필드의 명칭을 순서대로 올바르게 배치한 항은 어느 것인가?

가. 주소 필드－제어 필드－정보 필드－플래그 필드－오류검사 필드－플래그 필드

나. 플래그 필드－주소 필드－제어 필드－정보 필드－오류검사 필드－플래그 필드

다. 플래그 필드－제어 필드－주소 필드－정보 필드－오류검사 필드－플래그 필드

라. 오류검사 필드－주소 필드－플래그 필드－정보 필드－제어 필드－플래그 필드

19 CEPT(32채널) 방식을 채택하고 있는 유럽 방식 PCM의 표본화 주파수가 8[㎑]일 경우 1채널 당 점유되는 시간은?

가. 3.9〔μs〕

나. 5.2〔μs〕

다. 2.048〔μs〕

라. 125〔μs〕

20 연결된 두 장치 간에 한 번씩 교대로 데이터를 전송하는 방식을 무엇이라 하는가?

가. 단방향 전송방식

나. 전방향 전송방식

다. 반이중 전송방식

라. 전이중 전송방식

1	2	3	4	5	6	7	8	9	10
라	나	라	가	나	나	가	라	라	라
11	12	13	14	15	16	17	18	19	20
라	다	나	라	라	가	나	나	가	다

01 상호변조왜곡(intermodulation distortion)의 방지대책으로 적절하지 않은 것은?

　가. 다중화 방식을 TDM에서 FDM으로 변경한다.

　나. 필터를 이용하여 통과대역 밖의 신호를 잘라낸다.

　다. 입력신호의 크기를 너무 크게 하지 않는다.

　라. 송수신장치 및 전송매체를 선형 영역에서 동작시킨다.

02 ARQ(Automatic Repeat Qequest) 방식에 대한 설명 중 가장 적합한 것은?

　가. 에러가 발생한 프레임(블록)을 검출 후 재전송

　나. 에러가 발생한 프레임(블록)을 검출

　다. 에러가 발생한 프레임(블록)을 정정

　라. 부호로 전송하는 방식

03 연속적인 신호파형에서 최고 주파수가 W[㎐] 일 때 나이퀴스트(Nyquist) 표본화 간격(주기)은?

　가. $\dfrac{1}{2W}$　　　　　　　　나. 2W

　다. $\dfrac{1}{W}$　　　　　　　　라. W

04 PCM 전송방식에서 4[㎑] 가량의 대역폭을 갖는 음성 정보를 8[bit] 코딩(coding)으로 표본화한다면 음성을 전송하기 위한 데이터 전송률은?

　가. 16〔Kbps〕　　　　　　　나. 32〔Kbps〕

　다. 64〔Kbps〕　　　　　　　라. 128〔Kbps〕

05 광섬유의 재료 자체(불순물)에 흡수되어 열로 변환됨으로써 발생하는 손실을 무엇이라 하는가?

　　가. 흡수 손실　　　　　　　　　　나. 결합 손실

　　다. 산란 손실　　　　　　　　　　라. 마이크로벤딩 손실

06 통신회선이 전용회선일 경우 데이터링크의 전송제어 절차단계를 옳게 나타낸 것은?

　　가. 회선 연결→데이터링크 설정→데이터 전송→데이터링크 종료→회선 절단

　　나. 데이터링크 설정→회선 연결→데이터 전송→데이터링크 종료→회선절단

　　다. 데이터링크 설정→회선 연결→데이터 전송→회선 절단→데이터링크 종료

　　라. 회선 연결→데이터 전송→데이터링크 설정→데이터링크 종료→회선 절단

07 전송효율을 최대로 하기 위해서 프레임의 길이를 동적으로 변경시킬 수 있는 ARQ 방식은?

　　가. 정지-대기 ARQ　　　　　　　　나. GO-back-N ARQ

　　다. Selective-Repeat ARQ　　　　　라. Adaptive ARQ

08 디지털 신호의 펄스열을 그대로 또는 다른 형식의 펄스 파형으로 변환시켜 전송하는 방식은?

　　가. 베이스밴드 전송방식　　　　　　나. 반송대역 전송방식

　　다. 광대역 전송방식　　　　　　　　라. 협대역 전송방식

09 다음 중 HDLC의 특징이 아닌 것은?

　　가. Start-Stop 방식에 비해 전송효율이 향상된다.

　　나. Start-Stop 방식에 비해 신뢰성이 높다.

　　다. 문자동기방식이다.

　　라. 비트의 투명성이 있다.

10 동축 케이블에서 반사 현상이 생기는 주요 원인으로 가장 타당한 것은?

가. 케이블 접속점에 임피던스 불균등점이 발생한 경우

나. 내·외부 도체간의 절연체로 폴리에틸렌을 사용한 경 우

다. 케이블의 외부도체를 철 테이프로 감았을 때

라. 케이블의 외부피복을 코팅처리 하였을 때

11 LAN에서 사용하는 UTP 케이블 등급 중 100Mbps의 통신 속도를 제공해 주는 것은?

가. Category 2 　　　　　　나. Category 3

다. Category 4 　　　　　　라. Category 5

12 4상 PSK에서 변조속도가 1,200보(baud)일 때 데이터 신호 속도는?

가. 1,200〔bps〕 　　　　　　나. 2,400〔bps〕

다. 4,800〔bps〕 　　　　　　라. 6,400〔bps〕

13 해밍 거리(Hamming distance)가 7일 때 정정할 수 있는 에러 개수는?

가. 1 　　　　　　나. 2

다. 3 　　　　　　라. 5

14 ISO의 OSI 7계층 중 5번째 계층은?

가. 세션계층 　　　　　　나. 표현계층

다. 응용계층 　　　　　　라. 데이터링크 계층

15 전송선로의 임피던스 정합조건을 바르게 설명한 것은?

　가. 임피던스의 크기는 같고 위상도 같아야 한다.

　나. 임피던스의 크기는 같고 위상은 반대이어야 한다.

　다. 임피던스의 크기는 다르고 위상이 같아야 한다.

　라. 임피던스의 크기가 다르고 위상도 반대이어야 한다.

16 다중모드 광섬유의 설명으로 틀린 것은?

　가. 코어 내를 전파하는 모드가 여러 개다.

　나. 모드와 모드 사이에 간섭이 있다.

　다. 단일모드 광섬유에 비해 고속·대용량 전송에 사용한다.

　라. 코어의 직경이 커서 단일모드 광섬유에 비해 접속이 쉽다.

17 다음 중 PLL(Phase Locked Loop)의 구성요소가 아닌 것은?

　가. 위상 비교기(Phase Comparator)

　나. 진폭 비교기(Amplitude Comparator)

　다. 루프 여파기(Loop Filter)

　라. 전압제어 발진기(Voltage Controlled Oscillator)

18 백색 잡음(white noise)에 가장 근사한 잡음은?

　가. 험 잡음　　　　　　　　　　　나. 플리커 잡음

　다. 유색 잡음　　　　　　　　　　라. 열잡음

19 다음 그림의 전송부호 형식은?

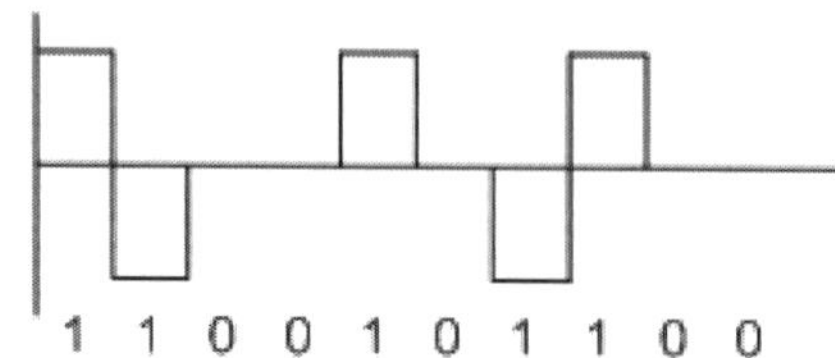

가. 단극방식

나. 복극 NRZ 방식

다. 복극 RZ 방식

라. 바이폴라 방식

20 다음 중 PCM 방식의 계통도를 올바르게 나타낸 것은?

가. 표본화－양자화－복호화－재생중계－부호화－필터링

나. 표본화－부호화－양자화－재생중계－필터링－복호화

다. 표본화－양자화－부호화－재생중계－복호화－필터링

라. 표본화－부호화－필터링－재생중계－양자화－복호화

1	2	3	4	5	6	7	8	9	10
가	가	가	다	가	가	라	가	다	가
11	12	13	14	15	16	17	18	19	20
라	나	다	가	나	다	나	라	라	다

[2006년 9월 10일]

01 다음은 주파수 분할 멀티플렉스(FDM) 방식에 대한 설명이다. 맞지 않는 것은?

가. 전송되는 각 신호의 반송주파수는 동시에 전송된다.

나. 전송하려는 신호의 필요 대역폭보다 전송 매체의 유효 대역폭이 작을 때 사용한다.

다. 반송 주파수는 각 신호의 대역폭이 겹치지 않도록 충분히 분리되어야 한다.

라. 전송매체를 지나는 혼성신호는 아날로그 신호이다.

02 다음 중 광케이블에 의해 야기되는 손실이 아닌 것은?

가. 레일리산란손실 　　　　　　　　　나. 적외선흡수손실

다. 구조불완전손실 　　　　　　　　　라. 와류손실

03 다음의 12개의 4bit의 오류정정부호(hamming code)가 포함되어 있다. hamming code의 순서는?

(보기) 1001　　1000　　0000 (왼쪽이 하위비트)

가. 1001 　　　　　　　　　　　나. 1101

다. 1010 　　　　　　　　　　　라. 0001

04 다음 중 PCM과 비교하여 델타변조(DM)의 장점을 올바르게 기술한 것은?

가. 신호대 잡음비가 우수하다. 　　　나. 낮은 샘플링 주파수를 사용한다.

다. 하드웨어가 간단하다. 　　　　　라. 해상도가 우수하다.

05 BSC 링크 전송제어 문자의 설명으로 틀린 것은?

    가. SOH : 헤딩의 시작을 알려준다.

    나. ETX : 텍스트의 끝을 의미한다.

    다. ENQ : 송신측의 긍정적 응답으로 사용된다.

    라. SYN : 프레임 동기문자이다.

06 비트의 평균 에너지대 잡음전력(E_b/N_o)비가 동일한 경우 오류확률이 가장 낮은 변조방식은? (단, 모두 동기식 검파를 가정한다.)

    가. BPSK   나. QPSK

    다. 8-PSK   라. 16-PSK

07 HDLC에서 비트 스터핑(bit stuffing)을 행하는 목적은?

    가. 데이터의 투명도 보장   나. 주소부 구분

    다. 데이터 프레임의 순서정리   라. 각종 프레임의 구분

08 다음 중 동축케이블의 응용분야로 적당하지 않은 것은?

    가. CATV 전송로   나. 시내 전화 케이블

    다. 측정 장비용 케이블   라. 해저 케이블

09 이원 전송부호 중에서 그림과 같은 부호의 형태는?

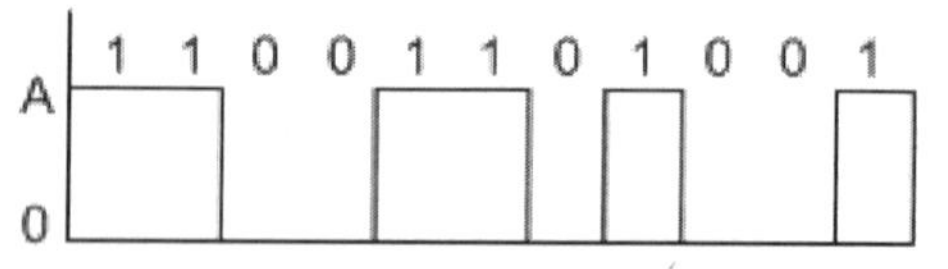

    가. 양극 RZ 방식   나. 양극 NRZ 방식

    다. 단극 RZ 방식   라. 단극 NRZ 방식

10 다음 중 동선케이블 전송선로와 비교하여 광 전송선로의 특징이 아닌 것은?

가. 경량 및 저 손실
나. 대용량 전송
다. 외부 유도잡음이 적음
라. 높은 내구성

11 다음 중 n비트로 구성된 부호어가 k비트로 구성된 현재의 정보 블록에 의존할 뿐만 아니라 과거의 정보 블록의 영향을 받는 부호는?

가. 블록부호(Block code)
나. 콘벌루션부호(Convolution code)
다. 순회부호(Cycle code)
라. 선형부호(Linear code)

12 비동기 전송방식에서 단말기가 문자를 해독하여 처리하고 다음 문자를 수신할 수 있도록 준비 시간을 제공하기 위해 사용하는 비트는?

가. 시작 비트(start bit)
나. 데이터 비트(data bit)
다. 패리티 비트(parity bit)
라. 정지 비트(stop bit)

13 데이터 통신에서 전송용량을 늘리는 방법이 아닌 것은?

가. 대역폭을 늘린다.
나. 신호세력을 높인다.
다. 잡음세력을 줄인다.
라. 에러 확률을 높인다.

14 다음 중 디지털 변조방식에 해당하지 않는 것은?

가. 펄스부호 변조(PCM)
나. 델타변조(DM)
다. 적응차분 펄스부호 변조(ADPCM)
라. 위상변조(PM)

15 멀티모드에서 그레이드 인덱스 형 광섬유 (Graded Index Fiber)를 사용하여 줄일 수 있는 분산은?

가. 색 분산
나. 도파로 분산
다. 모드분산
라. 재료분산

16 패리티 체크를 하는 이유는?

　　가. 중계선로의 중계용량 측정　　　　나. 전송되는 부호용량 검사

　　다. 컴퓨터의 기억용량 산정　　　　　라. 전송된 부호의 에러 검출

17 다음 변조 방식 중 데이터 통신 시스템에서 사용하지 않는 것은?

　　가. 강도 변조방식　　　　　　　　　나. 주파수 변조방식

　　다. 위상 변조방식　　　　　　　　　라. 직교 진폭 변조방식

18 PCM방식에서 표본화 주파수가 $8[kHz]$라 하면 이 때 표본화 주기는?

　　가. $125[\mu s]$　　　　　　　　　　나. $125[ms]$

　　다. $8[ms]$　　　　　　　　　　　　라. $8[\mu s]$

19 어떤 전압이 10[mV]일 때 이를 dBmV로 나타내면? (단, 1[mV]는 0[dBmV]이다.)

　　가. 0　　　　　　　　　　　　　　　나. 10

　　다. 20　　　　　　　　　　　　　　라. 40

20 A진 위상 변조를 하는 동기식 모뎀의 변조 속도가 B(baud)일 경우 데이터 신호 속도(bps)를 구하는 식은?

　　가. $A \log_{10} B$　　　　　　　　　나. $A \log_2 B$

　　다. $B \log_{10} A$　　　　　　　　　라. $B \log_2 A$

1	2	3	4	5	6	7	8	9	10
나	라	다	다	다	가	가	나	라	라
11	12	13	14	15	16	17	18	19	20
나	라	라	라	다	라	가	가	다	라

01 직류 및 저주파 성분이 감소하여 전송로에서 발생하는 저주파 차단 영향을 가장 받지 않는 신호방식은?

가. 복류 RZ 방식

나. 복류 NRZ 방식

다. 바이폴라 방식

다. 단류 RZ 방식

02 다음 펄스 변조 방식 중 양자화를 하지 않는 방식은?

가. PPM

나. ADPCM

다. PCM

라. DM

03 전력이 P 일 때 다음 중 dBw의 정의로 옳은 것은?

가. $\dfrac{1}{2} \log_{10} \dfrac{P}{10[mW]}$

나. $10 \log_{10} \dfrac{P}{1[mW]}$

다. $10 \log_{10} \dfrac{P}{1[W]}$

라. $20 \log \dfrac{P}{1[W]}$

04 다음 중 가장 빠른 속도로 데이터를 전송할 수 있는 변조 방식은?

가. ASK

나. FSK

다. QPSK

라. BPSK

05 FDM에서 채널간 사용되지 않는 부분은?

가. 보호 주파수대

나. 보호 시간대

다. 보호 채널

라. 보호 간격대

06 광섬유 케이블의 심선구조에 있어서 코어와 클래드의 굴절률을 서로 비교하면 어느 쪽이 더 높은가?

　　가. 코어가 더 높다.　　　　　　　나. 클래드가 더 높다.

　　다. 코어와 클래드가 동일하다.　　라. 사용재료에 따라 달라진다.

07 전송선로의 거리제한을 극복하기 위해 디지털신호를 재생하는데 사용하는 것은?

　　가. 증폭기　　　　　　　　　　　나. 리피터

　　다. 라우터　　　　　　　　　　　라. 다중화기

08 진공 중에서 광속도와 전자파속도를 비교한 설명 중 맞는 것은?

　　가. 광속도와 전자파속도는 같다.　　나. 광속도가 더 빠르다.

　　다. 전자파속도가 더 빠르다.　　　라. 속도가 불규칙하여 비교할 수 없다.

09 DPCM에 대한 다음 설명 중 잘못된 것은?

　　가. 실제 표본값과 추정(예측)표본값과의 차이만을 양자화 한다.

　　나. 양자화시 사용하는 비트수가 PCM보다 증가한다.

　　다. PCM보다 정보전송량이 줄어든다.

　　라. 송신기는 양자화기, 예측기, 부호화기 등으로 구성된다.

10　PCM 과정 중 어느 단계에서 2진 부호로 변환되는가?

　　가. 표본화　　　　　　　　　　　나. 양자화

　　다. 부호화　　　　　　　　　　　라. 복호화

11 PPP에서 링크를 설정하고 제어하는 데 사용하는 프로토콜은?

　　가. NCP　　　　　　　　　　　　나. LCP

　　다. SLIP　　　　　　　　　　　　라. LAPD

12 데이터 전송에서 전송 용량을 늘리기 위한 방안이 아닌 것은?

가. 전송선로의 대역폭을 늘린다.

나. 전송선로의 잡음을 줄인다.

다. 전송신호의 신호 대 잡음비를 높인다.

라. 전송신호의 대역폭을 늘린다.

13 이동통신에서 수신안테나를 두 개 이상의 장소에 설치하고 이들의 출력을 동상으로 만들어 합성하거나 또는 가장 양호한 출력을 선택하여 수신하는 방식은?

가. 공간 다이버시티　　　　　　　　나. 주파수 다이버시티

다. 각도 다이버시티　　　　　　　　라. 경로 다이버시티

14 전송제어 문자의 설명이 틀린 것은?

가. STX : 텍스트의 시작을 표시한다.　　나. ETB : 블록의 완료를 표시한다.

다. ENQ : 질의가 끝났음을 알린다.　　라. SOH : 헤딩의 시작을 표시한다.

15 트위스티드 페어 케이블과 동축케이블에 관한 설명 중 틀린 것은?

가. 트위스티드 페어 케이블은 차폐형인 UTP와 비차폐 형인 STP로 구분한다.

나. 동축케이블의 특성 임피던스(Zo)는 $\sqrt{\dfrac{L}{C}}$ 이고 세심 동축케이블의 경우 75Ω이다.

다. 동축 케이블이 UTP 보다 장거리 전송(500m 이상)시 전송속도가 빠르다.

라. 동축케이블에는 BNC 커넥터를 사용하고 UTP에는 RJ-45와 같은 커넥터를 사용한다.

16 HDLC의 프레임을 구성하는 요소가 아닌 것은?

가. 프레그　　　　　　　　　　　　나. 어드레스부

다. 프레임체크시퀀스　　　　　　　라. 동기체크부

17 데이터 링크 제어절차(HDLC)에 대한 설명 중 잘못된 것은?

　　가. 링크 형식은 점대점, 멀티포인트 모두 가능하다.

　　나. 비동기 방식보다 전송 효율이 우수하다.

　　다. 반이중, 전이중 전송 방식이 모두 가능하다.

　　라. Byte방식 프로토콜로서 시스템의 변경 및 확대가 어렵다.

18 다음 코드 중 자기 정정을 할 수 없는 것은?

　　가. 콘볼루션 코드　　　　　　　　나. 해밍 코드

　　다. EBCDIC 코드　　　　　　　　라. BCH 코드

19 전송제어절차 중 에러제어 기법이 활용되는 단계는?

　　가. 회선의 접속　　　　　　　　　나. 데이터링크의 확립

　　다. 정보의 전송　　　　　　　　　라. 데이터링크의 해제

20 신호의 최고주파수를 f_m, 표본화 주파수를 f_s라 할 때, 표본화정리에서 원 신호를 정확히 복원할 수 있는 조건으로 옳은 것은?

　　가. $f_s = f_m$　　　　　　　　　나. $f_s \geq 2f_m$

　　다. $f_s \leq f_m$　　　　　　　　라. $2f_s = f_m$

1	2	3	4	5	6	7	8	9	10
다	가	다	다	가	가	나	가	나	다
11	12	13	14	15	16	17	18	19	20
나	라	가	다	가	라	라	다	다	나

[2007년 5월 13일]

01 다음 중 양자화 잡음이 나타나지 않는 변조 방식은?

　가. PCM　　　　　　　　　　　　나. APCM

　다. DM　　　　　　　　　　　　　다. FDM

02 다음 중 광통신 시스템이 갖고 있는 일반적인 특성으로 볼 수 없는 것은?

　가. 유도장해가 없음　　　　　　　나. 접속 용이

　다. 대용량 전송　　　　　　　　　라. 장거리 중계

03 디지털 데이터의 전송시 다음의 에러제어 방식 중 에러의 검출 및 수정을 할 수 있는 방식은?

　가. 해밍 코드 방식　　　　　　　나. 에코 방식

　다. 그레이 코드 방식　　　　　　라. 패리티 검사 코드 방식

04 LAN에 대한 설명으로 적합하지 않은 것은?

　가. 통상 단일조직에 의해 점유되어 있다.

　나. 넓은 지역(수십 ㎞)내의 각종 장치를 상호 접속하기 위한 범용 데이터 망이다.

　다. 전송선로로서 UTP 케이블이 널리 사용된다.

　라. 장비의 확장 및 재배치가 비교적 쉽고, 통신 속도가 고속이다.

05 PCM 통신에서 질이 낮은(low quality) 전송선로로도 장거리 전송이 가능한 가장 큰 이유는?

　가. 전력의 소모가 극히 적기 때문

　나. 변조과정에서의 잡음이 극히 적기 때문

　다. 잡음이 다소 있더라도 재생중계기를 사용하여 왜곡이 없는 신호로 재생이 가능하기
　　　때문

　라. 누화와 잡음을 변조할 수 있기 때문

06 선형 부호화된 코드의 1001101과 0100101의 해밍의 거리(Hamming Distance)는?

　가. 2　　　　　　　　　　　　나. 3

　다. 4　　　　　　　　　　　　라. 5

07 RZ와 NRZ에 대한 설명 중 옳지 않은 것은?

　가. RZ는 동기측면에서 NRZ보다 유리하다.

　나. NRZ는 한 비트의 점유율이 100〔%〕인 부호이다.

　다. NRZ는 RZ보다 잡음에 대한 성능이 우수하다.

　라. RZ의 소요 대역폭은 NRZ 소요 대역폭의 반이다.

08 아날로그 신호의 표본화 시 표본화 주파수가 부적절하여 표본화된 신호의 주파수 스펙트럼이 서로 겹쳐 신호왜곡이 발생하는 것은?

　가. 고부하 잡음(overload noise)　　　나. 재밍(jamming)

　다. 에일리어싱(aliasing)　　　　　　라. 양자화 잡음(quantizing noise)

09 CDMA 이동통신에서 많이 사용하는 디지털 변조방식은?

　가. GMSK　　　　　　　　　　나. BFSK

　다. OQPSK　　　　　　　　　　라. 64QAM

10 문자동기전송에서 본문의 시작을 표시하는 문자 기호는?

　가. SYN　　　　　　　　　　　나. SOH

　다. STX　　　　　　　　　　　라. ETX

11 광섬유케이블 내에서 손실의 직접적인 원인이 아닌 것은?

가. 클래드에 이물질이 있을 때

나. 광섬유의 마이크로 벤딩이 있을 경우

다. 광섬유 접속 시 축 어긋남이 생길 때

라. 코어와 클래드의 경계면이 매끄럽지 않을 때

12 단일모드 광섬유(single mode fiber) 케이블에 대한 설명 중 틀린 것은?

가. 색분산이 존재한다.

나. 모드간 간섭이 없다.

다. 제조 및 접속이 어렵다.

라. 모드가 한 개밖에 존재하지 않아 고속, 대용량 전송이 어렵다.

13 PCM 시스템에서 상호 부호간 간섭(ISI)을 측정하기 위해 눈 패턴(eye pattern)을 이용하는데 눈을 뜬 상하의 높이는 무엇을 나타내는가?

가. 잡음의 대한 여유도

나. 시스템의 감도

다. ISI 간섭 없이 수신파를 샘플링 할 수 있는 주기

라. 전송되는 데이터의 양

14 광섬유 케이블의 분산(dispersion)에 대한 설명 중 옳지 않은 것은?

가. 파장 및 모드에 따른 전파 속도 차 때문에 발생한다.

나. 단일모드 광섬유에서는 색분산 및 모드분산이 생긴다.

다. 다중모드 광섬유에서는 색분산 보다 모드분산 비중이 더 크다.

라. GIF 광섬유를 사용하면 모드분산을 줄일 수 있다.

15 변조에 대한 다음 설명 중 옳지 않은 것은?

가. 정보신호를 반송파에 실어 보내는 것을 말한다.

나. 잡음과 간섭의 제거 등 부수적인 이점을 얻기 위하여 실시한다.

다. 피변조파 스펙트럼을 낮은 주파수(신호파) 쪽으로 내리는 조작을 말한다.

라. 장거리 전송 및 FDM 등을 수행하기 위해 실시한다.

16 전압 100[V]는 몇 [dBmV]인가?

가. 60 　　　　　　　　　　　　나. 80

다. 100 　　　　　　　　　　　라. 120

17 2×10^6 비트가 전송될 때 20개의 비트 에러가 발생한 경우 비트 오율(BER)은?

가. 1×10^{-6} 　　　　　　　　나. 4×10^{-6}

다. 10×10^{-6} 　　　　　　　라. 10×10^{-5}

18 다음 보기는 OSI 7 계층을 나타낸 것이다. 하위계층부터 상위계층 순서대로 나열한 것은?

① 네트워크 계층	② 물리계층	③ 전송계층
④ 응용계층	⑤ 세션계층	⑥ 표현계층
⑦ 데이터 링크 계층		

가. ②⑦①③⑤④⑥ 　　　　　　　나. ②⑦③①⑤⑥④

다. ②⑦①③⑤⑥④ 　　　　　　　라. ②⑦③①⑥⑤④

19 한번에 3개의 비트를 PSK방식으로 전송하고자 한다면 반송파간의 위상차는 몇 도가 되는가?

가. 22.5 　　　　　　　　　　　나. 45

다. 90 　　　　　　　　　　　　라. 135

20 과부하 잡음이 없는 경우 양자화 레벨의 수를 2배 증가(비트 수를 한 개 증가)시키면 입력 신호전력 대 양자화 잡음전력의 비는 몇 dB 개선되는가?

가. 3 나. 4

다. 5 라. 6

1	2	3	4	5	6	7	8	9	10
라	나	가	나	다	나	라	다	다	다
11	12	13	14	15	16	17	18	19	20
가	라	가	나	다	다	다	다	나	라

01 PCM 통신방식에서 수신 단에만 설치하는 회로는?

    가. 표본화 회로   나. 양자화 회로

    다. 부호화 회로   라. 복호화 회로

02 한 개의 광섬유에 파장이 각각 다른 신호를 단일 빔으로 모아서 전송하는 광 다중 전송 방식은?

    가. WDM   나. PPM

    다. PFM   라. TDM

03 PCM 통신의 부호화 과정에서 널리 사용되고 있는 부호는?

    가. Gray 부호   나. BCD 부호

    다. Biquinary 부호   라. Hamming 부호

04 NRZ 코드방식에 대한 설명 중 옳지 않은 것은?

    가. RZ 코드방식보다 넓은 대역폭이 필요하다.

    나. RZ 코드방식보다 duty cycle이 길다.

    다. 직류성분이 존재하며, RZ 코드 방식보다 동기화 능력이 떨어진다.

    라. 잡음에 대한 성능 면에서 RZ 코드방식보다 우수하다.

05 다음 중에서 동일한 신호 대 잡음비에 대하여 비트 오류율(bit error rate)이 가장 적은 디지털 전송방식은?

    가. ASK   나. FSK

    다. PSK   라. DPSK

06 직렬 전송과 비교하여 병렬 전송의 특징으로 옳은 것은?

가. 전송 속도가 느리다.

나. 단말 장치와의 인터페이스 구성이 복잡하다.

다. 전송 매체의 비용이 높다.

라. 병렬 신호를 직렬 신호로 변환해야 한다.

07 기지국의 서비스 지역을 확대시키기 위한 방법이 아닌 것은?

가. 송신 출력을 증가시킨다.

나. 기지국 안테나 높이를 감소시킨다.

다. 지형에 맞는 안테나를 사용한다.

라. 고이득 또는 지향성 안테나를 사용한다.

08 어떤 코드의 최소 해밍거리가 8일 때, 수신측에서 정정할 수 있는 오류의 개수는?

가. 2   나. 3

다. 4   라. 8

09 아날로그 신호를 표본화했을 때 얻어지는 신호는?

가. PPM   나. PWM

다. PCM   라. PAM

10 다음 중 스펙트럼 확산통신의 원리를 이용하는 다중화 방식은 어느 것인가?

가. 부호분할 다중화   나. 시분할 다중화

다. 공간분할 다중화   라. 주파수분할 다중화

11 전진 에러 수정 코드(Forward Error Correction)의 특징에 해당하지 않는 것은?

　가. 데이터의 오류를 검출하고 정정할 수 있다.

　나. 정보 비트열에 잉여 비트열을 부가한 부호를 사용한다.

　다. 역 채널이 필요 없고 연속적인 데이터 전송이 가능하다.

　라. 에러정정 시간이 짧아 비트효율이 높다.

12 다음 중 OSI 2계층 프로토콜에 해당하지 않는 것은?

　가. HDLC　　　　　　　　　　나. PPP

　다. SLIP　　　　　　　　　　　라. SNMP

13 양자화에 있어 계단의 크기(step size)를 작게 하면 양자화 잡음과 경사과부하 잡음은 각각 어떻게 되는가?

　가. 양자화 잡음은 작아지고 경사과부하 잡음은 커진다.

　나. 양자화 잡음은 커지고 경사과부하 잡음은 작아진다.

　다. 양자화 잡음도 커지고 경사과부하 잡음도 커진다.

　라. 양자화 잡음도 작아지고 경사과부하 잡음도 작아진다.

14 광케이블에서 사용되는 규격화 주파수에 대한 설명 중 바르지 못한 것은?

　가. V number라고도 한다.

　나. 광케이블에서 생기는 광신호의 위상변화를 의미한다.

　다. 2.405보다 작아야 한다.

　라. 광케이블이 단일모드 광케이블인지 다중모드 광케이블인지 구분하는데 이용한다.

15 신호가 가지는 주파수가 200~5000Hz일 때 최소 표본화 주파수는 얼마인가?

　가. 400〔Hz〕　　　　　　　　나. 9600〔Hz〕

　다. 10000〔Hz〕　　　　　　　라. 10400〔Hz〕

16 꼬임 쌍선(twisted-pair cable)을 꼬인 모양으로 만드는 이유로 가장 적합한 것은?

가. 케이블의 강도를 높이기 위하여

나. 전송거리를 늘리기 위하여

다. 디지털 전송방식을 사용하기 위하여

라. 누화를 방지하기 위하여

17 HDLC 전송제어절차에서 프레임을 구성하는 각 필드의 명칭을 순서대로 올바르게 배치한 항은 어느 것인가?

가. 주소 필드－제어 필드－정보 필드－플래그 필드－오류 검사 필드－플래그 필드

나. 플래그 필드－주소 필드－제어 필드－정보 필드－오류 검사 필드－플래그 필드

다. 플래그 필드－제어 필드－주소 필드－정보 필드－오류 검사 필드－플래그 필드

라. 오류 검사 필드－주소 필드－플래그 필드－정보 필드－제어 필드－플래그 필드

18 광섬유의 분산에 대한 설명으로 틀린 것은?

가. 멀티모드 광섬유에서는 색분산이 문제가 되고 싱글모드 광섬유에서는 모드분산이 문제가 된다.

나. 일반적인 광섬유에서 0분산은 1310〔nm〕 파장 대에서만 존재한다.

다. 장거리 전송을 위해서는 분산이 0일 때 최적이다.

라. 분산은 광섬유에서 광 펄스를 입사하면 광섬유를 통과하면서 빛이 퍼지는 현상이다.

19 데이터 전송에서 다수의 에러를 검출하고 정정할 수 있는 부호방식은 어느 것인가?

가. ARQ 나. CRC

다. Reed-Solomon code 라. parity check

 다음 중 통신로의 용량을 결정하는 것은?

    가. 대역폭과 BER   나. 대역폭과 전송속도

    다. 전송속도와 신호 대 잡음비   라. 대역폭과 신호 대 잡음비

1	2	3	4	5	6	7	8	9	10
라	가	가	가	다	다	나	나	라	가
11	12	13	14	15	16	17	18	19	20
라	라	가	나	다	라	나	가	다	라

최신 정보전송공학

1판 1쇄 발행 2008년 09월 10일
1판 8쇄 발행 2021년 03월 10일
저   자 박승환, 김한기
발 행 인 이범만
발 행 처 **21세기사** (제406-00015호)
경기도 파주시 산남로 72-16 (10882)
Tel. 031-942-7861   Fax. 031-942-7864
E-mail : 21cbook@naver.com
Home-page : www.21cbook.co.kr
ISBN 978-89-8468-256-6

정가 18,000원